자연은 왜 이런 선택을 했을까

{ 자연은 왜 이런 선택을 했을까 }

요제프 H. 라이히홀프 지음 | 박병화 옮김

미하엘 미에르시 기획 | 클라우디아 베른하르트 그림

이랑
BOOKS

| 차례 |

2장 생명의 유희에 관하여

3장 인류는 어떻게 환경을 변화시키는가?

4장 스스로 변화하는 자연

자연에도 스토리가 있다

연구라는 것은 의문을 품고 그 답을 찾는 과정에서 시작한다. 사람은 채식주의자로 태어났을까? 인류의 진화는 끝났는가? 왜 뻐꾸기의 수는 줄어들었을까? 왜 자연은 사랑이라는 것을 만들었을까? 도대체 생태학은 무엇인가? 자연에 대해 우리가 던질 수 있는 질문은 수없이 많다. 지식이 한정된 전문영역에 국한돼 있어서 그 질문들에 즉각적으로 답할 수 없다는 것이 안타까울 뿐이다.

이처럼 의문에서 시작한 호기심은 나를 비롯한 대부분의 연구자를 자극한다. 자신이 관찰한 것에 의문을 품는 사람만이 자연 속 사물에 담긴 이치를 발견할 수 있다. 더 나은 세계로 나아가기 위해서는 반드시 '왜'라는 질문의 과정을 거쳐야 한다.

이 책은 사람들의 다양한 질문에 답하기 위해 쓴 것이다. 얼핏 보면 주제가 제각각이고 한 편당 길이도 짧은 것 같지만, 눈 밝은 독자라면 모든 이야기가 따로 떨어진 것이 아니라 꼬리에 꼬리를 물고 이어지고 있음을 눈치챌 것이다. 나는 여기서 동물이나 식물처럼 우리 눈에 보이는 자연에 관해 이야기하거나 인류의 고유한 특성에 관해 설명하기도 했고 별개의 이야기들을 모아 진화론의 주제로 넘어가기도 했다. 때로는 이것들이 어떻게 '작동하는지'를 설명하기 위해 생태학의 예를 들기도 했다. 독자들이 이런 이야기를 읽으며 '자연에도 재미있는 역사와 스토리가 있다'는 것을 자연스럽게 알아주기를 바랄 뿐이다.

자연은 왜 이런 선택을 했는지, 자연의 역사를 알게 되면 우리는 또 다른 질문을 던질 수 있다. 우리의 호기심은 인류가 직립보행을 시작하던 때로 거슬러 올라갈 수도 있고, 현재 인류가 맞닥뜨리고 있는 기후 문제라든가 유전공학, 멸종에 관해 진지하게 몰두할 수도 있다. 자연에 호기심을 가지고 질문에 질문을 더하는 것, 이런 과정을 통해 독자들이 자신의 관심을 자극하는 새로운 의문을 자연스럽게 이끌어 내기를 바란다. 그것이 내가 이 책을 쓴 이유이다.

요제프 H. 라이히홀프

다른 차원의 환경론자

요제프 라이히홀프Josef H. Reichholf와 산책할 때면 매번 자연을 탐험하는 것처럼 흥미로운 일이 펼쳐진다. 그는 어디를 가든 동물을 찾아내며 또한 마음대로 동물을 붙잡는 능력이 탁월하다. 번개 같은 솜씨로 잡는 것은 거미나 유혈목이뿐만이 아니다. 날렵한 솜씨로 혹고니를 잡아챈 다음 죽어라고 소리치는 고니를 꼼짝 못하게 움켜쥔 뒤 그는 일행을 향해 태연하게 왜 혹고니가 부리에 혹을 달고 있는지 설명해줄 때도 있다. 누구나 라이히홀프와 만나 공통적으로 겪는 경험은 헤어질 때 무언가를 배우고 떠난다는 점이다.

왜 민들레는 어디에서나 쉽게 자라는가? 왜 새는 깃털을 달고 있는가? 라이히홀프는 이 모든 의문에 대해 자연스럽게 설명해줄 뿐 아니라 진화의 과정이나 생태계의 상호작용 같은 문제를 설명하는 데 있어서 독일어권에서는 단연 최고로 꼽히는 사람이다. 그가 제기하는 질문 뒤에는 언제나 추리소설처럼 문제 해결을 촉진하는 독특한 사고방식이 담겨 있다.

그에 의하면 조류가 깃털을 달고 있는 까닭은 진화의 여신이 비행을 예측했기 때문이 아니다. 처음에 깃털은 쓰레기 처리장 같은 역할을 했다. 체내에서 걸러낸 특수 쓰레기를 저장하기 위해 조류는 깃털을 이용한 것이다. 라이히홀프의 저서 중 두 권은 '생태계의 충격'이라는 부제를 달고 있는데 이 제목은 지금은 많은 사람에게 알려진 라이히홀프의 모든 저서에 붙여도 잘 어울릴 것이다. 라이히홀프가 우리에게 들려주는 생태계의 충격은 끝이 없기 때문이다.

종의 다양성은 영양결핍에서 온다

생물학을 이해하기 쉽게 전달하는 특출한 능력을 가진 라이히홀프는 독일에서는 잘 알려진 자연과학자이다. 그는 독일 어문학회에서 과학저술가에게 주는 '지크문트 프로이트 상'을 받음으로써 문인으로서의 자질을 검증받았고 독일 생물학자연맹이 자연과학자로서의 업적을 기리며 수여한 트레비라누스 메달 수상자이기도 하다.

유감스럽게도 독일어에는, 자연을 알고 자연을 사랑하고 끊임없이 자연의 비밀을 캔다는 뜻으로 사용하는 영어의 '자연주의자(Naturalis, 동물이나 식물 등 자연물을 연구하는 학자나 예술이나 철학에서 자연주의 사조를 굳게 지키는 사람을 뜻하는 말이지만, 최근에는 자연에 취미를 갖는 사람이나 애호가 일반을 가리킨다-옮긴이)'에 해당하는 말이 없다. 그에 해당하는 말이 있다면 라이히홀프에게 딱 어울릴 것이다. 그는 19세기 학자들처럼 작은 특수 분야에 관심을 제한하지 않고 전체로서의 진화를 파악하기 위해 시야를 크게 확대하고 있기 때문이다.

어린 시절 라이히홀프는 인Inn 강변의 풀밭을 맨발로 걸어다니며 물새를 관찰하고 노트에 기록했다. 개 한 마리와 길들인 까마귀를 데리고 인슈타우제 호반에서 오후 시간을 보내는 재미를 잊지 못해 라이히홀프는 규칙적으로 고향을 찾았다. 이곳의 자연에 서식하는 곤충과 물새는 그의 첫 번째 연구 과제였고, 그의 박사 학위논문은 물가에 사는 나비를 주제로 한 것이었다. 뮌헨의 국립동물원에서 연구하고 공과대학에서 강의하는 중에도 그는 오랫동안 평일에는 연구실에 머무르고 주말이면 니더바이에른으로 내려가는 일과를 반복했다.

생물학과 화학, 지리학, 열대의학을 공부한 뒤 라이히홀프는 브라질에 1년간 체류할 수 있는 장학금을 받고 그곳에서 열대의 다양한 종을 연구했다. 국립동물원장을 지낸 에른스트 요제프 피트카우Ernst Josef Fittkau와 함께 라이히홀프는 왜 열대우림에는 그토록 다양한 종이 출현하는가라는 의문에 답을 구하기 위해 브라질 탐험을 계속했다. 이 의문에 대한 답이 그가 제기한 '첫 번째 생태계의 충격'인데, 종의 다양성은 영양과잉이 아니라 영양결핍에서 온다는 사실이었다. 아마존 우림지대의 토양은 척박하므로 이곳의 동식물은 각각 최소한의 자원을 이용하기 위해 특수한 진화를 할 수밖에 없었다는 것이다.

또 라이히홀프는 브라질에 있는 동안 지금도 지속적으로 그에게 큰 걱정거리가 되고 있는 자연파괴와 무분별한 개발을 목격했다. 브라질에서는 농업용 경작지를 얻기 위해 열대우림 지대에 불을 지르는 일이 다반사로 일어나고 있다. 농부들은 태우고 난 재로 콩을 재배하고 이 콩은 선박에 실려 유럽으로 건너와 유럽의 가축을 살찌우는 사료로 이용된다. 라이히홀프는 이것을 두고 "우리의 소와 돼지가 열대우림을 갉아먹고 있다"고 말하며 '생태계의 재앙'이라고 강조한다.

맹목적인 자연파괴의 여러 가지 쟁점 때문에 쉴 틈 없는 라이히홀프는 환경운동이 유행하기 오래전부터 자연보호 활동에 참여하고 있다. 그는 베른하르트 그르지멕Bernhard Grizimek과 호르스트 슈테른Horst Stern, 후베르트 바인치엘Hubert Weinzierl과 더불어 '생태학 그룹Gruppe Ökologie'을 결성했으며, 이 모임은 훗날 탄생한 '환경과 자연보호연맹 BUND'의 모체가 되어 1970년대 초 독일 환경운동을 궤도에 올려놓는 역할을 했다. 라이히홀프는 지금도 세계자연보호기금WWF의 독일 의장단 임원으로 참여하고 있다.

화학비료도 생태적으로 장점이 될 수 있다

자연보호가로서 그가 몰두하는 것은 종의 다양성을 지켜내려면 어떤 방법이 가장 좋으며, 멸종의 원인은 무엇인가 하는 문제이다. 라이히홀프는 지난 30여 년간 환경 정화에 따르는 손실 대부분이, 원인 제공자인 기업의 비용으로 처리되지 않는다는 사실을 파악한 소수의 사람 중 하나이다. "종이 위축되는 가장 큰 원인은 농업이다"라는 말은 이미 1990년대 초 라이히홀프가 한 말이다. 이런 진단은 당시의 생태학 이론과는 완전히 동떨어진 것이었다. 당시 환경단체들은 쉴 새 없이 매연을 내뿜는 굴뚝과 하수도에서 나오는 유독성 폐수에 시선을 고정하고 있었다. 하지만 전통적인 환경오염은 계속 줄어드는데도 많은 동식물 종의 상태는 나아지지 않았다. 그 원인은 토양의 비옥도가 지나치게 높은 데 있다고 라이히홀프는 설명한다. 영양과잉에 견딜 수 있는 종이 극소수에 그치는 까닭은 진화가 영양결핍에 적응하게 되어 있기 때문이다. 이런 이유로 형형색색으로 다채롭게 피어나던 꽃이나 다양한 종의 나비와 새가 사라지고 초원에는 오직 민들레만 만발하게 된 것이다. 지금에 와서는 이런 진단이 매우 흔한 것이지만 당시에는 도발이나 마찬가지였다.

그렇다고 라이히홀프가 유기농을 지지하는 것은 아니다. 그는 대안농업도 전통농업과 마찬가지로 비판한다. 그는 과거의 생태적인 방식이 종종 더 나쁜 결과를 가져올 때가 있다고 주장한다. 라이히홀프는 "유기농에서 금지하는 화학비료가 생태적으로는 장점이 될 수도 있다"고 말한다. 그는 또 이렇게 얘기한다. "동물의 배설물이 미네랄 성분이 들어간 비료 역할을 할 수도 있으며, 이것이 '생태적'인가 아닌가는 중요하지 않다. 오늘날의 기술을 활용하면 농업에서 적절한 비료를 정확하게 처방할 수 있고, 식물이 가장 이상적인 수준으로 영양분을 흡수하도록 정확한 시기에 뿌릴 수도 있다. 이런 방법으로 토양의 질소 찌꺼기를 줄일 수 있고 하천이나 지하수로 씻겨 들어가는 질소를 줄일 수 있다."

현재 공식적인 환경운동에서 농업을 비판적으로 보는 시각은 대부분 이 니더바이에른 출신의 과학자 덕분에 형성된 것이다. 농촌보다 도시에서 다양한 종이 서식한다는 인식도 마찬가지이다. 처음에는 이런 주장 때문에 라이히홀프는 환경운동의 이단자로 낙인찍히기도 했다. "어떻게 생물학자라는 사람이 시멘트의 황무지나 다름없는 도시를 찬양할 수 있단 말인가?" 하는 것이 다수의 생각이었지만 지금은 라이히홀프의 판단이 정확하다는 것이 여러 방면에서 입증되고 있다. 독일의 어느 지역에서보다 베를린에서 다양한 조류 종이 둥지를 틀고 있는 것은 사실이기 때문이다.

환경단체의 간부들은 그를 적대시했지만 라이히홀프가 도발적이고 짓궂은 태도로 생태학에 만연한 오류를 수정하려는 노력을 막지는 못했다. 라이히홀프의 대표적인 주제는 생태계의 변화라는 흐름이다. "현재 상태를 보존하려는 수많은 환경운동가의 정적靜的인 자연관은 진화에 모순된다"고 라이히홀프는 지적한다. 그는 저술과 강연으로 끊임없이 이 사회의 자연관과 논쟁을 벌여왔다. 겉으로 드러나지 않는 이 낭만주의자는 낭만적 자연관을 적절히 해체하며 충분한 근거를 가지고 묵시록적인 녹색 이데올로기의 진단을 막아내고 있다.

미국에서는 몇몇 영향력 있는 녹색단체가 새롭고 실용적이며 탈이데올로기화한 환경정책을 제안하는 동안, 라이히홀프는 독일에서 녹색당의 정치인과 환경단체 간부들이 종종 제시하는 사이비-생태학적인 오판을 비판적으로 일깨워주는 극소수의 저술가 중 한 사람이 되었다. 그는 말한다. "우리는 시대착오적인 국외자보다 훨씬 정확한 판단을 할 수 있다. 우리는 선의에서 시작한 이데올로기가 어떻게 변질되어 왔는지 경험했다. 일단 뿌리내린 이데올로기는 아무리 훌륭한 자료와 새로운 통찰력이 생겨도 바꾸기 어렵다. 나를 방해하는 것은 과학적인 진정성과는 도저히 일치할 수 없는 자연 및 환경보호의 이데올로기화이다."녹색 세계관이 종교가 되었다고 라이히홀프는 생각한다. 굳건한 신앙이 더 타당한 근거를 지닌 과학을 밀어냈다는 것이다.

낭만적 녹색 세계관을 비판하다

"말코손바닥사슴을 신랄하게 비판하는 자들은 옛날 그들 자신이 말코손바닥사슴과 다를 바 없는 존재였다."시인 로베르트 게르하르트Robert Gerhardt의 시 구절이다. 어느 운동이든 회의론자가 생기기 마련이다. 이들은 대부분 종교와 세계관의 내적인 모순을 드러내는 배신자 같은 존재들이다. 환경운동의 변절은 여러 면에서 역사적인 사회주의 비판을 닮았다. 사회주의 비판은 좌파 지식인을 중심으로 가장 설득력 있게 전개되었다. 과거에 이데올로기를 배신한 이단자들과는 달리 환경적 합의에서 이탈한 자들은 목숨의 위협을 받지 않는다. 명예만 손상될 뿐이다.

라이히홀프는 한때 순수 생태학 옹호자들에게 욕을 먹고 환경오염과 기후재앙, 자연약탈을 가볍게 다루는 인물로 간주된 적이 있다. 하지만 그의 생각은 이제 점점 더 많은 사람의 공감을 얻고 있다. "비록 은밀하기는 하지만 내가 환경단체 간부들과 대화할 때면 의견의 일치를 볼 때가 많다"라고 그는 말한다. "이런 이유로 나는 필연적인 변화와 이에 대한 적응이 가능하며 그런 시기가 올 것이라고 확신한다. 필요한 것은 단지 시간과 인내일 뿐이다."

유난히 뜨거운 논란을 불러일으킨 그의 베스트셀러는 『지난 1000년 간의 간추린 자연사』이다. 이 책에서 라이히홀프는 과거의 온난기는 인류와 자연에 유용했기 때문에 기후온난화는 재앙이 아니라고 주장했다. 과거의 온난기는 매우 다양한 종의 출현을 가져왔으며 수확은 풍부해졌고 찬란한 문화를 꽃피웠다는 것이다. 앞으로 다가올 기후 재앙을 걱정하는 사람들은 이 말을 듣고 라이히홀프에게 집중적인 분노를 표했다. 이런 논란의 와중에도 라이히홀프는 공격적인 태도를 보이지 않는다. 이 니더바이에른 출신의 악동惡童은 대개 갑자기 모습을 드러내고는 미소를 지은 채 예를 들어가며 적들의 의지를 꺾어버릴 준비가 되어 있기 때문이다.

라이히홀프의 이단적 태도에 흥분하는 사람들은 대부분 그를 기후정책을 비판하는 사람 정도로만 알고 있다. 하지만 그것은 그가 지닌 다방면의 재능 중 일부일 뿐이다. 정상적인 재능을 지닌 사람이라면 이 각각의 재능이 최고로 발휘될 수 있을 것이다. 인류가 출현한 역사를 연구하고 이에 관한 글을 쓰는 라이히홀프는 최근 『아름다움의 기원』(2011)을 썼으며 일본 출신의 아내 미키 사코모토와 함께 숲을 주제로 한 시집을 내기도 했다. 그는 2010년까지 뮌헨 국립동물원의 척추동물과장으로 일했다. 학식이 풍부하고 사교적인데다 젊음을 유지하는 이 변화의 옹호자가 앞으로도 화분에 물이나 주며 한가롭게 지낼 것 같지는 않다.

미하엘 미에르시Michael Miersch

미하엘 미에르시는 독일 『포쿠스FOCUS』지의 연구, 기술, 의학 분과 책임자이다. 그는 디르크 막스아이너와 공동으로 과학과 정치에 관한 책을 다수 썼으며 그중 『생태학 오류 사전』은 독일에서 베스트셀러가 되었다. 미에르시는 동물영화를 제작하기도 했고, 그의 영화, 저서, 르포르타주, 칼럼은 여러 나라 언어로 번역되었으며, 국내외에서 큰 호평을 받고 있다. 이 책의 아이디어는 벨트-온라인에서 주선한 미에르시와 요제프 H. 라이히홀프의 텔레비전 인터뷰가 계기가 되었다. 그에 관한 더 많은 정보는 www.maxeiner-miersch.de와 www.achgut.com에서 이용할 수 있다.

{ 1장
인류와 동물 이야기 }

왜 우리는 꽃을 좋아하는가?

아주 달콤한 열매 그리고 팥꽃나무

영장류가 적색과 녹색을 구분하는 것은 매우 중요한 재능이다.
당분과 영양분이 풍부한 열매는 익으면서 녹색에서 적색으로 변하거나
불그스레한 색을 띤다. 무르익은 열매의 색깔을 구별하는 능력을
가졌다는 것은 곧 열매를 손쉽게 얻을 수 있다는 뜻을 내포하고 있다.
포유류 중 유일하게 색깔을 구별할 줄 아는 인류는 이와 같은 이유로
오래 전부터 꽃의 선명한 색깔 역시 좋아하게 된 것이다.
여기에 꽃의 완전한 대칭 형태를 건강의 표시로 받아들이고
더욱 호감을 가지게 된 것이 아닐까.

어느 문화권이든 사람들은 꽃으로 자신을 꾸미거나 주변을 장식하는 것을 좋아한다. 사람들이 이처럼 꽃을 사랑하는 이유는 무엇일까? 나는 이 질문에 무심코 "꽃이 무척 아름답기 때문"이라고 말한 적이 있는데 이 대답을 듣고 어떤 어린이가 내게 되물었다. "꽃이 왜 아름다워요?" 나는 무척 당황했다. 아무리 과학자라지만 나도 정확하게 대답할 수 없었기 때문이다. 사람들은 좋아하는 꽃이 저마다 다르다. 어떤 사람은 붉은 장미를 가장 좋아하는가 하면, 또 어떤 사람은 백합의 '고상한 백색'을 높이 평가하기도 하고, 낭만주의에 나오는 '파란 꽃'을 최고로 꼽는 사람도 있다. 이처럼 사람의 취향은 가지각색이다.

사람들이 꽃을 좋아하는 이유를 꽃의 다양한 색깔에서 찾아보는 건 어떨까. 그러려면 인류의 눈의 구조와 빛의 파장을 먼저 살펴봐야 한다. 색은 장파로 이루어진 빨강으로 시작해 단파로 이루어진 파랑으로 끝난다. 우리가 사용하는 색상환(Color Circle, 색을 그것이 나타나는 스펙트럼 순서에 따라 둥그렇게 배열한 고리 모양의 도표-옮긴이)에는 붉은보라가 마지막에 놓인다. 인류의 눈은 빨강에서 파랑까지 이어지는 빛의 다양한 파장을 받아들인다. 즉, 우리 눈에 보이는 빛의 파장에 여러 가지 다른 파장이 추가되어 우리는 다홍에서부터 오렌지색, 노랑, 초록, 파랑, 보라에 이르기까지 각각의 색이 지니는 미묘한 차이를 구분하게 되는 것이다.

간혹 시각기능에 편차가 있어 적색과 녹색을 구분하지 못하는 사람도 있다. 남자의 약 9퍼센트 그리고 여자 100명 중 거의 1명은(0.8퍼센트) 적록색약이나 색맹(색채를 식별하는 감각이 불완전하여 빛깔을 가리지 못하거나 다른 빛깔로 잘못 보는 상태나 그런 증상을 지닌 사람-옮긴이)이 나타나고, 이보다 훨씬 낮은 비율로 황청색약도 나타난다. 극소수이기는 하지만 완전색맹인 사람도 있다. 색약은 선천적이다. 현대 과학에 의하면 두 개의 염색체 중 X염색체에 문제가 있는 사람이 이 경우에 해당한다. 남자는 X염색체가 한 개밖에 없기 때문에 두 개의 X염색체를 지닌 여자에 비해 적록색맹이 10배나 많이 나타난다. X염색체 하나는 결함이 있어도 나머지 하나가 괜찮다면 상관없지만, 경우에 따라서는 결함이 계속 유전될 수 있다.

인류만이 빨강색을 구별할 수 있다

인류가 색을 구분할 줄 안다는 것은 다른 동물은 갖고 있지 못한 특별한 능력이다. 대부분의 포유류는 빨간색을 인식하지 못한다. 개는 이른바 계조(Grey Level, 백색과 흑색, 그리고 그 중간조의 회색으로 이루어지는 농담濃淡의 정도를 시감각에서 밝기의 단계로 대비한 것-옮긴이)에 대한 반응에서 사람과 똑같이 반응하지만 실제로는 적색과 녹색을 구별하지 못한다. 개는 색을 지닌 대상의 명암과 농담濃淡만 인식할 뿐이다. 소, 노루, 고양이, 말도 적록색맹이기는 마찬가지이다. 포유류 중에서 적록 색맹의 예외가 있다면 인류와 아주 가까운 영장류밖에 없다. 영장류가 적색과 녹색을 구분하는 것은 살아가는 데 있어서 매우 중요한 재능이다.

열매가 어느 정도 익었는지 알기 위해서는 적색과 녹색을 구분할 줄 알아야 한다. 당분과 영양분이 풍부한 열매는 익으면서 녹색에서 적색으로 변하거나 불그스레한 색을 띤다. 열대의 밀림에서는 사시사철 열매가 열리는데 나무들이 매우 크고 높이 자라기 때문에 꼭대기에 오르는 것이 힘들다. 이때 무르익은 열매의 색깔을 구별하는 능력을 가졌다는 것은 열매를 손쉽게 얻을 수 있다는 뜻이 된다.

적색을 구분하지는 못하지만 달콤한 열매를 좋아하는 많은 동물은 코에 의존하여 먹이를 찾는다. 잘 익은 과일은 색깔도 색깔이지만 향기로 더 분명히 자신을 드러내기 때문이다. 그러나 사람의 코는 발달한 편이 아니어서 20~30미터만 떨어져 있어도 냄새를 맡을 수 없다. 그러니 100미터가 넘는 거리에서 과일 향이 풍겨 나와도 사람들은 알아차리지 못한다. 인류는 다른 어떤 동물보다 유난히 눈에 의존하는 '시각동물'이다. 멀리 떨어져 있는 대상을 판단하기 위해서 인류는 오래전부터 눈에 의존하는 능력을 키워왔던 것이다.

잘 익은 과일을 상징하는 붉은색에는 이중적인 의미가 담겨 있다. 붉은색은 피의 색이기도 하고, 생명의 색이기도 하다. 입술에 감도는 붉은 빛이나 꽃이 지닌 붉은 빛은 활력이 넘치는 '좋은' 빨강이며 전혀 위험하지 않다. 그러나 사람들은 또 다른 붉은색은 피의 색, '나쁜' 빨강이라고 생각하고 싫어한다. 우리는 빨간색을 생명과 죽음이라는 상반된 의미로 나누어 생각한다. 출혈 과다일 때만 빨간색이 치명적인 위험을 나타내는 것은 아니다. 빨간색은 죽음에 이를 정도의 독毒을 경고할 때도 있다. 산호독사류Korallenschlangen는 몸에 빨간 띠를 두르고 있으며 수많은 유독 곤충도 마찬가지이다. 빨간 열매에 독이 있는 경우도 많다. 팥꽃나무나 은방울꽃처럼 먹으면 치명적인 독이 발생하는 것들도 있다.

적색과 녹색을 구별하는 것은 인류의 생존 능력

적색과 녹색을 구별하는 인류의 유별난 능력은 건강에 좋고 이로운 것과 해로운 것을 구별하기 위해 더욱 강화되었다. 인류의 이러한 재능은 영장류가 곤충류 이외에 과일을 먹기 시작한 멀지 않은 과거에 형성된 것으로 보인다. 다만 일부 인류는 약간의 결함을 지니게 되어 과거 포유류 특유의 색 구분에만 단련됨으로써 빨간색을 구별하지 못하는 것이다.

빨간색 외에 노랑과 파랑을 구별하는 능력도 인류에게는 중요하다. 맛좋게 익은 과일 중에는 바나나처럼 노란색인 것도 많고 서양자두나 블루베리는 청색이다. 다만 과일이 초록색인 예는 드문데 열매가 초록이면 나뭇잎과 거의 구분이 되지 않기 때문이다.

단맛이 나는 열매를 맺는 식물은 열매를 소비하는 동물이 자신의 열매를 발견하여 씨를 퍼뜨려주기를 간절히 바란다. 꽃도 마찬가지 이유로, 주변 환경과 두드러지게 대조되는 색으로 곤충을 유혹한다. 많은 꽃이 자외선을 뿜어내는데, 곤충은 자외선을 볼 수 있지만 사람은 보지 못한다. 사람의 눈으로 볼 때 유난히 빨갛다 싶은 꽃은 수분受粉을 위해 새를 유혹한다(새 역시 사람과 똑같이 빨간색을 인식한다. 이와 달리 꽃가루에 관심을 두는 곤충은 빨간색을 인식하지 못하고 검은색으로 받아들일 뿐이다). 이런 꽃은 주로 화밀花蜜을 제공하지만 꽃가루를 넉넉하게 만들지는 못한다. 꽃가루를 많이 생산하는 꽃은 반짝이는 노란 빛을 띤다. 노란색이 곤충을 가장 강하게 유혹하기 때문이다.

색깔에 대한 의문이 풀렸다면 다음은 꽃의 형태로 넘어가 보자. 꽃은 대칭이 무엇보다 중요하다. 꽃은 수분을 위해 곤충을 끌어들이는 가운뎃부분 둘레로 방사상을 띠며, 일정한 경로를 통해서만 가까이 다가갈 수 있는 화밀을 양면대칭 형태로 감추고 있다.

안정된 대칭형이라는 것은 그 꽃이 젊고 싱싱하며 또 올바른 형태로 성장했다는 것을 상징하는 것이다. 사람의 생활 속에서도 대칭은 무척 중요한 의미가 있다. 인류의 삶에는 불규칙성이 없어야 하고, 아무런 방해를 받지 않아야 안정된 삶이라고 할 수 있다. 성장 중에 방해를 받은 사람은 결함을 안고 있기 마련이다. 살아가는 동안에 방해요인이 발생하면 사람은 병에 걸린다. 사람이 꽃의 대칭 구조를 보고 마음의 안정을 얻고 호감도가 상승할 수밖에 없는 이유가 여기에 있다.

사람들이 꽃을 왜 좋아하느냐는 질문으로 다시 돌아가 보자. 포유류 중 유일하게 색깔을 구별할 줄 아는 인류는 오래 전부터 꽃의 선명한 색깔을 좋아했던 것이 분명하다. 여기에 꽃의 완전한 대칭 형태를 건강의 표시로 받아들이고 더욱 호감을 가졌을 것이다. 발견된 자료를 보면, 네안데르탈인은 죽은 자를 꽃과 함께 묻었다고 한다. 이를 보면 인류의 꽃에 대한 사랑은 오랜 역사에서 비롯된 것임을 알 수 있다.

왜 남아메리카에는
몸집이 작은 동물만 사는 것일까?

기니피그의 대륙

상당수 과학자들은 남아메리카의 대형 동물들이 인류 때문에
멸종되었을 것이라고 믿고 있다. 하지만 중앙아메리카에 형성된
육교를 건너 북아메리카에서 남아메리카로 내려왔던 말이 인류가
남아메리카 대륙에 발을 들여놓기 훨씬 전에 이미 멸종되었다는
사실을 기억할 필요가 있다. 어쩌면 기후 변화가 부분적인 원인이
되었을지도 모른다.

　　아프리카와 아시아, 북아메리카에서는 대형 포유류를
자주 발견할 수 있지만 남아메리카에서는 대형 포유류를 거의 찾을
수 없다. 남아메리카에서는 맥貘이 가장 큰 동물인데, 라마나 멧돼지
보다는 조금 크고, 고양잇과 동물인 재규어보다 약간 큰 정도이다.
남아메리카는 최고라는 수식어를 붙이기에 부족함이 없는 생물체와
자연환경이 존재하는 곳인데 왜 그곳에 대형 포유류가 살지 않는 것
일까.
　그곳에는 수없이 많은 조류가 있고, 전 세계 어느 하천보다 긴 아
마존 강을 끼고 있는 열대우림 지역이 있는가 하면, 뱀 중에서 가장
큰 아나콘다가 있고, 소의 개체 수도 3억 마리가 넘는다. 현재 전 세

계의 소 네 마리 중 한 마리는 남아메리카에 있다고 알려져 있다. 그런데 유럽인이 그곳에 들어가기 전 남아메리카에 도대체 무슨 일이 있었기에 그곳이 기니피그의 대륙으로 남아 있었던 것일까. 유럽인이 남아메리카에 이주하면서 그들이 데리고 간 포유류, 특히 소와 말이 남아메리카 전역에서 번성한 것을 보면 의문은 더욱 깊어진다. 대형 포유류가 잘 적응할 수 있는 천혜의 자연조건이 갖추어져 있는데 왜 이런 동물들이 처음부터 그곳에 살지 않았던 것일까?

기니피그의 대륙으로 남아 있던 남아메리카

유럽의 이주민과 함께 들어간 구대륙의 거의 모든 동물은 남아메리카에서 성공적으로 뿌리를 내렸다. 남아메리카 남단에는 토끼와 사슴이 서식하고, 비버도 문제없이 적용했다. 또 사람들이 풀어놓은 말馬도 살아남았다. 팜파스(Pampas, 남아메리카의 대초원 지대-옮긴이)는 천혜의 목초지이며, 가우초(Gaucho, 남아메리카의 팜파스에서 목축을 하고 살아가는 주민을 일반적으로 일컫는 말-옮긴이)의 낭만은 북아메리카의 카우보이에 전혀 뒤지지 않는다. 소는 팜파스를 제집이라고 여겼을지 모른다. 소의 피부에 달라붙어 소들을 괴롭히는 진드기의 천적인 새(부파가뻐꾸기Madenhacker-Kuckucke)가 남아메리카 팜파스에 이미 살고 있었기 때문이다.

구대륙에서 유럽 이주민과 함께 들어온 포유류는 이전에 남아메리카에 서식하던 토착종을 전혀 밀어내지 않고 정착할 수 있었다. 먹이와 서식지를 놓고 경쟁해야 할 종이 남아메리카의 초원과 밀림에 전혀 없었기 때문이다. 그들의 서식지는 비어 있었던 것이다.

그러나 이곳에 말과 토끼, 사슴이 없었던 것은 아니다. 다만 몸집이 작았을 뿐이다. 남아메리카에는 좀 더 작거나 중간 크기의 사슴이 있었고, 토끼와 비슷한 기니피그와 팜파스 토끼라고도 불리는 마라가 있었다. 화석으로 볼 때 이미 200만 년 전 그곳에도 말이 살고 있었다는 것을 확인할 수 있다. 물론 이 말은 우리가 알고 있는 것과는 다른 종으로 지금은 멸종된 것이긴 하다. 하지만 소는 어디에서도 찾을 수 없다.

남아메리카의 토착 포유류가 몸집이 작은 데에는 다른 까닭이 있을 것이다. 우리는 흔히 (생물학자도 예외가 아니다) 모든 생명체는 예부터 자연 속에 정해진 생존의 터전이 있다고 믿고 있다. 남아메리카의 자연의 변화를 추적해보면 그곳에 대형 포유류가 살지 못한 까닭이 드러날 것이다.

물질대사가 다른 대륙의 동물보다 느린 남아메리카 포유류

300만~250만 년 전, 거대한 화산폭발로 오늘날의 멕시코와 남아메리카 북단 사이의 바다에는 수많은 섬이 생겼다. 북아메리카와 남아메리카를 잇는 육교가 만들어진 셈이다. 아메리카 양 대륙은 원래 멀리 떨어져 있었다. 북아메리카는 동북아시아와 붙어 있었고, 남아메리카는 5000만 년 동안 별도의 독립된 세계라고 부를 수 있을 만큼 거대한 섬으로 존재했다. 이 기간 동안 남아메리카에서는 식물과 동물이 독자적으로 발달했다. 특히 포유류의 경우 몇 개의 그룹으로 나뉘어 진화를 거듭했는데, 갑옷을 두른 아르마딜로와 행동이 굼뜬 나무늘보, 주로 흰개미를 먹고 사는 기묘한 개미핥기가 그들이다.

다른 대륙의 간섭이 없던 시절, 남아메리카 토착 포유류의 물질대사는 다른 대륙의 동물들에 비해 현저하게 느렸다. 나무늘보는 같은 크기의 다른 포유류에 비해 이동속도가 절반에도 미치지 못했고, 개미핥기와 아르마딜로도 그다지 빠르지 않았다. 대형 아르마딜로는 공룡으로 대표되는 대형 파충류의 이동 속도와 크게 다를 것이 없었다. 남아메리카의 독자 종인 광비류廣鼻類 원숭이도 구대륙의 같은 종류에

26

(왼쪽부터)재규어, 맥, 카피바라

비해 물질대사 속도가 20퍼센트 정도 느렸다.

이런 상황은 남북아메리카를 잇는 자연 육교가 형성되었을 때 북아메리카에 살던 포유류가 남아메리카로 밀려들어 오게 하는 중대한 결과를 낳았다. 물론 남아메리카의 포유류가 북쪽으로 이동할 때도 있었지만 그 수는 얼마 되지 않았다. 수없이 많은 동물이 남쪽으로 내려왔기 때문에 이후 남아메리카의 포유류의 절반 정도는 북쪽에 기원을 둔 동물들로 이루어지게 되었다. 거대한 대륙 간 이동으로 조류도 엄청나게 불어났다. 그 결과 오늘날 전 세계 조류 세 마리 중 한 마리는 남아메리카에 서식한다.

여기까지만 보면 남아메리카에도 대형 포유류가 일부나마 서식하던 때가 있었음을 알 수 있다. 거대한 나무늘보나 아르마딜로 같은 동물들이다. 하지만 이들 종 역시 마지막 빙하기 무렵 현재 원주민의 조상인 인류가 남아메리카로 들어오면서 멸종되었다. 상당수 과학자들은 이 대형 동물들이 인류 때문에 멸종되었을 것이라고 믿고 있다. 하지만 중앙아메리카에 형성된 육교를 건너 북아메리카에서 남아메리카로 내려왔던 말이 인류가 이 대륙에 발을 들여놓기 훨씬 전에 이미 멸종되었다는 사실을 기억할 필요가 있다.

어쩌면 기후 변화가 부분적인 원인이 되었을지도 모른다. 기후 변화로 인해 열대우림은 넓어졌다가 다시 줄어들었고 그 과정은 여러 차례 반복되었다. 도피처가 없는 상황이라면 대형 동물은 소형 동물보다 훨씬 빠른 속도로 희생될 수밖에 없다.

빙하기와 간빙기가 반복되면서 한랭하거나 혹은 온난한 환경은 구대륙의 포유류를 강하게 만들었고 이들은 생태계에서 우월한 지위로 올라설 수 있었다. 그에 비해 물질대사가 느린 남아메리카의 포유류는 구대륙의 포유류에 맞서 내세울 만한 강점이 없었다. 구대륙의 포유류에 밀린 이들은 열악한 조건에서 간신히 살아남을 수밖에 없었다. 아마존의 열대우림 지대나 그란차코(Gran Chaco, 남아메리카 중 남부 내륙에 있는 충적 평원-옮긴이)의 가시덤불 숲, 메마른 파타고니아 (Patagonia, 아르헨티나 남부에 있는 반건조성 고원-옮긴이)의 반사막 지대, 그리고 눈 덮인 안데스 산맥의 고지대에서 살아남은 것이다.

남아메리카의 포유류의 역사만큼이나 자연의 역사를 분명하게 보여주는 예도 없다. 수십억 년의 역사를 지닌 지구에 비한다면, 지금 우리가 보는 환경은 찰나에 지나지 않는다. 남아메리카는 오랫동안 독자적인 세계로 존재했다. 섬이나 마찬가지였던 그곳에서 생명과 진화의 역사는 독자적인 형태로 전개되었지만, 자연과 기후 변화로 두 대륙이 이어졌을 때 그 변화를 따라갈 수 없었던 남아메리카의 대형 포유류는 도태될 수밖에 없었던 것이다.

왜 사람의 몸은 항상 따뜻할까?

개와 공룡

뇌는 이상적인 기온에서 지속적으로 활동할 때 가장 활발히 기능한다. 뇌의 활동을 보장하는 것이 체내에서 생산되는 열이다.
따뜻한 체내 활동과 유능한 뇌의 활동은 서로 뗄 수 없는 관계이다. 기후 변화가 시작되면서 체온이 일정하지 못한 파충류는 사라졌지만 체온이 일정하게 따뜻한 동물인 포유류는 따뜻한 체온을 바탕으로 점점 크고 우수한 뇌를 발달시킬 수 있었다. 체구가 훨씬 작은 인류가 공룡 같은 파충류를 물리치고 지구의 지배자가 된 것은 이런 이유 때문이다.

파충류는 1억 년 이상 지구를 지배했다. 파충류 중 가장 유명한 것은 공룡이다. 세월이 지나 지구에는 새로운 종種이 등장했다. 날이 가고 해가 바뀌는 것에 상관없이 주변 온도에 비해 몸이 일정하게 따뜻한 동물이다. 파충류가 지배하던 시절에는 몸이 따뜻하지 않아도 전혀 문제될 것이 없었다. 그런데 따뜻한 체온이 갑자기 중요해진 이유는 무엇일까?

따뜻한 체온을 유지하려면 많은 에너지가 필요하다. 따뜻한 몸이 갖고 있는 장점은 분명하지만 비용 소모가 크다는 단점도 있다. 오래전부터 진화학자들은 이 문제에 매달려왔다. 우리가 흔히 사용하는 기술에서 예를 들어보자. 세워져 있던 차에 시동을 걸면 기어를 넣기까지 약간의 시간이 걸린다. 엔진이 가열되기 전에 클러치 페달을 갑자기 떼면 시동이 꺼진다. 엔진이 제대로 열을 받았다면 출발해도 좋다는 신호이다. 이때 속력을 갑자기 높이면 '자동차 경주의 출발'처럼 연료를 쓸데없이 낭비해 환경을 오염시키는 일이 된다. 2~3초 내에 시속 80~100킬로미터 정도로 속력을 높이면 정상적인 가속에 비해 연료 소모가 엄청나다. 겨울철에 엔진이 냉각된 상태에서 무리하게 출발하는 것도 엔진에 무리를 준다.

동물의 몸도 이와 비슷하다. 적을 만나 도망을 친다든가 반대로 탐스러운 사냥감을 보고 쫓아가려고 할 때 갑자기 전속력을 내는 경우가 있다. 물질대사가 이미 준비된 상태라면 망설이지 않고 전속력을 낼 수 있다. 하지만 연료 소비는 어떡할 것인가. 엔진을 계속 공회전시키는 것처럼 에너지를 소비한다면 몸은 탈진하고 말 것이다. 반면에 꼭 필요할 때만 엔진을 가동하면 값비싼 에너지를 절약할 수 있다.

따뜻한 체온을 유지하기 위해서는 에너지가 많이 필요하다

우리는 열대지방에서는 체온이 높아서 능률이 떨어진다는 것을 알고 있다. 체온이 높을수록 시원한 곳을 찾게 되며 뜨거운 한낮에는 일을 멈추고 그물침대에서 쉬고 싶다는 생각도 해본다. 몸이 얼어붙는 것을 막기 위해서라면 체온이 계속 높은 것이 좋겠지만, 주위 환경이 따뜻하다면 체온이 높은 것은 오히려 방해가 된다. 가장 이상적인 것은 온대지방에 사는 것이다. 사람의 체내 열생산과 외부 기온의 차이에 균형을 이룰 수 있는 이상적인 온도는 섭씨 26~28도이다. 사람의 정상적인 체온보다 10도 정도 낮은 온도이다. 외부환경이 더 추워지면 우리는 운동이나 일을 해서 열을 더 만들어내거나 옷을 두껍게 입어 '별도의 난방' 조치를 취한다. 외부 온도가 평균 수준 이상으로 올라가면 우리 몸은 땀을 흘리며 자동적으로 열을 내린다.

기온이 차가워질 때 추가로 체온을 올리면 편리하겠지만, 본격적인 추위에 맞서 살아남으려면 두꺼운 옷을 입거나 외부와 차단된 공간에서 지내는 방법뿐이다. 인류는 옷으로 몸을 따뜻하게 유지하는 능력을 지닌 유일한 종種이다(다른 포유류나 조류는 밤낮으로 가죽이나 깃털을 바꿀 수 없고, 편의에 따라 털을 입거나 벗는 능력이 없다). 항상 몸을 따뜻하게 유지할 수 있는 능력을 지니게 됨으로써 인류는 공룡을 물리치고 지구의 지배자가 될 수 있었던 것이다.

티라노사우루스는 개보다 달리는 속도가 느리다

인류는 따뜻한 체온을 일정하게 유지하면서 필요한 때에만 엔진을 가동하는 법을 알고 있다. 인류를 포함해 체온이 일정한 포유류는 땅 위에서 빠르고 능숙하게 이동할 수 있고, 조류는 날아오르기까지 한다. 그러나 체온이 일정하지 못한 파충류는 이들에 비해 에너지를 효율적으로 쓰지 못하기 때문에 이동하는 속도가 매우 느릴 수밖에 없다. '점점 더 빨리, 점점 더 높이, 점점 더 멀리'라는 표현은 척추동물의 진화를 잘 설명해주는 말이다.

이와 반대로 공룡시대의 좌우명은 '더 크게, 좀 더 크게, 점점 더 크게'였을 것이다. 몸집이 거대한 동물은 당연히 빨리 달리는 단거리 주자走者도 아니고 지혜로운 동물도 아니었다. 앞에서 말한 대로 뇌를 사용하는 데에는 많은 에너지가 필요한데 몸에 비례하여 뇌가 클수록 에너지 소모는 그만큼 더 많아진다. 뇌의 기능은 이상적인 기온에서 지속적으로 활동할 때 가장 활발해진다. 뇌의 활동을 보장하는 것이 바로 체내에서 생산되는 열이다. 따라서 따뜻한 체내 활동과 유능한 뇌의 활동은 서로 뗄 수 없는 관계이다.

포유류는 따뜻한 체온을 바탕으로 점점 크고 우수한 뇌를 발달시켰다. 공룡이 처음 출현한 중생대 때부터 이미 시작된 일이다. 중생대에는 대륙이 거대한 크기로 붙어 있었으며, 지구는 오늘날에 비해 훨씬 더웠다. 이런 환경은 파충류에게 유리했다. 공룡은 밤에 열이 소모되는 것은 막을 수 있었다. 하지만 너무 몸집이 큰 탓에 움직이는 속도는 느렸다.

악명 높은 티라노사우루스 렉스(Tyrannosaurus Rex, 북아메리카와 아시아 동부의 백악기 후기 퇴적층에서 화석으로 발견되는 초대형 육식성 공룡의 한 종. 가장 거대하고 난폭하기로 유명한 공룡-옮긴이)조차 개보다 달리는 속도가 느렸을 것이다. 오늘날 가젤이 코끼리를 가볍게 따돌리듯이 행동이 민첩한 온혈동물(정온동물)들은 거대한 공룡의 위협에서 간단히 벗어날 수 있었을 것이다. 조류가 등장하면서 이런 능력은 결정적인 역할을 했다. 포유류가 야간생활에 더 적절한 능력을 발휘한 반면, 조류는 공룡의 방계傍系로서 낮에 활동했다. 포유류가 체내에서 생산되는 열 덕분에 어둠이나 야간에 활동하는 시간을 늘인 반면, 조류는 체내의 높은 열을 바탕으로 공중으로 날아올라 낮에 비행하는 시간을 늘인 것이다. 조류는 특히 먹이가 풍부한 곳을 찾아다니며 에너지 소비와 축적의 관계를 개선하는 능력을 키웠다.

하지만 중생대에 이르러 판게아(Pangaea, 대륙이동설에서 고생대 페름기와 중생대 트라이아스기에 존재한 하나의 커다란 대륙의 이름-옮긴이)라는 거대한 대륙이 쪼개지고 극지 방향으로 분리되면서 대륙과 바다는 점점 추워지기 시작했다. 이러한 기후 변화 속에서 체온이 일정하지 못한 파충류는 점점 사라졌지만 체온이 일정하게 따뜻한 동물인 포유류와 조류는 적응하고 살아남을 수 있었다. 체구가 훨씬 작은 온혈동물이 공룡 같은 파충류를 물리치고 지구의 지배자가 된 것은 바로 이런 이유 때문이다.

왜 에너지를 많이 소비하는 것이 장점이 될까?

낭비가 심한 쥐와 욕심이 적은 뱀

'에너지를 덜 낭비하는' 알뜰한 본성은 자연계에서는 바람직하지 않다. 에너지대사가 높은 동물은 번식능력이 뛰어나기 때문이다. 지구에 거대한 운석이 떨어져 거의 모든 것이 달라졌을 때, 공룡처럼 에너지를 절약하는 종은 생존 조건의 급속한 변화를 따라갈 만큼 유연하지 못했기 때문에 멸종될 수밖에 없었다. 반면에 나날이 더 많은 에너지를 소비하는 인간은 이런 변화에 유연하게 대처할 수 있었다.

포유류는 에너지 낭비가 심한 동물이다. 반면에 뱀이나 악어는 비슷한 크기의 포유류나 조류에 비해 에너지를 적게 소비한다. 쥐나 큰 물고기는 한 달에 한 번 정도는 잔뜩 포식을 하지만 뱀은 단식하는 날이 더 많고, 악어는 우리의 예상보다 굶주린 채로 지내는 편이다.

파충류는 추운 지방을 빼고 바다를 포함하여 어느 곳이든 서식한다. 파충류는 '하루살이처럼' 역사가 짧은 인류는 물론 다른 포유류에 비해 훨씬 오랜 기간 지구에 살았다. 그렇지만 결코 승리자가 될 수는 없었다. 파충류보다 지구에 체류한 시간이 짧고 에너지 낭비도 더 심한 포유류의 일종인 인간이 어떻게 파충류를 물리치고 지구의 지배자가 된 것일까?

결론부터 말하자면 '에너지를 덜 낭비하는' 알뜰한 본성이 자연계에서는 바람직하지 않다는 것이다. 파충류와 포유류가 후손을 퍼뜨리고 에너지를 보충하는 방식을 보면 확연한 차이를 엿볼 수 있다.

예를 들어보자. 뱀과의 파충류 유혈목이는 개구리를 잡아먹는다. 물고기를 잡을 때도 있고 운이 좋으면 생쥐를 잡기도 한다(그러나 생쥐가 자라서 생식능력을 갖출 즈음이면 유혈목이의 먹잇감이 되기에는 몸집이 큰 편이다. 이때쯤 쥐는 유혈목이에 비해 10배 이상의 영양분을 필요로 한다). 유혈목이는 30~100개 사이의 알을 낳으며 알은 새끼 뱀으로 활동하기까지 약 60~75일의 시간이 필요하다. 유혈목이는 알을 부화하거나 새끼를 돌보는 데 에너지를 소비하지 않는다. 반면에 암컷 쥐는 임신기간이 3주이며 한 번에 7~8마리의 새끼를 낳고 1년에 세 차례 임신한다. 새끼는 어미젖을 먹고 자라 3~4개월 뒤면 스스로 번식능력을 갖춘다.

높은 에너지대사는 증식에 유리하다

비록 뱀이 알을 많이 낳기는 하지만 번식능력에서 있어서는 쥐가 뱀보다 훨씬 뛰어나다. 어린 유혈목이가 생식능력을 갖추려면 여러 해가 걸리지만 쥐는 이보다 빠르게 성장한다. 자연에서는 후손을 많이 낳는 게 무엇보다 중요하다. 쥐가 뱀의 수를 따라잡는 데 걸리는 시간은 일년이면 충분하다. 이런 까닭에 지구 전체에는 유혈목이를 비롯한 뱀보다 쥐가 훨씬 더 많은 것이다.

높은 에너지대사가 갖는 또 다른 장점은 증식增殖에 있다. 생존 조건이 변하지 않는 곳은 어디에도 없다. 안정된 환경도 언젠가는 변하기 마련이며 이런 변화를 따라가지 못하는 동물은 낙오한다. 진화론으로 말하면 멸종에 해당한다. 6500만 년 전 지구에 거대한 운석이 떨어진 뒤 생존 조건은 거의 모든 것이 달라졌지만 공룡은 급속한 변화를 따라갈 만큼 유연하게 대응하지 못했다. 공룡처럼 에너지를 절약하는 종은 끝내 살아남지 못했고 조류처럼 나날이 더 많은 에너지를 소비하는 동물은 살아남을 수 있었다.

조류는 악조건에서 살아남는 능력이 인류보다 더 뛰어나다. 조류는 섭씨 40~43도의 체온을 유지하며 죽음 직전의 한계상황에서 살아간다. 그리고 이러한 조류의 생존 방식은 성공률이 매우 높다. 조류는 지구의 어떤 곳에서나 서식한다. 매우 다양한 종이 분포하는 고온다습한 열대우림이나 고산지대, 얼음이 뒤덮인 남극의 평원 등 장소를 가리지 않는다. 황제펭귄은 추위와 어둠으로 뒤덮인 곳에서 새끼를 키운다. 주름진 다리 밑에 알을 품고 새끼 스스로 바다로 나갈 수 있을 때까지 돌본다. 황제펭귄이나 다른 펭귄은 다른 새들이 날개를 펴서 공중을 날듯 지느러미처럼 생긴 앞발로 물속을 '비행'하면서 차가운 바다 밑으로 수백 미터를 잠수한다. 또한 조류는 안데스와 히말라야의 고지대와 같은 까마득히 높은 공중에서 문제없이 호흡하며 비행한다. 조류는 현재 지구상에 약 1만 종種이 퍼졌으며 포유류의 종보다 두배반이 많고 파충류보다 훨씬 성공적으로 진화했다. 조류는 공룡에서 갈라져 나온 것으로 추측하고 있는데 진화의 성공사례라고 볼 수 있다.

파충류의 시대 이후 지구에는 새로운 포유류의 종과 조류가 등장했다. 그 중에서도 인류가 15만 년 이상 지속한 수렵과 채취생활의 속박에서 벗어나 문화적 인류로 진화한 것은 철저한 에너지대사에 따른 것이다.

왜 사람은 머리에만 털이 났을까?

털 없는 원숭이

우리는 단백질을 많이 섭취한다. 단백질에는 간혹 유황이 함유되어 있는데 이런 단백질은 몸 밖으로 내보내야만 한다. 그것도 가능하다면 해롭지 않은 방법으로 배출해야 한다. 머리털이 많으면 신체의 냉각 시스템을 손상하지 않고도 유해 단백질을 배출하는 것이 가능하다. 사람의 몸은 머리털로 들어가는 모든 물질을 똑같이 밖으로 내보내고 케라틴을 형성하기 위해 새로운 단백질을 공급하기 때문에 노화로 물질대사가 둔화될 때까지 머리털이 자라고 빠지는 일이 반복된다.

사람은 맨몸으로 태어난다. 성장해서 머리와 몸 일부분에 털이 날 때까지는 알몸이다. 포유류의 특징이라고 할 수 있는 털이 사람에게는 처음부터 없었다. 그렇다면 우리는 벌거벗은 몸을 부끄러워해야 할까? 그렇게 생각한다면 쓸데없는 기우이다. 옛날이나 지금이나 사람의 벌거벗은 몸은 장점이면 장점이었지 결코 흠은 아니기 때문이다.

'원숭이'라는 다소 경멸스러운 호칭으로 불리는 침팬지, 오랑우탄, 고릴라는 다른 영장류와 마찬가지로 털이 나 있다(여기서는 인류를 '영장류'라고 부르겠다. 그렇지 않으면 우리 자신을 원숭이와 같은 부류에 넣는 결과가 되기 때문이다). 데즈먼드 모리스Desmond Morris는 『털 없는 원숭이

The Naked Ape』라는 제목의 세계적 베스트셀러를 펴낸 바 있는데 그는
이 책에서 인류를 있는 그대로의 모습으로 묘사했다. 벌거벗은 몸은
모든 인류의 '털 없는 원숭이'로서의 특징이다. 동물학자들은 '현명한
인류' 또는 '지혜로운 인류'라는 의미로 '호모 사피엔스Homo Sapiens'라
는 전문용어를 쓰기 좋아하지만 이 뜻처럼 인류가 언제나 현명한 특
징을 보여주는 것은 아니므로 모리스의 표현이 더 어울릴 것 같다.

인류는 장거리 달리기 능력 때문에 털 없는 몸이 되었다

사실 사람의 몸에는 털이 있다. 가슴에 털이 난 일부 남자를 제외
하고는 눈에 띄지 않을 만큼 털이 적을 뿐이다. 사람의 가느다란 털
은 털로서의 의미가 전혀 없다. 부드러운 솜털은 차가운 비바람은커
녕 뜨거운 햇볕으로부터 몸을 전혀 보호하지 못한다. 게다가 사람의
피부는 매우 민감하다. 가시에 찔리고 거친 나무껍질에 벗겨지기 일
쑤이다. 알몸으로 나무에 기어오르는 것은 조금도 유쾌하지 않다. 털
이 없는 것은 단점으로밖에 보이지 않는다.

그러나 몸에 털이 없는 데에서 오는 엄청난 장점에 비하면 아무것
도 아니다. 두꺼운 털 대신 사람의 피부에는 수백만 개의 미세한 땀
구멍이 나 있다. 우리가 땀을 흘리면 땀구멍에서는 차가운 수분을 내
보내 체내의 정상적인 에너지대사의 몇 곱절에 해당하는 열-탈취 작
용을 한다. 인류가 믿을 수 없을 만큼 힘들고 많은 일을 할 수 있는
것은 땀을 흘릴 수 있어서이다. 땀 흘리는 기능은 모든 포유류 중에
서도 인류가 가장 뛰어나다. 여기서 또 하나의 필연적인 결과가 생긴
다. 인류는 그래서 '노동의 동물'이 될 수밖에 없는 것이다.

털이 없어진 이유는 인류의 진화 과정에서도 살펴볼 수 있다. 유인
원과 사람의 차이 중 하나는 '똑바로 걷고 달릴 수 있는가'에 달려 있
다. 사람은 빠르게 달릴 수 있지만 유인원은 똑바로 달리지 못한다.

유인원은 안쪽으로 발가락이 굽었기 때문에 당당히 걷지 못하고 이동하는 모습이 어설프다. 짧은 거리라면 네 발로 빨리 달릴 수 있지만 동작이 전혀 우아하지 않다. 반면에 사람이 걷고 달리는 자세는 유인원과는 완전히 다르며 확실히 더 진보된 형태라고 할 수 있다. 그리고 이러한 진보는 인류의 벌거벗은 몸과 관련이 있다.

인류로 진화하는 과정에서 사람은 걷게 되었다. 보행하면서 유목생활을 시작한 것이다. 원인(原人, 40~50만 년 전의 제2간빙기에 살았던 것으로 추정되는 화석 인류. 인류가 진화한 제2단계로 원인猿人의 다음 단계이며 구인舊人의 전 단계-옮긴이)이 뒷다리를 딛고 일어서는 데에는 수만 세대, 수백만 년이 걸렸다. 아득히 먼 인류의 조상은 천천히 신체를 완벽하게 갖추어 나갔는데, 골반의 형태와 다리 길이가 알맞게 형성되었고 발꿈치를 딛고 두 발이 자연스럽게 앞으로 나아가게 되었다. 근육은 단거리를 빨리 달릴 뿐만 아니라 장거리도 달릴 수 있을 만큼 튼튼해졌다.

또한 인류는 열기를 활용할 수 있으므로, 열을 지닌 채 더 멀리, 더 오래 달릴 수 있었다. 이때 근육이나 뇌가 과열되지 않으려면 이상적인 냉각 조직이 필요하다. 따라서 땀샘의 수는 늘어났지만 털의 크기나 수는 줄어들 수밖에 없었다. 빽빽한 털에 땀이 달라붙는다면 냉각 효과가 사라질 것이기 때문이다. 현재 인류는 지구상의 모든 동물 중에서 달리기를 가장 잘하는 동물이다. 마라톤 경주 구간을 달리고 그 이상의 구간도 달릴 수 있다. 현재 장거리 달리기 기록은 600킬로미터에 달한다. 최고의 경주마도, 가장 오래 달리는 개도 인류를 따라올 수 없다. 속도는 그들이 더 빠를지 모르지만 지속성과 지구력은 인류가 더 뛰어나다.

인류는 이런 능력을 바탕으로 지속적인 노동을 통해 세계를 변화시켰다. 어떤 영장류도 어떤 포유류도 인류의 능력을 따라올 수 없다.

인류가 '벌거벗은 몸'이기 때문에 가능한 일이다. 그렇다면 인류는 이런 특별한 장점인 '벌거벗은 몸'을 왜 가리려고 하는 것일까? 그것은 '벌거벗은 몸'의 장점을 더욱 돋보이게 하는 옷을 발명했기 때문이다. 옷이 있기에 인류는 열대의 고향을 떠나 거대한 지구의 나머지 공간에서 생존의 터전을 개척하는 것이 가능했다.

머리털은 유해물질을 밖으로 내보내는 기능을 한다

그러나 진화생물학계에서도 해결하지 못한 과제가 있다. 몸에는 털이 없는데 머리에는 무성하게 털이 자라는 이유는 무엇일까? 그것은 머리털과 신체가 다른 기능을 갖고 있기 때문이다. 머리털은 케라틴 Keratin으로 이루어진 뿔일 뿐이다. 이 물질은 바깥쪽의 얇은 막인데 인류의 몸뿐만 아니라 포유류와 조류에 속하는 모든 동물, 그 밖에 다른 척추동물의 피부를 감싸고 있다. 그러니까 머리털은 생물체의 외피이지 그 밑에 있는 두꺼운 진피眞皮는 아니라는 말이다. 보통 우리가 가죽이라고 하는 것은 소나 다른 짐승의 두꺼운 진피로 만드는 것이다. 진피에 비해 외피는 아주 얇다.

외부와 단절해 몸을 보호하는 것이 피부의 기능이라면 진피는 몸을 보호하고, 외피는 나쁜 물질을 밖으로 내보내는 역할을 한다. 그 중에서도 인류의 외피인 머리털은 우리 몸에 쌓인 유해물질을 밖으로 내보내는 역할을 하고 있다.

케라틴은 단백질로 이루어지며 정확히 말하면 특정한 방법으로 화학적 결합을 한 아미노산이라는 성분으로 이루어져 있다. 아미노산에는 유황성분이 들어 있다. 만일 아미노산이 체내에서 다른 찌꺼기들처럼 분해된다면, (썩은 계란 냄새가 나는) 황화수소H_2S와 같이 강한 유독성 황화물이 나올 것이다. 그러나 생물체의 몸은 유연하면서도 질기고 동시에 전혀 독성이 없는 케라틴을 형성하기 위해 유황이 섞인 아미노산을 이용한다. 털 속에 케라틴이 모이고 여기서 가죽이 만들어진다. 털은 어느 정도 규칙적으로 빠진다. 봄이나 가을이 되면 규칙적으로 털갈이를 하는 동물이 많은데 털이 나쁘기 때문에 털갈이를 하는 것이 결코 아니다. 여기서 머리털과 몸에 나는 털은 다르다는 것을 다시 확인할 수 있다. 영양섭취를 통해 이미 충분한 아미노산을 확보한 탓에 몸은 불필요한 아미노산을 처리하는 데 외피인 털을 이용할 뿐이다.

아미노산이 빠져나가기 위해서는 피부를 통과해야 한다. 피부샘과 모근이 있는 곳이다. 피부샘은 아미노산과 특정 지방산을 분리한다. 피부에 있는 박테리아가 이것을 먹고 사는데, 이 박테리아 때문에 우리 몸에서는 땀 냄새가 나는 것이다. 만일 모든 아미노산이 피부를 거쳐 빠져나가지 않고 머리털을 자라게 하는 데에만 사용된다면 우리 몸에서는 엄청난 악취가 날 것이다. 단백질이 풍부한 먹이를 먹고 사는 포유류는 털이 무성하거나 아니면 악취를 풍긴다.

다시 사람의 머리털로 돌아가 보자. 채식과 육식을 병행한 이래, 인류는 단백질을 많이 섭취해왔는데 단백질에는 간혹 유황이 함유되어 있다. 이런 단백질은 몸 밖으로 내보내야만 한다. 그것도 가능하다면 해롭지 않은 방법으로 배출해야 한다. 머리털이 많이 나면 신체의 냉각 시스템을 손상하지 않고도 배출이 가능하다. 사람의 몸은 머리털로 들어가는 모든 물질을 똑같이 밖으로 내보내고 케라틴을 형성하기 위해 새로운 단백질을 공급하기 때문에 노화로 물질대사가 둔화될 때까지 머리털이 자라고 빠지는 일이 반복된다.

젊은이들 특히 젊은 여성의 풍성한 머리털은 단백질 공급이 원활하고 건강한 아이를 낳을 수 있다는 의미를 내포하고 있다. 많은 문화권에서 젊은 여성의 풍성한 머리털을 숨기려고 하는 것에는 나름의 이유가 있다. 머릿털은 생명처럼 귀한 것이기 때문이다.

깃털은 정말로
날기 위해서 있는 것인가?

펭귄과 거의 날지 못하는 백조

백조는 2만 5000개의 깃털을 가지고 있다. 백조는 털갈이를 할 때
꼬리깃털과 양옆의 날개깃털이 함께 빠져나가기 때문에 깃털이
있어도 날 수 없다. 털갈이는 새 깃털이 나기까지 족히 3주는
걸린다. 비행 능력은 날개깃털 중에서 약 40~50개에 의해 좌우된다.
비행을 못하는 것은 이 부분의 깃털이 너무 적기 때문이다.
백조의 피막이나 솜털은 날거나 체온을 유지하기보다는
몸에서 쓰레기를 배출하는 데에 더 유용하게 쓰인다.

먼 옛날 새가 나는 법을 배우기 훨씬 전인 조류의 조상
시절에도 새는 깃털을 가지고 있었다. 그러나 나는 기능을 발휘한 것
은 한참 후대에 와서 가능해졌다. 깃털은 어떻게 생겨난 것일까? 공
룡의 양옆에 깃털이 생긴 것은 비행을 하기 위해서는 결코 아니었다.
  여기서 분명히 짚고 넘어가야 할 것은 새의 깃털이 포유류의 털처
럼 케라틴으로 이루어졌다는 사실이다. 깃털은 털과 마찬가지로 피
부의 죽은 조직이다. 하지만 포유류의 털이 모근에서 계속 자라는 데
비해 깃털은 일단 다 자란 다음에는 틈틈이 빠진다. 털갈이를 하는
것이다. 조류에게 털갈이는 깃털을 교체하는 것이다. 사람이 옷을 갈
아입는 것과 비슷하다고 볼 수 있다.

현재 살아 있는 조류 중 가장 몸집이 큰 아프리카 타조, 그리고 펭권을 포함한 모든 조류는 깃털을 갖고 있다. 깃털을 달고 있는 동물은 새라고 부를 수 있다. '깃털'이라는 분명한 특징을 지녔지만 조류는 매우 다양한 동물 집단이다. 벌거벗은 조류는 없지만 펭권처럼 날지 못하는 새는 많기 때문이다. 만일 인류가 남극에서 산다면 날지 못하는 펭권을 '정상'으로, 날 수 있는 새는 포유류의 박쥐처럼 별종으로 생각할 것이다(전 세계 다양한 조류를 조사해보면 날아다니는 새보다 날지 못하는 펭권이 조류로서의 생존 특징을 더 지니고 있음을 알 수 있다. 따라서 난다는 것은 우리가 생각하는 것만큼 조류의 독특한 특징은 아니다).

포유류는 조류에 비해 두드러진 '단일 특징'이 없다. 예전에 포유류를 '털 달린 동물'이라고 부르자고 주장한 사람도 있지만 모든 포유류가 털을 가진 것은 아니니 이 말은 맞지 않다. 어미젖을 먹이는 것도 포유류만의 특징은 아니다. 비둘기는 포유류가 아니고 조류지만 소낭유嗉囊乳라는 비둘기 젖으로 새끼를 키우기 때문이다. 이에 비한다면 조류의 '깃털'은 매우 독특하고 두드러진 그들만의 특징이다.

날개깃털이 적은 오리나 백조는 날지 못해

이불과 베갯속을 채우는 데 쓰는 보들보들한 깃털은 날개로 사용하는 어미 새의 깃털과는 전혀 다르다. 보들보들한 깃털만 지닌 어린 새는 날지 못한다. 날지 못하는 것은 너무 어려서가 아니라 날기에 쓸모없는 깃털을 달고 있기 때문이다. 병아리를 보면 쉽게 알 수 있다. 병아리는 아장아장 걸을 때부터 작은 날개에 칼깃을 달고 있지만 위험이 닥치면 '뛰어서' 그 위험에서 벗어난다. 날개로 몇 미터만 날아도 충분히 피할 수 있을 텐데 깃털을 사용하지 않는 것은 그 깃털이 소용없기 때문이다.

병아리에게는 나는 능력보다 따뜻한 온기가 더 필요하다. 어미 닭은 병아리를 날개 속에 품고 배의 깃털로 따뜻하게 감싸며 보호한다. 어미 닭의 깃털 속에서 보호받으며 병아리의 솜털은 완전하게 자란다. 이렇게 자라야만 병아리의 털은 보온 기능을 할 수 있다(깃털과 가죽은 체온유지라는 면에서 기능이 완벽하게 일치한다). 보들보들한 병아리의 솜털은 포유류의 가죽과 마찬가지로 공중을 나는 데에는 쓸모가 없다. 박쥐나 큰박쥐속처럼 하늘을 나는 포유류는 털이 아니라 발과 몸통 사이에 있는 비막飛膜으로 나는 것이다. 물론 별도의 날개를 지닌 조류가 박쥐보다 훨씬 잘 나는 것은 틀림없지만 말이다.

새의 깃털은 기능에 따라 크게 두 가지로 나뉜다. 몸을 감싸 보온 기능을 하는 깃털, 날개에 달린 칼깃이나 방향조정 기능을 하는 꼬리깃털처럼 나는 데 도움을 주는 깃털이 그것이다. 꼬리깃털은 전체 깃털 중 일부에 지나지 않아 새의 크기에 따라 그 수가 10퍼센트 또는 그 이하를 차지한다. 백조는 2만 5000개의 깃털을 가지고 있다. 오리나 백조는 털갈이를 할 때 꼬리깃털과 양옆의 날개깃털이 함께 빠져나가기 때문에 전혀 날 수가 없다. 털갈이는 새 깃털이 나기까지 족히 3주는 걸린다. 비행 능력은 날개깃털 중에서 약 40~50개에 의해 좌우된다. 비행을 못하는 것은 이 부분의 깃털이 적기 때문이다.

다른 식으로 설명해보자. 조류는 알에서 나올 때 대부분 벌거숭이인 채로 나온다. 아니면 깃털로 완전히 감싸인 깃털공의 형태로 세상의 빛을 보는 새끼도 있다. 앞의 것은 온기 속에 보호받는 전형적인 미숙조(Nesthocker 부화 후 일정 기간 둥지에서 머무르며 어미 새의 도움을 받는 조류-옮긴이)이고, 뒤의 것은 부화 직후 또는 빠른 시간 안에 혼자 힘으로 활동하는 조숙조Nestflüchtiger이다. 우리가 분명히 알 수 있는 것은 깃털이 보온에 효과가 있다는 것이다. 여기서 의문이 생긴다. 깃털이 보온에 효과가 있다면 왜 알에서 나올 때 모든 조류가 솜털을 달고 나오지 않는 것일까? 보온은 조숙조에게든 미숙조에게든 모두 필요한 것이다. 특히 움직이지 못하는 탓에 내부에서 열을 만들지 못하는 미숙조에게는 훨씬 유용할 것이 분명하다. 그런데도 미숙조에게 솜털 같은 깃털이 없는 것은 '보온'보다는 '배출'의 기능이 더 크기 때문이 아닐까.

조류의 솜털은 쓰레기를 배출하는 장치이다

내부의 온기 생산이라는 현상을 관찰하면, 조류의 깃털을 둘러싼 상관관계를 분명히 이해할 수 있다. 새끼가 전형적인 미숙조로 알에서 나올 때에는 물질대사가 파충류만큼 느리게 진행된다. 새끼는 자체적으로 온기를 생산하기는 하지만 매우 미미한 수준이다. 깃털이 어느 정도 자라야 내부의 온기 생산을 제대로 하고 비로소 한 마리의 새가 된다. 온전한 새는 스스로 체온을 조절하는데 조류의 체온은 섭씨 40도까지 올라간다. 이렇게 높은 체온에서 조류는 빠르게 성장한다. 새끼 새는 비슷한 크기의 포유류보다 성장속도가 훨씬 빠르다. 비행에 필요한 에너지를 공급받기 위해서는 물질대사가 빠른 속도로 진행되어야 하기 때문이다. 깃털의 형성과 물질대사의 상관관계에 결정적인 열쇠가 되는 것은 얼마나 높은 강도로 물질대사가 진행되는가에 달려 있다. 엔진에 대입해보면, 회전속도가 높고 성능이 좋을수록 연료가 더 원활하게 연소되는 것과 마찬가지 이치이다.

조류가 성장할 때 단백질은 체내에서 훌륭한 연료가 되지 못하고 쓰레기로 배출된다(사람을 포함한 포유류의 경우는 요소尿素의 형태로 배출된다. 이 물질이 신장을 거쳐 오줌으로 배출되면서 많은 수분을 소비한다. 이 때문에 단기적으로 보면 물을 많이 마시는 것이 영양공급보다 더 중요할 수 있다. 요소는 단백질대사로 인해 발생하는 쓰레기이므로 반드시 몸 밖으로 배출해야 한다). 조류는 이 쓰레기를 응고된 형태의 요산으로 배출한다. 이렇게 하면 수분을 절약할 수 있고, 날거나 빨리 달릴 때에도 내부의 냉각 기능을 해치지 않는다.

훨씬 복잡한 문제는 영양분에 섞인 황화수소에서 발생한다. 조류처럼 빠른 물질대사를 통해 생존하는 동물은 체내에 유독성 황화수소가 발생하는 것을 견디지 못한다. 새의 배설물에서 냄새가 나지 않는 것은 깃털이 유독물질을 날려 보내기 때문이다. 깃털 속에는 황화물이 잔뜩 모여 있는데 상당량의 질소화합물이 이런 방식으로 '재순환' 된다. 깃털 전체를 가는 털갈이의 경우, 그것이 어떤 형태로 진행되든 간에 이러한 배출과정을 잘 보여준다. 그렇지 않다면 아무 문제없는 깃털이 빠지는 현상을 어떻게 설명하겠는가? 새는 이와 같은 방식으로 신체 내부의 물질대사를 한계상황까지 끌어올리는 것이다.

그 덕분에 새는 유용한 곳을 찾아다니며 날아다니게 되었다. 새의 활동 능력은 에너지 소모와 관계가 있다. 따라서 깃털 형성은 보온이 필요한가의 여부에 상관없이 물질대사가 빨라지면서 시작된다고 보는 것이 옳다. 그리고 당장에는 깃털이 아무 쓸모가 없을지라도 깃털이 나는 순간부터 물질대사의 유용한 기능, 즉 지나치게 축적된 유독물질을 아무 탈 없이 배출하는 기능을 수행하므로, 깃털은 다른 측면에서 조류에게 꼭 필요하다. 피막이나 솜털은 날거나 체온을 유지하기보다는 몸에서 쓰레기를 배출하는 데에 더 유용하게 쓰인다.

1990년대에 깃털 달린 공룡의 화석이 중국에서 발견되었다. 이 화석을 통해 깃털이 자라는 다양한 방식이 있었다는 것을 파악할 수 있다. 깃털이 있는 동물 중에는 다리에 깃털이 달린 종도 있다. 우리가 키우는 많은 가금류家禽類 중에는 날거나 추위를 막는 데 도움은 안 되지만 분명 발이나 다리에 깃털이 자라는 것이 있다. 이것은 아주 오랜 과거에서부터 이어져 온 것으로 보인다. 사람의 척추 끝에 달려서 거의 퇴화된 꼬리뼈처럼 격세유전(생물의 성질이나 체질 따위의 열성 형질이 1대나 여러 대를 걸러서 나타나는 현상-옮긴이)일지도 모른다.

46

자연 속에서 아름다움은
어떤 역할을 하는가?

공작과 최고위층의 부인

호숫가의 암수 오리 비율을 계산했더니 놀라운 결과가 나타났다. '적에게 노출될 위험이 훨씬 많아 숫자가 오히려 적어야 할' 수오리가 암오리에 비해 두드러지게 많았던 것이다. 태어날 때 수컷이 더 많았던 것은 아니다. 단순히 수컷이 암컷보다 오래 살기 때문이다. 따라서 개체수가 암컷보다 훨씬 많은 수컷은 암컷의 눈에 띄어 짝짓기를 하려면 화려한 깃털을 뽐내며 자신을 드러낼 수밖에 없다.

공작의 아름다움은 속담에서도 종종 인용된다. '다른 새의 깃털로 꾸민다(다른 사람의 공을 가로챈다는 의미-옮긴이)'는 속담은 여성들이 아름다운 깃털로 모자를 장식하던 관습에서 나온 말이다. 아마존 유역이나 북아메리카, 뉴기니, 그 밖의 다른 지역에서는 남성도 매우 인상적인 깃털장식을 몸에 달고 다닌다. 하지만 자연에서는 요란한 깃털을 달고 있으면 눈에 쉽게 띄어 적에게 잡아먹힐 위험이 커질 텐데 조류는 어떻게 이처럼 화려한 깃털을 갖게 된 것일까?

수컷 공작처럼 번쩍이는 깃털을 달고 있으면 분명히 적에게 노출될 위험이 크다. 위기상황에서는 화려한 장식이 방해가 될 뿐이다. 자연 속에서 생존하는 것과 눈에 띄게 화려한 아름다움을 뽐내는 것은 어울리지 않는 조합이다. 찰스 다윈Charles Darwin도 조류의 화려한 깃털이 골칫거리라고 말한 적이 있다. 요란한 깃털은 생존투쟁에 전혀 어울리지 않는 데도 조류가 화려한 깃털을 가지고 있는 이유는 무엇일까? 인류의 경우는 여성이 치장에 신경을 쓰지만 동물의 세계에서는 아름답게 치장하는 것은 대부분 수컷이다. 반면에 암컷은 수수하고 눈에 띄지 않는 모습을 하고 있다.

수컷이 겉모습에 관심을 둔 역사는 오래되었다. 찰스 다윈은 이것을 '성선택Sexual Selection'이라고 불렀는데, '자연선택Natural Slection'과는 달리 배우자 선택과 관련된 진화의 모습이다. 찰스 다윈은 '성선택'의 범위에 인류를 포함시켰다. 알려진 대로 인류는 오래 전부터 배우자를 선택하는 환경에 노출되어 있다. 인류는 자신을 완벽하게 치장하고 타고난 모습보다 더 아름답고 더 잘난 모습으로 꾸미려고 한다. 외모에 많은 비용을 들이는 것도 이런 까닭이다. 자신의 교양을 쌓는 일보다 훨씬 더 많은 비용을 외모에 투자한다. 이때는 이성理性을 초월하는 강력한 원초적 충동이 작용한다.

겉모양에 치중할수록 위험이 높아지는 것도 사실이다. 경제적인 부담이 늘어 패가망신을 초래할 수도 있고 그때의 시간 손실은 돌이킬 수 없다. 화려한 깃털을 자랑하는 조류도 엄청난 위험 가능성과 그에 따른 대가를 치르고 있을지 모른다. 이스라엘 생물학자 아모츠 자하비Amotz Zahavi는 이런 상황에 '핸디캡'이라는 용어를 사용했다.

유능한 수컷은 핸디캡을 극복하고 살아남는다

자하비의 설명에 따르면, 수컷은 스스로를 위해 투자하거나 스스로 위험 가능성으로 불러들인 핸디캡에 따라 자신이 얼마나 유능한지 증명한다는 것이다. 실제로 유능한 수컷은 핸디캡을 극복하고 살아남는다. 핸디캡은 방해의 요인이 될 수도 있지만 독특한 능력이 될 수도 있는데 어쨌든 진정으로 발휘되는 순간, 수컷의 질적 특성이 두드러지게 표현된다. 한 젊은이가 부모의 후원으로 값비싼 스포츠카를 몬다면 그것은 자신의 능력과는 상관없지만 어쨌든 강한 개성을 노출할 수 있다. 이때는 인류의 행동과 연관된 도덕성의 문제가 제기되지만 여기서 다룰 일은 아니다. 더 깊은 이해를 위해서는 자연을 좀 더 주의 깊게 살펴볼 필요가 있다.

깃털이 화려한 조류를 우리는 공원 연못에서 심심찮게 발견할 수 있다. 청둥오리는 어디에서나 흔히 볼 수 있고 그 수도 엄청나다. 청둥오리의 수컷은 번쩍이는 암녹색 머리와 레몬색 주둥이, 갈색 가슴과 등 무늬 탓에 눈에 확 뜨인다. 늦가을이나 겨울부터 다음 해 이른 봄까지는 화려한 깃털을 달고 다니며 눈에 띄는 행동을 한다. 수오리는 떼 지어 교미하고 암컷이 없을 때에도 구애의 울음소리를 낸다. 반면에 여름에는 몇 달간 털갈이를 하는데 이때는 깃털이 수수해서 암컷과 별반 다를 바 없고 눈에 띄지도 않는다.

암컷이 짝짓기를 하려고 수오리를 선택하는 것은 이미 오래 전에 알려진 사실이다. 한 연구자가 호숫가의 암수 오리 비율을 계산했더니 매우 놀라운 결과가 나타났다. '적에게 노출될 위험이 훨씬 많아 숫자가 오히려 적어야 할' 수오리가 암오리에 비해 두드러지게 많았던 것이다. 태어날 때 암컷에 비해 수컷이 더 많은 것은 아니다. 단순히 수컷이 암컷보다 오래 살기 때문이다. 개체수가 암컷보다 훨씬 많은 수컷이 암컷의 눈에 띄어 짝짓기를 하려면 화려한 깃털을 뽐내며 자신을 드러내야 한다는 것을 여기서 알 수 있다.

수컷이 암컷보다 자연에서 오래 살아남는 이유는 무엇일까? 우선 수컷은 암컷보다 현저하게 몸이 크다. 수오리는 몸집이 크기 때문에 먹이가 부족한 겨울에 암오리보다 더 많은 영양분을 저장하면서 살아남을 수 있다. 공작의 경우에는 암수의 몸무게 차이가 더욱 두드러

열대우림에서 아름다움을 자랑하는 식물들. 파인애플, 버섯, 나뭇잎, 꽃, 버팀 기능의 뿌리

진다. 다 자란 수컷의 몸무게는 암컷의 두 배에 이른다.

둘째로 암컷은 수컷에 비해 훨씬 고단한 생활을 한다. 암컷은 알을 낳아 품고 새끼가 독립할 때까지 돌보고 키운다. 암탉과 암오리 가운데 3분의 1이 지속적으로 알을 낳는다. 날마다 알을 낳는다는 말이다. 오리의 경우 부화하는 알은 약 6~10퍼센트 정도이고, 공작은 이것의 절반 정도를 부화한다. 그러니 암컷이 치르는 비용이 수컷에 비해 얼마나 많은지 알 수 있다.

암컷보다 오래 사는 수컷은 화려한 깃털로 자신을 드러내야

이제 우리는 해답을 찾을 수 있다. 알과 마찬가지로 깃털도 단백질로 되어 있다. 몸은 이에 필요한 영양분을 제때에 준비해야 한다. 암컷이 알을 부화하는 동안 수컷은 구애의 춤을 추거나 암컷을 차지하기 위해 결투를 하기도 하고 노래도 부른다. 이러고도 수컷에게는 남아도는 것이 있기 때문에 몸무게가 늘어나는 것이다. 몸무게가 많이 나간다는 것은 먹이가 부족한 시기를 대비해 영양분을 저장한다는 말이며 겨울철의 죽음에 대비할 수 있다는 뜻이 된다.

반면에 알을 낳은 뒤 알을 품어 부화하고 알에서 나온 새끼를 돌보느라 힘이 빠지는 암컷은 수컷에 비해 조건이 훨씬 열악하다. 핸디캡을 안고 사는 것은 수컷이 아니라 암컷이다. 하지만 번식의 이치가 이러하니 어쩔 수 없다.

모든 조류의 수컷에게서 화려한 깃털이 보이는 것은 아니다. 많은 종은 암컷과 별로 다르지 않으며 겉모습으로 봐서는 거의 구별이 가지 않을 때도 많다. 이런 종의 경우는 수컷이 새끼를 키우는 일에 적극 가담하는 편이다. 암컷이 알을 낳는 것은 정해진 자연의 이치이므로 역할을 바꿀 수 없지만 수컷은 이때 울음소리를 내어 에너지 비용을 보상해주는 것이다. 암수가 알을 낳는 일에 어느 정도 역할을 분담한다고 할 수 있다. 드물기는 하지만 수컷이 새끼를 돌보고 그동안 암컷이 화려한 깃털로 장식하는 경우도 있다.

이런 현상을 인류의 예에서도 찾을 수 있다. 여성은 멋진 남성을 차지하고 싶을 때 유난히 매력적으로 외모를 가꾼다. 이때 남성의 주된 일은 가족을 돌보는 것이다. 원시부족의 예가 그러하며 이것은 오늘날까지 많은 사회에서 발견되는 현상이다. 수컷이 치장하는 사회에서는 암컷이 고생하고, 수컷이 죽도록 일하는 사회에서는 암컷은 당당하고 화려한 외관을 뽐낸다.

왜 새는 알을 낳을까?

실용적인 무덤새와 영리한 박새

조류는 체온이 섭씨 40~42도 되는 상태에서도 엄청나게 먼 거리를
비행하는데 이러한 습성 때문에 포유류처럼 태생을 할 수 없다.
지속적으로 고온을 유지해야 하는 조류의 체내에서 알이 올바르게
발육할 수 없기 때문이다. 알을 부화하려면 체온을 낮추어야 한다.
조류의 높은 물질대사와 이로 인한 높은 체온은 체내에서 알을
키우기에는 적당하지 않다.

새는 여러 가지 면에서 포유류보다 뛰어난 적응력을 가
지고 있다. 그런데 왜 새는 포유류처럼 새끼를 낳지 않고 알을 낳는
것일까? 알을 부화하는 것은 고된 일이다. 둥지를 짓는 일은 더 말할
나위가 없다. 알을 깨고 나온 새끼는 둥지에서 조그만 주둥이를 내밀
고 배고프다고 울어대고, 어미는 먹이를 장만하느라 분주하다. 포유
류처럼 새끼를 낳아 어미젖으로 키우는 것이 더 간단하지 않을까?

이런 의문을 품은 사람이 많겠지만, 새끼를 키우는 문제에 대해 잘
못 생각하는 것은 새가 아니라 오히려 사람 쪽이다. 알을 깨고 나오
자마자 '야무지게' 주위를 둘러보고 삐약삐약 돌아다니는 병아리를
본 적이 있다면 오랜 산고 끝에 힘들게 아이를 낳는 사람의 출산 방

식이 그다지 지혜로운 방법이 아니라는 것을 알 수 있다(하지만 사람을 제외한 대부분의 포유류는 힘들게 새끼를 낳지 않는다. 예를 들어 고양이는 첫째뿐만 아니라 둘째, 셋째, 넷째 새끼를 고통 없이 쑥쑥 낳는다. 다른 포유류도 사람처럼 출산의 고통을 심하게 겪지는 않는다).

왜 조류는 알을 낳는 데 있어서 좀 더 진화한 방식인 태생으로 바꾸지 않는 것일까? 조류보다 적응력이 떨어지는 도마뱀이나 뱀도 태생의 방식으로 새끼를 낳는데 말이다. 장지뱀과는 체내에서 알을 키우다가 알맞은 곳을 찾으면 새끼를 낳기 위해 햇볕 속에서 자리를 잡는다. 특히 모래장지뱀은 햇볕을 받은 모래 속에서 알을 부화한다. 유혈목이도 이와 비슷하며 적당한 장소를 찾기 위해 오랜 시간 공을 들인다. 살모사는 새끼가 직접 알을 깨고 어미 몸 밖으로 나온다.

포유류의 태생이 더 진화한 방식일까?

조류는 태생으로 알을 낳지 않을 뿐 아니라 새끼를 기르는 방식도 다른 동물과는 매우 다르다. 어미는 새끼를 둥지에 두고 오랫동안 먹이를 물어다주며 키운다. 이 부분에 관해서는 나중에 다시 살펴볼 것이다. 다만 이런 방식을 선택한 '가장 현대적이고 가장 진화한 형태'의 조류가 있다는 것만은 말할 수 있다.

새의 알을 살펴보면 자연의 신비가 독특하게 드러나는 것을 알 수 있다. 새의 알은 특이하게도 아주 큰 형태의 난세포로 자라는 유일한 종이다. 조류가 알을 낳을 때에는 이미 수정이 된 상태이다. 수정이 되지 않으면 발육이 더 이상 진행되지 않는다. 난자는 매우 견고한 석회질로 싸여 있고 밖으로 다시 피부막이 있기 때문에 어미 새의 체내에서 일정하게 발달한 상태에서 수정이 된다. 정확한 수정 시점은 알 수 없다. 정확한 온도계가 있어도 수정을 확인할 수는 없다. 수정을 확실히 하기 위해서 새는 매우 자주 짝짓기를 한다. 이때 수컷의 정액은 불과 몇 초 안에 암컷의 배설강으로 뿌려진다. 정액에 들어 있는 정충은 고도의 정확성을 가져야 한다. 정확한 시점에 난자에 도달해야만 수정의 가능성이 생기기 때문이다. 그렇지 않으면 새는 우리가 흔히 아침에 먹는 달걀처럼 무정란을 낳는다.

수정이 되면 산란 역시 재빠르게 이루어져야 한다. 산란은 체온과 관계가 있다. 앞에서 확인한 대로 새의 체온은 매우 높다. 작은 조류를 포함해 많은 조류의 종이 높은 체온을 유지한다. 이렇게 할 수 있는 것은 조류의 호흡 방식이 사람과 다르고 몸에 공기주머니가 있기 때문이다. 조류는 체내에 효과적인 냉각 기능을 갖고 있어서 부드러운 깃털로 감싸인 상태에서도 과열 현상이 일어나지 않는다. 조류는 체온이 섭씨 40~42도 되는 상태에서도 엄청나게 먼 거리를 비행하는데 이러한 습성은 알에 영향을 준다. 지속적으로 고온을 유지하는 조류의 체내에서 알은 올바르게 발육할 수 없다. 알을 부화하려면 체온을 낮추어야 한다. 사람의 몸과 마찬가지로 섭씨 37도를 유지해야 정상적인 발육이 가능하다. 예를 들어 인공부화기로 조류의 체온을 높이 올리면 알은 죽고 만다. 즉 조류의 높은 물질대사와 이로 인한 높은 체온은 뛰어난 비행 능력을 갖기 위해서는 필요하지만 체내에서 알을 키울 때는 단점으로 작용하는 것이다. 조류가 태생으로 바꿀 수 없는 이유이기도 하다.

고온을 유지하는 조류의 특성상 체내에서 새끼를 키울 수 없어

신중한 조류는 부패한 식물이 뒤섞인 흙더미 위에서 알을 낳는다. 식물이 부패하는 과정에서 열이 발생하기 때문이다. 알은 느린 속도로 부화한다. 뉴기니와 동북 오스트레일리아에 서식하는 무덤새 Megapode가 이렇게 알을 낳는다. 화산 기슭의 가열된 흙을 '부화용 난로'로 이용하는 새도 있다. 이때 알은 발육이 매우 느리다.

닭과 오리, 그 밖의 조류는 지속적으로 알을 품어서 새끼의 발육기간을 절반 이하로 줄이기도 한다. 이때는 새끼가 많이 성장한 상태로 알을 깨고 나오기 때문에 알에서 나오자마자 뛸 수도 있다. 알에서 막 나온 새끼 오리는 수영을 하고, 생후 첫날부터 잠수도 한다. 하지만 그 대가는 엄청나다. 새끼 오리는 잔뜩 움츠러든 모습이다. 알 하나하나가 어미의 영양을 먹고 자란 것을 생각하면 안타까운 일이다.

에너지 소모가 많기 때문에 어쩔 수 없이 알의 부화기간을 단축해야 하는 일도 생긴다. 명금류(鳴禽類, 참새아목Passeri에 속하는 노래하는 조류의 총칭-옮긴이)는 10일만 알을 품으면 새끼가 알을 깨고 나온다. 빠르게 부화한 이때의 새끼들은 유난히 몸집이 작다. 그래서 어미는 끝없이 새끼에게 먹이를 주어 집중적으로 보살펴야 한다.

또한 새끼를 따뜻하게 보호하기 위해 조류는 고도의 기술로 둥지를 짓는다. 촘촘하게 엮은 피리새의 둥지는 사람이 따라할 수 없을 만큼 정교한 기술을 자랑한다. 중부 유럽에 서식하는 박새의 둥지는 한층 더 섬세하고 뛰어나다. 나무 꼭대기에 있지만 바람에 흔들려도 끄떡없고 빗물이 닿아도 금세 흘러내리기 때문에 박새 새끼는 마른 둥지에서 따뜻하게 지낸다. 남아프리카의 박새는 뒤가 막힌 가짜 둥지를 짓기도 한다. 새의 둥지를 찾아다니는 뱀을 속이기 위한 것이다.

여기서 분명히 알아야 할 것은 새가 알을 낳는 것은 주어진 환경에서 최선의 선택이라는 사실이다. 체온이 섭씨 42도라면 사람은 살아남지 못하지만, 조류는 높은 체온을 가졌기 때문에 남극이나 고산지대, 툰드라, 열대우림 지대에서 사는 것이 가능하다. 결국 조류는 높은 체온 덕에 극한 환경에서 사는 것이 가능해졌지만 그 대신 태생을 하지 못하고 알을 몸 밖에서 부화하게 된 것이다.

새는 부리를 어디에 쓰는가?

날렵한 방울새와 칵테일을 빨아들이는 벌새

조류가 도구를 활용한다는 것은 매우 흥미로운 일이다. 새가 부리로
복잡한 매듭을 이용해 마치 '천을 짜듯이' 둥지를 짓는 기술은
아무리 날렵한 손을 가진 원숭이라도 흉내 내지 못할 것이다.
먹이를 구하는 다양한 활동에서도 새는 부리로 기적 같은 솜씨를
발휘한다. 벌새는 공중정지 상태에서 부리를 빨대처럼 이용해
꽃의 수액을 빨아들인다. 쏙독새나 쑥독새처럼 새벽이나 황혼에
활동하는 새는 넓적하게 퍼진 부리를 어살처럼 사용해 곤충을 잡는다.

'새는 부리를 어디에 쓰는가?' 비교행동 연구의 창시자
이며 원로학자인 오스카 하인로트Oskar Heinroth와 콘라트 로렌츠Konrad
Lorenz는 부리가 몸길이의 거의 절반이나 되는 큰부리새를 가리키며
이런 물음을 제기한 바 있다. 조류의 부리는 엄청나게 종류가 다양하
다. 너무 작아서 거의 보이지 않는 부리를 가진 새가 있는가 하면, 넓
적부리황새처럼 억센 기계 같은 부리를 가진 새, 위로 굽은 송곳 모양
부리를 가진 새, 큰앵무류나 독수리처럼 고리 모양의 부리를 가진 새
도 있다. 숟가락처럼 생긴 것, 흡입관처럼 생긴 것, 평평한 것, 좁고 끝
이 뾰족한 것 등 모양도 가지각색이다. 부리 모양만 가지고도 수십 페
이지는 설명할 수 있을 것이다. 지구에 존재하는 약 1만 종의 조류는

부리로 구분되기 때문이다.

오스트레일리아에 서식하는 알 낳는 포유류를 제외한다면 조류를 '부리 동물'이라고 부를 수 있다(이 분류에 속하지 않는 동물이 거북이다. 거북은 조류가 아닌데도 부리가 있으며 조류처럼 이빨도 갖고 있지 않다). 영어 단어인 'Bill'이 가늘고 납작한 부리를 뜻하는 것처럼 조류의 부리는 새가 활용하는 도구이다. 새에게는 다른 수단이 없으므로 부리가 도구로서 기능할 수밖에 없다. 조류의 앞발은 날개로 변한 지 오래이다. 날개로는 먹을 수도 없고 어떤 것을 잡을 수도 없다. 사람이 손이나 팔로 하는 일을 새는 부리로 한다. 일부 조류는 다른 도구를 이용하기도 하고 필요하면 도구를 만들기도 하지만, 이런 도구를 다룰 때에도 부리가 없으면 불가능하다.

조류의 부리는 유용한 생활도구로서 기능한다

조류가 도구를 활용한다는 것은 매우 흥미로운 일이다. 아프리카와 남아시아에 사는 이집트독수리나 작은독수리는 물기에 적당한 돌을 찾은 다음, 부리로 돌을 들어 올려 타조 알에 내리친다. 알이 깨질 때까지 그 동작을 몇 번이나 반복한다. 이때 부리는 그들에게 훌륭한 도구가 된다.

갈라파고스 섬의 딱따구리방울새Woodpecker Finch는 나무 구멍 속에 통통한 구더기가 있는지 확인하기 위해서 긴 선인장 바늘을 꺾어 사용한다. 자신의 짧은 부리로는 확인할 수 없기 때문이다. 그리고 마치 이쑤시개로 음식을 찍듯이 선인장 바늘을 써서 구더기를 찍어 먹는다. 뾰족한 나무를 이용하는 이 방법은 뉴칼레도니아의 까마귀가 원조이다. 호기심이 생긴 연구자가 이 모습을 관찰하기 위해 고기 조각이 담긴 냄비를 투명한 유리 용기에 넣었다. 그랬더니 먹이를 꺼내기 위해 부리로 철사를 휘어 고리를 만든 뒤 마치 낚시하듯 철사 고리를 냄비 귀퉁이에 걸고 고기 조각을 꺼내 먹는 까마귀를 목격할 수 있었다. 이때 부리는 손을 대신한다고 할 수 있다.

새가 부리로 복잡한 매듭을 이용해 마치 '천을 짜듯이' 둥지를 짓는 기술은 아무리 날렵한 손을 가진 원숭이라도 흉내 내지 못할 것이다. 먹이를 구하는 다양한 활동에서도 새는 부리로 거의 기적 같은 솜씨를 발휘한다. 남아메리카 앵무새인 큰앵무는 부리로 브라질너트(아마존 강 유역에서 나는 매우 크고 높은 나무의 열매. 껍질이 단단하고 지방이 많아 과자 등을 만드는 데 쓴다-옮긴이)를 쪼아 먹는다. 홍학은 염전이나 개펄의 짠물에서 작은 게와 미세한 해조류를 걸러낼 때 혀를 펌프처럼 사용한다. 벌새는 공중정지 상태에서 꽃의 수액을 빨아들일 때 부리를 칵테일 빨대처럼 사용한다. 쏙독새나 쑥독새처럼 새벽이나 황혼에 활동하는 새는 넓적하게 퍼진 부리를 어살처럼 사용해 곤충을 잡는다. 이 밖에도 부리의 기능은 무척 다양하다.

이빨이 없어도 조류는 부리로 다재다능한 일을 해

오스카 하인로트와 콘라트 로렌츠가 보는 관점에서는 큰부리새도 놀랍다. 큰부리새는 부리를 이용해 마치 둥지 안의 새끼가 먹이를 '채가듯이' 잘 익은 야자수 열매를 날렵하게 떼어 먹는다. 다른 많은 조류와 마찬가지로, 부리는 짝짓기 시기가 되면 번식 준비가 되었다는 것을 알려주기도 한다. 부리는 거대한 앨버트로스가 싸울 때도 요긴하게 쓰인다. 부리 덮개처럼 생긴 뿔은 깃털처럼 주기적으로 교체하고 새것으로 바꾸기도 한다.

그렇다면 왜 새에게는 이빨이 없는 것일까? 분명히 말하자면 더 이상 이빨이 없을 뿐이지 먼 옛날에는 조류도 이빨을 가지고 있었다. 조류는 마지막 진화기의 3분의 1에 해당하는 시기까지 아주 오랫동안 이를 지녔다. 그러다 언제부터인가 이가 사라졌다. 흔히 새들이 날

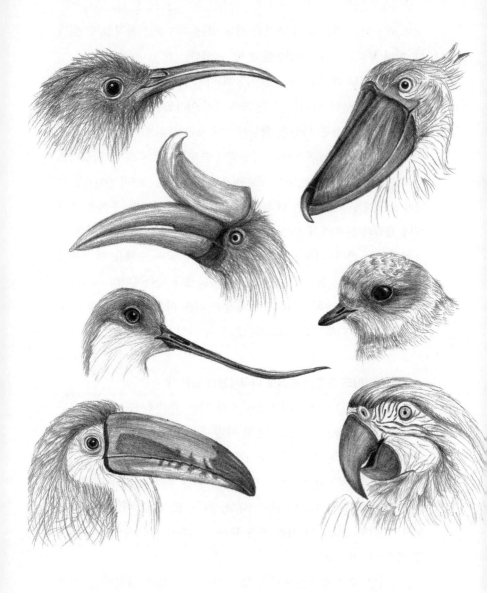

(왼쪽 위에서 시계 방향으로)
꿀먹이새, 넓적부리황새, 코뿔새, 물떼새, 되뿌리장다리물떼새, 큰부리새, 마코앵무새

아다닐 때 이가 너무 무겁기 때문에 없어졌을 것이라고 추측하는 사람들이 많은데 이것은 조류의 특징이 난생에 있다는 것만큼이나 맞지 않는 말이다. 박쥐는 공중을 날아다니지만 이가 있고, 많은 조류가 큼직하고 무거운 부리가 있는데도 훨훨 잘 날지 않는가. 부리로 무거운 짐을 물고서도 하늘을 나는 데 전혀 지장 없는 새들도 많다. 화석을 보면 명금류가 출현할 때까지 이빨 달린 새가 존재했다는 것도 알 수 있다.

이빨은 그렇게 많을 필요는 없다. 오리와 비오리 종 중에는 미끄러운 물고기가 빠져나가지 못하도록 부리 가장자리에 이빨 형태의 돌기가 나 있는 것도 있다. 새가 성장할 때 이빨이 격세유전으로 나타나지 않는 것으로 보아 현 조류의 조상이 이빨의 기능을 매우 일찍 상실했다는 것을 알 수 있다. 먼 옛날에 존재하던 이빨 달린 조류의 마지막 종은 인근 종을 남기지 않고 멸종한 것이다.

새들에게 이빨이 없는 것은 이빨을 형성하는 기본 물질인 인산칼슘이 조류의 알 껍질을 형성하는 데 모두 쓰이기 때문이 아닐까? 인산을 풍부하게 지닌 것은 어류뿐이다. 물고기를 먹고 살며 넓은 지역에서 부화하는 바닷새의 배설물은 아주 유용한 분화석(糞化石, 바닷새의 배설물이 바위 위에 쌓여 굳어진 덩어리. 구아노-옮긴이)을 제공한다. 이러한 분석이 가능할 수는 있지만 정확한 것은 아직 알 수 없다. 새에게 왜 이빨이 없는가와 같은 의문은 과학의 흥미로운 과제로 남아 있다.

왜 동물은 털갈이를 하며
왜 사람은 겨울에 뚱뚱해지는가?

뇌조와 검은담비

몸에 지방을 갖고 있으면 먹이 없이도 생명을 유지할 수 있으며,
추위에도 대비할 수 있다. 이때 지방 축적의 '부수' 효과로 단백질이
발생하는데 영양공급에 직접 필요가 없는 단백질은 털을 자라게 한다.
털이 무성하게 자랄수록 외피도 두꺼워진다. 두꺼운 가죽은 체온을
보호하고 축적된 지방의 소비를 막아준다. 하지만 탄수화물은
충분한데 단백질이 부족한 식사를 하면 몸은 뚱뚱해지지만 단백질
결핍으로 인해 두꺼운 가죽을 만들 수 없다. 신체의 요구와
영양섭취가 조화롭지 못할 때 급속하게 살이 찌는 것이다.

왜 포유류는 겨울에는 가죽이 두껍고 여름에는 얇은
가? 또 많은 조류는 어떻게 깃털을 가는가? 포유류가 겨울에 살아남
으려면 당연히 여름보다 외피가 두꺼워야 하고, 반대로 더운 여름에
외피를 두꺼운 겨울 모피처럼 하고 있으면 견딜 수 없을 것이라는 사
실은 누구나 쉽게 짐작할 수 있다. 사람도 온도에 따라 옷을 조절해
가며 입고 있지 않은가. 하지만 이런 전후 사정을 안다고 해도 수수
께끼는 쉽게 풀리지 않는다.

몸이 털로 덮이면 옷을 갈아입듯 간단히 바꿀 수가 없다. 깃털도
마찬가지이다. 하얀 깃털로 덮인 뇌조는 겨울의 하얀 눈 속에서 살아
가기에는 적합하지만 여름철의 초록이나 갈색 배경과는 어울리지 않

는다. 여름의 보호색이 겨울이 되면 눈에 잘 띄기 때문이다. 그렇다면 가을이 왔는데도 늦더위가 계속 될 때, 노루는 겨울털이 자라야 할 시기라는 것을 어떻게 알 수 있을까? 또 이른 봄 뇌조는 눈이 곧 녹으리라는 것을 어떻게 알 수 있을까?

그동안 생물학자들은 이에 대해 과학적으로 근거 있는 대답을 해주었다. 즉 동물은 계절 변화에 관한 분명한 신호를 변덕스러운 날씨가 아니라 낮 길이의 변화로 안다는 것이다. 가을이 지나면 낮이 점점 짧아진다. 낮 길이가 12시간 이하로 내려가면 설사 가을에 늦더위가 지속된다고 해도 동물은 겨울이 오고 있음을 안다. 반대로 봄에는 낮이 점점 길어진다. 비록 땅 위에는 여전히 눈이 깔려 있고 기온이 차갑지만 동물은 여름이 오고 있다는 것을 알아차리며 이른 봄인 2월만 되어도 겨울이 끝나간다는 것을 안다.

동물에게는 시간을 잴 수 있는 시계가 없는데 이런 것을 어떻게 아는 것일까. 식물도 조명에 따라 한 해의 흐름이 바뀌는 것에 반응한다. 지하식물도 마찬가지이다. 어떻게 이런 일이 가능한가?

이 문제에 관해서는 수십 년 전부터 집중적인 연구가 이루어졌다. 문제는 사람의 시각으로 본 시계가 아니라, 계절의 리듬에 따라 전개되는 분자의 화학적인 변화 과정에 달려 있다. 이렇게 세밀한 문제에 관해서는 더 이상 깊이 들어가고 싶지 않다. 고도의 전문적인 훈련을 받은 과학자조차 골치가 아프기 때문이다.

생체시계의 놀라운 비밀

내부에서 분자 운동을 하는 시계의 효과만 생각해도 흥미는 충분하다. 여기서 효과라는 것은 그리 간단한 이치가 아니다. 그것은 이제 겨울털을 준비할 시기가 되었다든가 흙빛에 따라 기존의 털을 버리고 새롭게 흰 털을 길러야 할 시기라는 것을 인식하는 현상이다. 시계의 효과는 체내의 물질대사를 통제한다. 이 과정에 대해서도 자세하게 들어갈 필요 없이 단순한 현상만 살펴보기로 하자.

낮 길이가 짧아지는 것을 내부의 시계가 인식하면 물질대사에 변화가 생긴다. 지방이 피하 저장소에 쌓이는 것이다. 이 지방은 겨울을 대비한 저장물질이다. 산쥐류와 기니피그처럼 수개월 동안 긴 겨울잠을 자는 포유류는 이때 지방이 많아진다. 몸무게도 보통 때의 두 배 이상 불어난다. 겨우내 깊은 잠을 자는 동안 이들은 마치 가스레인지의 작은 불꽃처럼 축적된 지방을 연소하면서 체온을 유지하고 추위에도 얼어 죽지 않는다.

몇몇을 제외한 대부분의 포유류는 겨울에도 활동한다. 몸에 지방을 갖고 있으면 낮이건 밤이건 먹이가 없이도 생명을 유지할 수 있고 추위에도 대비할 수 있다. 이때 지방 축적의 '부수' 효과로 단백질이 발생한다. 영양공급에 직접 필요가 없는 단백질은 털을 자라게 한다. 털이 무성하게 자랄수록 외피도 두꺼워진다. 두꺼운 가죽은 체온을 보호하고 축적된 지방의 소비를 막아준다.

이와 같은 현상은 인체에서도 느낄 수 있다. 가을에 지방이 쌓이면서 사람들의 행동이 느려지는 것이 그 좋은 예이다. 많은 사람은, 특히 여성은 가을에 우울증을 앓는 경향이 있다. 지방대사가 변하여 인체의 호르몬 작용에 변화가 생기기 때문이다.

지방이 쌓일수록 가죽이 두꺼워지는 현상이 언제나 발생하는 것은 아니다. 그것은 먹이에 함유된 단백질과 지방, 탄수화물이 정상적인 활동으로 얼마나 소비되는가, 그리고 지방 축적에 무엇이 포함되는가에 달려 있다. 탄수화물은 충분한데 단백질이 부족한 식사를 한다면 몸은 뚱뚱해지지만 단백질 결핍으로 인해 두꺼운 가죽을 만들 수 없다. 여우, 담비, 밍크, 검은담비 같은 육식동물은 단백질이 풍부한 먹이를 섭취하기 때문에 아주 멋진 털가죽을 만들 수 있는 것이다. 곰은 중간 집단에 속한다. 불곰은 가을에 나오는 장과漿果를 먹으며, 북극곰은 물범을 잡아먹으며 지방을 섭취한다. 이들은 단백질 섭취로 인해 겨울이면 털이 무성해지며 각종 열매와 물범이나 물개의 지방을 섭취한 결과 피하 지방층이 두꺼워진다. 사람은 '무성한 털'에 영양을 공급할 수 없기 때문에 문제가 발생한다. 신체의 요구와 영양섭취가 조화롭지 못할 때 급속하게 살이 찐다.

19세기 후반 이래 인류가 사는 세상에서는 인공적으로 낮을 늘리고, 일년 내내 작용하는 빛의 기능을 무력하게 만드는 시도가 이어지고 있다. 우리의 생체시계는 혼란이 가중되고 있는 상태이다. 앞으로 우리의 신체리듬이 어떻게 변할지는 가늠하기 어렵다.

사람은 채식주의자로
태어나는가?

침팬지와 흰개미

뇌로 생각하고 지적인 행동을 하는 것을 인류의 전형적인 특징으로
꼽는다. 하지만 인류의 뇌에는 비싼 '대가'가 따른다. 정상적인
활동을 할 때 뇌의 용량은 몸 전체의 2퍼센트에 지나지 않지만
에너지 소모는 전체의 20퍼센트를 차지하기 때문이다. 원활한 뇌의
작용을 위해서는 에너지 보충이 필수이다. 진화의 과정에서 식물성
먹이에서 동물성 먹이로 먹을거리를 전환하지 않았다면 우리는
인류가 될 수 없었을지도 모른다.

　'인류는 본래 채식생활을 했다'고 채식주의자들은 주장
한다. 그들은 그 증거로 인류의 치열을 예로 든다. 육식동물의 전형
적 특징인 송곳니가 인류에게 없는 것이 채식주의의 증거라는 것이
다. 그러나 진화의 역사를 볼 때, 인류가 뚜렷하게 채식주의자였던 적
은 단 한 번도 없었다. 침팬지와 비슷했던, 아득히 먼 인류의 조상만
이 채식을 했을 뿐이다. 당시의 조상은 사실 인류라고 부르기에는 마
땅치 않은 존재이긴 하다. 그들은 네 발로 이동하며 아프리카의 열대
에 살던 유인원이었기 때문이다.
　'인류로 진화'하는 단계에서 그들의 먹이는 육류로 바뀌었다. 인류
와 가장 가까운 혈통관계에 있는 침팬지의 경우, 동물성 단백질에 굶

주리게 되면 갑자기 야수로 변해 작은 영양이나 어린 비비를 사냥하고 잡아먹는 것을 볼 수 있다. 채식만으로는 충분한 단백질을 공급할 수 없다는 뜻이다. 유명한 침팬지 연구가인 제인 구달Jane Goodall도 평소에는 평화롭게 지내던 침팬지가 갑자기 육식에 탐을 내는 것을 보고 놀란 적이 있다고 말한 바 있다. 그동안 침팬지는 바나나나 서식지 둘레에서 나는 각종 채소로 만족하는 것처럼 보였기 때문이다. 아마도 그들은 작은 막대로 흰개미 집을 쑤셔 개미를 잡아먹는 동안 단백질 결핍을 깨달았을지도 모른다. 어쩌면 동물성 단백질에 맛을 들여서 생긴 습관이라고도 할 수 있다.

'인류로 진화'하는 단계에서 육류를 섭취해

침팬지와 육식의 관계를 살펴보면 인류의 진화의 역사를 이해할 수 있다. 침팬지와 별로 다를 바 없던 인류의 먼 조상이 약 500~600만 년 전에 초원으로 들어가 침팬지를 능가하면서 진화의 역사가 시작되었다. 그때부터 두 발로 직립보행을 하기까지는 아주 오랜 시간이 걸렸다. 당시 인류의 조상은 죽은 지 얼마 되지 않은 큰 짐승의 싱싱한 시체를 찾아다니며 고기를 먹고 그 뼈를 이용했다. 고기를 발라내고 뼈를 추리는 데에는 돌을 이용했다.

인류는 동물성 단백질을 섭취하는 데 성공하면서 아이를 기르는 것이 보다 쉬워졌다. 뱃속의 아이를 키우려면 모체의 몸속에는 단백질이 충분하게 축적돼 있어야 한다. 여전히 채식만 하며 후손을 많이 기를 수 없던 다른 유인원에 비해 인류의 이런 습관은 엄청난 장점으로 작용했을 것이다.

그렇다면 암컷이 채식을 하면 아이를 갖기 어려운 것일까? 그럴 수도 있고 아닐 수도 있다. 인류의 조상이 수만 년 동안 식물을 재배하며 신품종을 만들어내고 우수한 식물성 단백질을 섭취한 사실로 미루어보아, 곡물을 먹으면서 아이를 갖는 것은 가능했을 것이다. 그러나 자연 속에는 영양가가 높은 식물성 먹이가 별로 없고, 있어도 아주 적은 양밖에 없으므로 모체가 체내에 충분한 단백질을 축적한 뒤 아이를 기르려면 오랜 시간이 걸렸을 것이다. 아프리카 열대를 고향으로 둔 인류가 계속 채식만 했다면 짧은 기간에 굶어 죽었을지도 모른다.

뇌를 움직이기 위해서는 양질의 에너지가 필요해

하지만 이보다 훨씬 중요한 측면이 있다. 인류가 출현한 것은 단지 유인원보다 더 많은 후손을 낳았기 때문이 아니다. 털이 무성한 인류의 사촌과 인류 간의 가장 큰 차이는 '뇌'에 달려 있다. 인류의 뇌는 신체가 감당할 수 있는 것보다 세 배 이상, 즉 400세제곱센티미터에서 1300~1600세제곱센티미터로 자랐다. 만일 뇌가 자라지 않았다면 인류는 아마 유인원으로 남았을 것이다.

이렇게 큰 뇌로 생각하고 지적인 행동을 하는 것을 우리는 인류의 전형적인 특징으로 꼽는다. 하지만 인류의 뇌에는 비싼 '대가'가 따른다. 정상적인 활동을 할 때 뇌의 용량은 몸 전체의 2퍼센트에 지나지 않지만 에너지 소모는 전체의 20퍼센트를 차지한다. 원활한 뇌의 작용을 위해서는 에너지 보충이 필요하다. 따라서 육식은 진화의 과정에서 인류의 필수불가결한 선택이었을 것이다.

산모가 출산할 때 큰 어려움을 겪는 까닭은 아이의 머리가 너무 크기 때문이다(세상에 나오기 위해서 아기의 다른 부분은 작고 연약할 수밖에 없다). 인류의 먼 조상이 채식주의자로 머물렀다면 출산의 고통을 겪는 일은 없었을 것이다. 모체가 단백질과 지방을 섭취한 덕에 아이의 뇌가 크게 발육할 수 있었던 것이다. 이런 성분은 식물성 먹이에는 별로 없고 큰 짐승의 살과 뼈, 또는 생선과 조갯살에 풍부하다.

수렵과 채취생활을 하던 석기시대에도 생존방식에 결정적인 구실을 한 것은 사냥의 덕이지 채소와 열매는 아니었다(물론 이와 같은 식물성 먹이자원이 있었기에 석기시대에도 인류가 존속할 수 있었던 것은 부인하지 못한다). 현생인류와 아주 가까운 혈통관계에 있던 네안데르탈인은 두드러지게 육식생활을 한 것으로 보인다. 네안데르탈인은 신체가 유난히 튼튼했으며 그 모습이 현재의 인류와 크게 다르지 않다. 그러나 네안데르탈인도 동물성 먹이가 부족할 때 적당한 채식으로 보충하는 습관이 있었다면 육식만 탐하지는 않았을 것이다. 이런 예는 오늘날 거의 쇠고기와 마테 차로만 생활하는 팜파스의 가우초들에게서 찾아볼 수 있다.

여기서 분명히 알 수 있는 사실은, 인류가 진화의 과정에서 식물성 먹이에서 동물성 먹이로 먹을거리를 전환하지 않았다면 인류가 될 수 없었을 것이라는 점이다. 단백질이 풍부한 재배식물을 갖지 못했다면 인류는 살아남지 못했을 것이다.

왜 사람은 힘들게 출산하는가?

네안데르탈인과 영리한 유인원

인류가 고통스럽게 출산할 수밖에 없는 이유는 직립보행하는 인류의
신체적 특성과 관련이 깊다. 직립보행을 하면 장을 비롯해 내부기관에
압력이 가해지고 임신하게 되면 산모의 뱃속에 있는 태아가 골반
바닥을 내리 누른다. 일종의 '취약점'인데 이곳의 틈이 커지면 장이
밑으로 쏠리며 탈장 현상이 일어날 수 있다. 아이를 고통스럽게 출산할
수밖에 없는 좁고 둥근 인류의 골반 형태는 직립보행하는 인류의
신체구조에 따른 어쩔 수 없는 선택이다.

왜 사람의 출산은 그토록 복잡하고, 때로는 산모와 아
기의 목숨을 위협할 정도로 힘든 것일까? 출산이 힘든 까닭은 아기
의 머리 크기 때문이다. 유인원과 다른 포유류처럼 별 고통 없이 '정
상적'인 출산을 하기에는 인류의 아기의 머리는 지나치게 크다. 인류
의 머리가 크지 않다면 세상에 태어나는 것이 훨씬 수월할 것이다.
하지만 그렇지 않기 때문에 아기의 머리가 비좁은 골반을 통과하기
까지 복잡한 방법으로 회전해야만 하는 어려움이 발생한다. 두개골이
기형으로 자랐다면 이 과정에서 손상될 가능성도 있다. 사람의 머리
는 태어날 때 형태가 제각각이다. 두개골은 태어난 이후에도 한동안
형태가 바뀔 수 있다. 아이 머리를 감싸 뒤쪽이 튀어나오는 형태로 바

꾸는 일은 지금도 많은 문화권에서 흔히 볼 수 있는 현상이다.

인류와 가장 가까운 관계에 있는 유인원처럼 인류의 아기도 태어날 때는 머리 크기가 작고 태어난 이후에 머리가 커지는 편이 더 실용적이지 않을까? 유인원은 태어날 때 머리가 작아서 자궁구를 쉽게 통과한다. 이들의 출산은 별로 어렵지 않으며, 갓 태어난 새끼도 인류의 신생아처럼 무력하지 않다. 유인원에게는 이런 출산방식이 최선이다. 침팬지의 뇌는 성체가 되어도 태어날 때 크기의 두 배 이상 자라지 않는다. 다 자라면 뇌의 용량이 400세제곱센티미터에 달한다. 뇌의 크기가 인류에 비하면 3분의 1밖에 안 된다. 침팬지는 의심할 바 없이 영리한 동물이지만 인류의 사고나 뇌의 활동에 비교할 수 없다는 것을 우리는 알고 있다.

인류의 고통스러운 출산은 두 발로 직립보행하는 것과 관련 있어

우리를 인류로 만든 것은 바로 뇌이다. 인류의 뇌는 이미 태어날 때 유인원의 두 배가 되며, 이후에는 다섯 배 이상 커지기도 한다. 다만 여기서 알아둘 것은, 출생 후에 커지는 것은 뇌의 총 용량이지 뇌세포와는 관계가 없다는 점이다. 뇌세포의 수는 출생 이후에는 늘어나지 않으며, 늘어나도 아주 적은 숫자에 그친다. 뇌는 모체의 자궁 속에서 형성될 때 가능한 최대로 발달하는 것이 좋다. 이 뇌를 바탕으로 인류는 평생 생존하기 때문이다. 인류의 길을 여는 것은 사물을 헤아리는 지력知力이지 작은 뇌에 큰 근육이 아니라는 점을 고려할 때에도 이런 원리는 똑같이 적용된다.

인류의 머리가 크건 작건, 아이를 낳는 자궁둘레뼈(골반뼈)가 좀 더 크다면 문제 해결이 더 쉽지 않았을까 하고 생각할 수 있을 것이다. 그러나 자궁둘레뼈는 절대 커져서는 안 되는 곳이다. 발견된 뼈를 보면 네안데르탈인 여성의 골반은 현생인류보다 더 컸지만 이들은 멸종

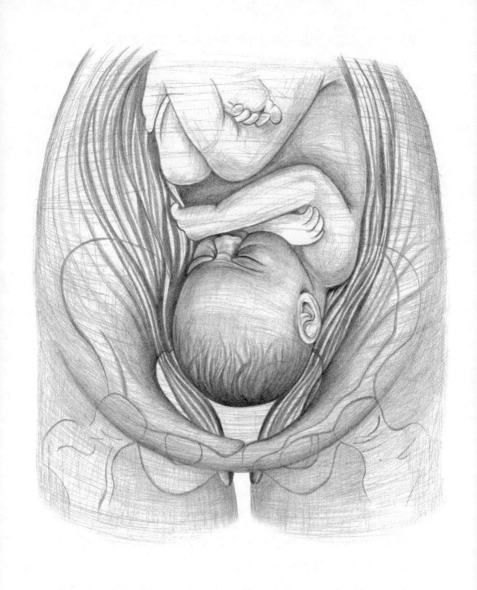

좁고 둥근 골반 때문에 아이가 세상에 태어나는 것은 매우 힘들고 산모는 큰 고통을 느낀다

되고 말았다. 이들의 뇌도 현생인류의 평균보다 더 크고 골반도 넓었는데 이들이 멸종한 이유는 무엇일까. 문제는 이들이 가능성의 한계에 직면했기 때문이다.

인류가 고통스럽게 출산할 수밖에 없는 이유는 두 발로 직립보행하는 인류의 신체적 특성과 관련 있다. 직립보행을 하면 장을 비롯해 내부기관에 압력이 가해지며, 임신하게 되면 산모의 뱃속에 있는 태아가 골반 바닥을 내리 누른다. 일종의 '취약점'인데 이곳의 틈이 커지면 장이 밑으로 쏠리며 탈장 현상이 일어날 수 있다. 아이를 고통스럽게 출산할 수밖에 없는 좁고 둥근 인류의 골반 형태는 직립보행하는 인류의 신체구조에 따른 어쩔 수 없는 선택이다.

다시 말해서 수만 년의 시간이 흐르는 동안, 인류는 수없이 많은 출산을 하고 또 직립보행을 하며 일종의 타협안을 만든 것이라고 할 수 있다. 여성이 출산을 쉽게 할 수 있을 만큼 골반이 넓었다면 그 여성은 인류의 오랜 생존 방식이었던 유목생활에서 낙오했을 것이다.

인류는 아득히 먼 옛날부터 지녀온 힘든 출산 방법을 지금까지 해오고 있다. 제왕절개 분만이 시행되기 전까지 인류는 골반의 좁은 통로를 지나는 것 외에는 출산의 다른 방법을 찾지 못했다. 진화의 과정에서 현대의 제왕절개나 다른 방법을 알았다면 더 나은 해결책이 나왔을지도 모른다. 또 출산의 고통이 수유授乳 그리고 체내에서 지속적으로 모유를 생산하는 호르몬 작용과 밀접한 관계를 맺는 일도 없었을 것이다. 성공적인 출산 이후의 고통에 대한 보상으로 어머니의 행복 호르몬은 예전보다 활발하게 분비되기 때문에 수유를 할 때 큰 도움이 된다. 의학적으로 더 나은 방법이 나올 때까지 인류는 고통스러운 출산을 계속할 것이다.

모든 인류는 아프리카에서
기원한 것일까?

베이징 원인

아프리카 흑인처럼 피부색이 까만 오스트레일리아 원주민은
유전적으로 볼 때 아프리카인보다는 백인에 더 가깝다. 이들은
4만~6만 년 전에 인도양 변두리를 따라 오스트레일리아에
이주한 것으로 보인다. 이들은 남아시아와 동남아시아에 사는
피부색이 몹시 검은 사람들과 마찬가지로 최초로 아프리카를 떠난
집단이다. 이후로 적어도 두 차례는 더 외부로의 이주가 이어졌다.
분자유전학에서 밝혀낸 이런 증거는 아프리카가 사실상 인류의
고향이며 우리 인류는 모두 단일한 종種에 속한다는 것을 의미한다.

"이브는 아프리카 출신이다.""우리는 모두 아프리카인
이다.""인류의 역사는 다시 써야 한다." 1980~1990년대에 이와 비슷
한 주장이 마치 인류의 출현에 관한 당연한 사실인 것처럼 주목받은
적이 있다. '호모 사피엔스'는 유럽에서 출현한 것이 아니고, 유럽에서
시작해 지구 전체를 지배한 것도 아니며 그 기원은 아프리카에 있다
는 말이다.

'정치적으로 치우침이 없고' 공공연히 비난받고 싶지 않은 사람은
대부분 인류 종에 관해 말하기를 내켜하지 않는다. 왜냐하면 모든 인
류는 평등하고 이런 점에서 인종을 구별하는 것이 부질없기 때문이
다. 인종은 인종이데올로기의 산물일 뿐이다.

한때 많은 과학자들은 인류의 발상지는 여러 곳이며 아프리카 외에 아시아, 유럽뿐만 아니라 그 외에 더 많은 곳에서 인류가 출현했다고 주장했다. 하지만 이런 생각은 이제 시효가 지난 것으로 여겨지고 있다. 다수의 발상지를 주장하는 사람들은 화석의 발견을 들이대며 인류마다 드러나는 명백한 차이를 강조했지만 소용이 없었다.

'아프리카 기원설'은 완벽한 대답일까? 인류의 진화에 관한 새로운 이론은 없는가? 현생인류의 조상과 아무 관련이 없다는 네안데르탈인과 관계가 있는 것은 아닐까? 이것은 매우 중대한 의문이다.

호모 에렉투스 유골은 베이징과 자바에서도 발견돼

우선 인류의 아프리카 기원설은 지금도 유효하다. 그 사이 남부 아프리카에서 발견된 인류의 화석 뼈도 의심할 여지없이 현생인류의 것으로 판명되었다. 이 화석들은 매우 조심스러운 표현으로 현생인류를 지칭하는 '해부학적인 현생인류'로 분류되었고 아프리카 밖에서 발견된 것보다 더 오래된 것이다.

인류 종이 아니라 현생인류의 기원으로서, 여기서 말하는 인류의 출현이 시작된 것은 약 16~20만 년 전이다. 그 시기의 절반 정도를 이 '해부학적인 현생인류'는 아프리카에서 살았다. 주로 아프리카 대륙의 남부와 동부에서였다. 인류의 조상은 학술적으로 '호모 에렉투스Homo Erectus'라는 이름을 가진 '직립원인'이다. 하지만 그동안 발견된 많은 화석 뼈를 보면 호모 에렉투스—우리와 같이 뚜렷하게 두 발을 지닌—는 뇌의 크기가 유난히 작아서 1000세제곱센티미터(1리터)밖에 되지 않는다. 바로 이 때문에 인류의 기원을 놓고 뜨거운 논란이 일었다. 호모 에렉투스는 아프리카 밖에서도 폭넓게 생존했기 때문에 이 논란에 더욱 불이 붙었다. 비아프리카계 호모 에렉투스의 유골은 베이징과 자바에서도 발견되었다.

'베이징 원인原人'과 '자바 원인'의 발견으로 그동안 유럽에서 발견된 유골과 함께 '해부학적인 현생인류'가 동아시아와 서유럽, 아프리카에서 각각 폭넓게 독립적으로 진화했을 가능성이 제기되었다.

이런 가정이 그럴듯하게 제기된 이유는 인류의 인종적인 주요 특징이라고 할 수 있는 3대 요소와 맞아 떨어졌기 때문이다. 아프리카의 흑인종, 유럽과 서아시아의 백인종, 아시아의 황인종이라는 현실에 완벽하게 일치했다는 말이다(남북 아메리카에 사는 '홍인종'은 어떤 경우에도 이 범주에 포함할 수 없다. 이들은 의심할 여지없이, 대륙이 연결되어 있던 마지막 빙하기에 알래스카를 넘어 아메리카로 이주한 동북아시아인의 후예들이다. 이들이 훨씬 오래 전에 이곳에 살았다 해도 현생인류의 출현과는 관계가 없다. 아메리카에 정착한 것은 이보다 훨씬 뒤의 일이다. 남아메리카의 인디오나 북아메리카의 인디언은 비교적 신생 민족이다. 어느 정도 '신생'인지는 이들의 피부색을 보면 알 수 있다).

분자유전학은 인류의 기원을 아프리카에 둔다

처음으로 돌아가 인류가 여러 대륙에서 서로 다른 시기에 독립적으로 출현했다면 유전적으로 다양한 특징이 나타나야 할 것이다. 인류가 오직 하나의 뿌리(아프리카계)에 기원을 두고 출현한 이후, 인류 집단별로 차츰차츰 또는 단계별로 아프리카에서 유럽이나 아시아, 더 멀리 오스트레일리아로 이주한 것이라면, 발상지 안에서의 유전적인 다양성이 발상지 밖에서보다 커야 함은 물론이다. 지난 20세기의 마지막 사반세기 동안 발전을 거듭하고 방법론적으로 더 세밀해진 분자유전학이 이에 대해 분명하게 해명해줄 것이라고 사람들은 기대하였다. 그리고 분자유전학은 인류의 아프리카 외外 기원설이 아니라 인류의 아프리카 기원설을 지지했다.

사실 아프리카 안에서의 유전적인 다양성은 아프리카 밖에서보다 훨씬 더 크다. 아프리카 흑인처럼 피부색이 까만 오스트레일리아 원주민은 유전적으로 볼 때 아프리카인보다는 피부색이 밝은 백인에 더 가깝다. 이들은 추측하건대 4만~6만 년 전 사이에 인도양 변두리를 따라 오스트레일리아로 이주한 것으로 보인다. 이들은 남아시아와 동남아시아에 사는 피부색이 몹시 검은 사람들과 마찬가지로 최초로 아프리카를 떠난 집단이다. 이후로 적어도 두 차례는 더 인류는 아프리카를 떠났다. 분자유전학에서 밝혀낸 이런 증거는 아프리카가 사실상 인류의 고향이며 우리 인류는 모두 단일한 종種에 속한다는 것을 의미한다.

여기서 흥미로운 사실은 인류가 이와 같이 아프리카를 떠나 이주하는 기간에 이미 다양한 종으로 분화하는 과정에 있었다는 점이다. 대륙을 옮기고 먼 바다 너머까지 여행하는 과정에서 추가로 종이 혼합되었을 가능성도 있다. 그러나 이런 견해를 거부하고 인종 간의 차이를 분명히 하려는 연구자들은 종 간의 혼합이 있어서는 안 된다는 관점으로 인류의 진화를 해석한다. 종 사이의 혼합이 바람직하지 않다는 예는 자연 속에서 얼마든지 찾아볼 수 있다.

이에 관해서는 나중에 다시 논의할 것이다. 우리는 전체를 개관하기에 앞서 인류가 출현한 역사를 되짚어볼 필요가 있다. 여기서 중요한 것은 인류라는 종(Homo)의 기원이지 생물학적인 종(Homo Sapiens), 흔히 인간으로 지칭하는 종의 기원이 아니다. 이 인류 종 Homo은 훨씬 더 과거로 거슬러 올라가는데 현생인류를 포함해 다양한 인류 종이 여기에 속한다.

네안데르탈인은 강인한 체력과 흰 피부를 지녔을 것으로 추측해

그중 하나가 호모 네안데르탈렌시스Homo Neanderthalensis라고 불리는 네안데르탈인이다. 이들을 빙하기의 인류라고 부르는 사람도 있지만 그것은 오해의 소지가 있다. 현생인류도 마지막 빙하기에 네안데르탈인과 같이 생존했기 때문이다. 당시 인류의 조상은 이미 유럽에 살았으며 환상적인 동굴벽화를 그리기도 했다. 예술적 솜씨나 추상적 능력으로 볼 때 이들은 오늘날의 현대인과 비교해도 손색이 없다. 초기 인류는 적어도 수천 년간 네안데르탈인과 같은 지역에서 생존했다.

그렇다면 호모 사피엔스와 네안데르탈인은 혼합되었을까? 네안데르탈인은 현생인류 속에 뒤섞여 들어갔기 때문에 역사에서 갑자기 사라진 것일까? 아니면 서로 싸워서 멸종된 것일까? 신체구조가 네안데르탈인과 뚜렷이 구분되는 '해부학적인 현생인류'는 환경을 이용하는 기술이 네안데르탈인보다 뛰어났다. 따라서 그들이 네안테르탈인과 경쟁을 벌였다면 네안데르탈인은 아마 그들에게 희생되었을 것이다. 사실 이러한 의문은 매우 격렬한 논란을 불러일으키고 있다.

인류의 기원에 관하여 아프리카 기원설이 '승리'를 거둠과 동시에 당시 대표적인 분자유전학자들은 인류의 유전자에는 네안데르탈인의 특징은 들어 있지 않다고 발표했다. 이 발표는 '분명치 않은 네안데르탈인'과 피부가 검은 아프리카인 사이에서 나온 혼혈의 특징은 없다고 주장하는 사람들을 안심시켰다. 이로써 인류의 조상은 아프리카를 떠날 때 이미 피부색이 달라져 있었을 것이라는 주장이 한층 설득력을 얻었다.

네안데르탈인에 관한 연구에 따르면, 이 인류 종의 피부는 검지 않았을 것이라고 한다. 만일 피부 빛이 검었다면 등이 굽거나 허약했을 것이라고 한다. 네안데르탈인은 식량자원에서 비타민 D를 제대로 공급받지 못했다. 그들은 하얀 피부로 햇볕을 쬐고 비타민 D를 공급받았던 것으로 보여진다. 비타민 D는 햇볕을 받으면 피부에 형성된다. 햇볕이 적은 북반구의 겨울철 환경에서 피부 빛이 검다면 비타민 D

를 거의 형성할 수 없다. 그런데 발견되는 네안데르탈인의 뼈를 보면 이들이 매우 강인한 체력을 지녔다는 것을 알 수 있다. 이들이 비타민 결핍으로 고생했을 가능성은 전혀 찾지 못했다. 즉 네안데르탈인은 음식에서 비타민 D를 공급받지 못했지만 강인한 체력을 가졌던 것으로 봐서는 하얀 피부로 비타민 D를 공급받았던 것이 틀림없다. 이들은 피부 빛이 밝았으며, 어쩌면 북유럽인처럼 하얀 피부였을지도 모른다. 네안데르탈인이 우둔하거나 야만적이었을 가능성도 거의 없다. 뇌의 용량이 평균 1.5리터로 현생인류보다 100~200밀리리터(세제곱센티미터) 더 컸기 때문이다. 네안데르탈인이 우리가 입는 옷을 입고서 오늘날 도심에 나타난다면 전혀 이상해보이지 않을 것이다.

네안데르탈인은 현생인류와 어떤 관계였을까

그렇다면 네안데르탈인은 왜 멸종되었는가? 이 문제는 계속 논란의 초점이 되고 있다. 가장 최근에 알려진 사실이 하나 있다. 그것은 네안데르탈인이 현생인류의 유전형질에 흔적을 남겼다는 것이다. 인류의 유전자 중 약 2~3퍼센트는 네안데르탈인에게서 나온 것이다. 해부학적인 현생인류의 여성이 이들과 자유롭게 섞였는지 아니면 폭력을 당한 것인지는 알 수 없다. 오늘날 체력적으로 강한 남자 또는 중간층의 근육질 남자 중 다수는 네안데르탈인에게서 유래했을지 모른다. 그러나 의문은 여전히 남는다. 과거로 거슬러 올라갈수록 더 많은 의문이 생긴다. 네안데르탈인에 관한 더 이상의 명확한 증거는 없지만 현생인류가 출현하던 200만 년 동안 사라졌거나 멸종된 인류종이 있었다는 흔적은 남아 있다.

인류의 과거사를 연구하는 많은 전문가는 인류가 진화하는 과정에서 같은 종인 인류를 비인류로 분류해, 공격하고 죽인 수많은 사례가 있을 것이라고 주장한다. 인류의 진화의 드라마는 우리의 먼 조상이 두 발로 직립보행을 하면서 본격적으로 시작되었다. 인류는 직립보행을 하면서 시야가 넓어지고 두 손이 자유로워졌기 때문에 뾰족한 돌이나 돌 무기를 손쉽게 다룰 수 있었다.

과거가 현재보다 더 평화롭지 않았다는 것은 분명하다. 2000여 년 전, '인류의 최대 적은 인류 자신'이라고 생각한 고대 로마인의 인식은 전혀 새로운 것이 아니었다. 이미 현생인류가 직립보행을 시작하던 시절부터 같은 종인 인류를 공격하고 죽였을 것이기 때문이다. 그 결과 당연히 단 하나의 인류 종만 살아남았다. 이것이 더 깊은 의미에서 현생인류의 뿌리이다. 더 분명한 증거는 없지만 모든 가능성은 하나의 진실로 모이게 마련이다.

왜 인류의 조상은
아프리카를 떠났는가?

빙하기 여행

체체파리는 세 차례의 대대적인 탈아프리카 과정뿐 아니라 우리가
아는 소규모 이주에 대한 원인을 제공했을 가능성이 높다. 유목을
하고 이동하며 살던 초기인류는 체체파리로 인한 수면병의 여파로
행동에 제약이 생기고 골절상을 입었을 것이다. 인류는 이미 벌거벗고
생활하는 습관 때문에 곤충에 물리기 쉬웠을 것이다. 그에 따라
체체파리가 있는 지역을 피해 다닐 수밖에 없었을 것이다.

인류는 왜 아프리카를 떠났는가? 인류는 유럽으로 들
어간 최초의 영장류이다. 그리고 인류의 뒤를 이어 유럽 남단의 야생
으로 들어간 두 번째 영장류는 바바리에이프원숭이Barbary Ape이다. 이
원숭이가 사라지는 날 세계제국으로서의 영국도 종말을 고할 것이라
는 전설 때문에, 영국은 바바리에이프원숭이의 존속을 걱정하고 있
다. 이 이야기는 유럽의 자연이 결코 영장류에게 적합하지 않다는 것
을 말해주는 반증이기도 하다. 흥미로운 점은 영장류로서의 인류는
이미 150만 년 전에 유럽으로 들어가 뿌리를 내렸으며, 동종의 인류
는 현재 아시아의 한쪽에서 약 5억 명이 살고 있다는 것이다.
　먼저 인류가 결코 아프리카를 버린 것이 아니라는 점을 밝혀두겠

다. 다만 크고 작은 집단별로 그곳에서 나갔을 뿐이다. 아프리카가 너무 비좁아져서 낯선 곳으로 갈 수밖에 없었다는 말이다. 마치 16~20세기에 유럽에서 대대적으로 남북아메리카나 오스트레일리아와 같은 신대륙으로 이주했던 것과 흡사한 일이라고 할 수 있다.

외부로의 이주는 인구의 증가와 관련이 깊다. 페스트로 인한 재난은 한두 세대가 지나면 복구된다. 그러나 엄청나게 인구가 늘어난 상황에서 지속적으로 식량이 부족하다면 외부로 이주해 나가는 것밖에는 다른 방법이 없다. 유럽인은 이렇게 해서 아메리카에 정착했다. 콜럼버스가 도착한 이후 신대륙이라고 불리는 그곳에는 현재 수많은 유럽 출신 인구가 살고 있다. 이주민의 수가 유럽 자체에 사는 사람을 뛰어넘었다.

그러나 이러한 사례가 아득히 먼 옛날 인류의 조상이 여러 단계에 걸쳐 아프리카에서 다른 곳으로 이주해 나간 것에도 적용할 수 있을지는 의심스럽다. 16~20세기 유럽인의 대대적인 이주가 이루어질 당시 유럽의 인구가 과잉 상태였다는 흔적은 곳곳에서 찾을 수 있다. 토양은 척박해지고 숲과 들은 지나친 이용으로 황폐해졌으며 거의 모든 대형 동물이 멸종되었기 때문이다. 오직 사슴만이 살아남았다. 사슴은 직업 사냥꾼들이나 경쟁적으로 야생동물을 해치는 사람들을 막아줄 수 있는 넓은 사유지 안에 있었기 때문이다. 이를 증명해주는 전설이나 사냥 그림은 얼마든지 남아 있다. 그렇다면 인류의 조상이 아프리카를 떠날 당시 아프리카의 자연이 얼마나 황폐해졌기에 인류가 그곳을 떠난 것일까?

아프리카의 자연은 인류에게는 최적의 자연환경이었다

인류는 가는 곳마다 거의 모든 대형 동물을 멸종시켰지만 아프리카에서는 아니었다. 하필이면 인류가 출현한 바로 그곳에서 수백만 년 동안 자연은 거의 완벽하게 모든 종이 유지될 만큼 야생상태를 잘 보존했다. 과거의 인류가 이곳에 살면서 자연을 변화시키고 야생상태를 훼손했다는 것을 암시하는 그 어떤 흔적도 찾을 수 없다.

전前인류와 초기인류가 대부분 출현한 아프리카 지역, 즉 대지구大地溝가 있는 동부 아프리카의 지구대(Rift Valley, 지각이 단층에 의한 함몰로 생긴 길쭉한 요지로, 판구조운동으로 이루어진 대규모의 것을 말한다. 동아프리카지구대와 사해지구대가 가장 대표적이다-옮긴이)를 더 자세히 살펴보자. 오늘날 최대의 야생동물 집단이 바로 이곳에 있다. 150만 마리의 누, 수십만 마리의 얼룩말, 수만 마리의 영양과 가젤영양이 원시시대와 마찬가지로 세렝게티 초원과 인근의 넓은 지역에 서식한다. 특히 야생동물이 밀집된 이 지역은 에티오피아에서 지구대를 따라 남아프리카까지 이어진다. 정확하게 이 지역에서 인류 종의 진화를 밝혀줄 대부분의 화석이 발견되고 있다.

이 화석들은 직립 상태에서 두 발로 보행하며 드넓은 초원의 시야를 확보하고 자유롭게 손을 놀리던 인류의 특징을 보여준다. 이런 생존환경에서 인류는 마음대로 땀을 흘리면서 신체의 냉각기능을 유지한 유일한 종이었다. 그래서 벌거벗고 사는 것이 적합했다. 또 이곳에는 염분이 포함된 하천과 샘이 많았기 때문에 야생동물도 염분을 섭취할 수 있었다. 우거진 나무, 섬 같은 기능을 하는 언덕 밑으로 바라다 보이는 비옥한 풍경, 확 트인 전망, 나무 그늘, 골짜기의 물, 양질의 샘은 정확히 말해서 대부분의 인류가 살고 싶어 하는 환경이었다. 게다가 햇볕도 풍부했다. 이러한 환경은 대형 동물을 찾아 여기저기 이동하면서 계절의 변화에 적응할 수 있는 '달리는 인류'에게는 이상적인 곳이었다.

인류는 시야를 멀리 확보할 수 있어서 초원을 관찰하는 것도 어렵지 않았다. 어디선가 낮은 공중 위를 독수리가 선회비행하면 분명 방

금 죽었거나 육식동물에게 잡아먹힌 대형 동물이 있다는 신호였다. 인류는 조류가 비행하는 의미를 '읽는' 능력이 있었다. 거기에다 목표물을 향해 빠르고 정확하게 달려가는 단거리 달리기 능력도 있었다. 대형 동물을 성공적으로 사냥한 이후, 10~15분이면 집단으로 몰려와서 협동하는 영장류의 재빠른 공격에서 육식동물은 사냥감을 지켜낼 수 없었다. 사자라고 해도 별 수 없었다. 육식동물은 조직적으로 덤벼드는 영장류 앞에서 제대로 힘을 쓰지 못했다.

인류가 아프리카를 떠나 이동하는 중에 죽어가는 누, 얼룩말, 물소를 만나는 일도 빈번했을 것이다. 이때 공중을 선회하는 독수리가 보이면 전인류나 초기인류는 즉각 반응했을 것이다. 사자는 공중을 선회하는 독수리를 보지 못한다. 또 독수리가 비행하는 의미를 읽을 능력도 없다. 그러나 인류의 조상은 독수리가 출몰하면 식사시간이 되었다는 신호로 받아들였을 것이다. 대형 동물의 시체가 있을지도 모른다는 신호였기 때문이다. 독수리는 직접 사냥하는 법이 없고 다른 동물이 사냥한 찌꺼기를 먹고 산다. 사자와 다른 육식동물이 사냥감을 모조리 먹어치운다면 독수리는 굶어죽었을 것이다. 독수리가 인류가 진화 과정을 밟던 500만 년 동안 살아남아, 여러 종으로 분화되어 죽은 동물을 여러 부분으로 나누고 찢는 데 전문가가 된 사실로 미루어볼 때 아프리카에는 대형 동물의 시체가 지속적으로 있었던 것이 틀림없다. 여기서 도출할 수 있는 결론은 초기인류나 현생인류의 조상이 이처럼 자원이 풍부한 아프리카의 야생을 떠날 아무런 이유가 없다는 점이다.

(위에서 아래로)사자, 표범, 아프리카들개, 치타, 가젤영양, 하이에나

인류를 몰아낸 주범이 체체파리라면

이 점을 자세하게 파악하려면 동아프리카를 좀 더 정확하게 살펴볼 필요가 있다. 유럽인이 이곳에 당도했을 때, 자원이 풍부한 이 지역에는 사람이 많지 않았다. 유럽인은 금세 그 이유를 알아냈다. 대형동물이 찾는 초원 지역에는 일년에 두 차례씩 찾아오는 우기 때문에 체체파리가 유난히 극성을 떨었고, 사람이나 짐승 모두 체체파리한테 시달림을 당했던 것이다. 체체파리는 사람에게 수면병을 옮기며, 짐승에게도 이른바 나가나병을 유발하는 병원체를 옮긴다. 나가나병에 걸린 소나 말 같은 동물은 눈에 띄게 피로해져 축 늘어지는 모습을 보이며 또 몸이 여위고 쇠약해진다. 사람의 수면병도 이와 비슷한 증상을 유발한다. 이 병원균(트리파노소마)은 말라리아 원충Plasmodium과 비슷하게 혈구를 파괴한다.

1960년대, 아들 미하엘과 공동으로 제작한 영화 〈세렝게티를 살려야 한다〉로 동아프리카 자연보호의 선구자가 된 베른하르트 그르지멕Bernhard Grizimek은 체체파리를 '아프리카 최고의 자연보호자'라고 불렀다. 그 까닭은 체체파리가 활동하는 곳은 어디든 인류와 동물이 쫓겨났기 때문이다. 유목생활을 하는 목자牧者들이 동물을 먹이기 위해 초원을 이용할 수 있는 시기는 체체파리가 활동하지 않는 건기 때뿐이었다.

유목을 하고 이동하며 살던 초기인류는 수면병의 여파로 행동에 제약이 생기고 골절상도 입었을 것이다. 인류는 이미 벌거벗고 생활하는 습관 때문에 곤충에 물리기 쉬웠을 것이고, 그에 따라 체체파리가 있는 지역을 피해 다닐 수밖에 없었을 것이다. 이들은 모기가 날아다니는 소리에 민감하게 반응하며 물릴 때마다 손으로 모기를 잡는 습관이 들었을 것이다. 흡혈 파리와 모기를 막는 것은 목숨과 직결되는 문제였다. 위험한 파리와 모기가 많다면 도망치는 것 말고는 다른 방법이 없다. 현재 체체파리가 활동하는 지역은 콩고 분지를 중심으로 반원형으로 형성되어 있는데, 이 지역은 고정된 것이 아니다. 우기에는 넓어지고 건기에는 좁아진다.

확장되고 축소되는 변화의 폭은 빙하기에는 지금보다 훨씬 더 컸을 것이다. 아프리카는 한랭기인 빙하기에는 건조하고, 온난기인 간빙기에는 매우 습해졌다. 습기가 높을 때에는 체체파리의 활동이 왕성해지다가 건기가 되면 다시 줄어든다. 총 200만 년이 걸린 빙하시대에 한랭기와 온난기가 교체되면서, 인류가 위험 없이 살 수 있는 지역은 바뀔 수밖에 없었다.

이제 모든 것이 분명해졌다. '해부학적인 현생인류'라고 할 수 있는 인류 조상의 첫 번째 집단은 약 11만 년 전에 아프리카를 떠났다. 이것은 아프리카가 대대적으로 습해진 온난기에 일어났다. 당시 현생인류는 흑해 연안의 조지아(지금의 그루지아-옮긴이)에 당도했다. 남부 조지아의 드마니시 지역에서 이들의 뼈가 발견되었다. 마지막 빙기(지역에 따라 바이크젤 빙기, 위스콘신 빙기 등으로 불린다.) 동안, 2000~3000년 정도 따뜻하고 습해진 시기에 또다시 후속 집단이 아프리카를 떠났다. 인류는 약 5만 년 전, 유럽에 당도해 프랑스와 스페인 동굴에 벽화를 그렸다.

이와는 달리 두드러진 온난기였던 약 65만 년 전에는 초기 네안데르탈인이, 150~180만 년 전에는 '호모 에렉투스'가 유럽으로 들어왔다. 체체파리는 세 차례의 대대적인 탈 아프리카 과정뿐 아니라 소규모 이주에 대한 원인을 제공했을 가능성이 높다.

아프리카를 떠난 인류는 빙하기에도 살아남아

이주의 결과는 좋았다. 아프리카 건너편의 대륙에도 대형 동물이 살았지만 질병을 일으키거나 죽음을 몰고 오는 곤충이 없었기 때문이다. 빙하기의 유럽에는 털이 난 코끼리, 즉 매머드가 산 흔적이 있다. 가죽이 두꺼운 털코뿔소Wollnashorn도 살았다. 수백만 마리의 순록과 야생마, 수십만 마리의 메가케로스 등 아프리카의 포유류와 크게 다를 바 없는 대형 동물이 빙하기의 유럽에 살았다. 육식동물도 크게 낯설지 않았다. 동굴의 사자나 빙하기의 하이에나, 그리고 늑대는 아프리카의 들개처럼 떼를 지어다니며 사냥을 했다. 힘센 곰과 커다란 비버가 있었지만 위험하지는 않았다. 다만 기후는 아프리카보다 더 추웠다. 특히 겨울에는 아프리카와 비교할 수 없을 만큼 추웠지만 대신 건조했다. 인류는 살찐 물고기를 잡아먹으며 따뜻한 모피로 몸을 가릴 수 있었기 때문에 불이 없이도 추위를 견딜 수 있었다. 숲이 많지 않고 땔감이 부족했기 때문에 따뜻한 불에 의지해 추위를 막을 수는 없었다. 그럼에도 빙하기의 유럽은 인류가 살기에 좋은 곳이었다. 혹한이 닥쳤을 때 이들이 다시 건조한 아프리카로 돌아갔다는 것은 일반적으로 인정되는 사실일 뿐만 아니라 유전적인 다양성에서도 확인이 되고 있다.

후대에 와서 아프리카 대륙 전체에서는 다양한 기원을 지닌 종족이 이동하는 시기가 있었다. 니로트-하밀트족은 남쪽으로 내려갔고, 반투족은 처음 서아프리카에서 동쪽으로 갔다가 차츰 남쪽으로 옮겨갔다. 이때 반투족은 키가 작은 산족을 자연환경이 황량한 칼라하리 사막지대로 몰아냈다. 이들은 보어인이 도착하기 전에 희망봉에 도달한 인류이기도 하다.

왜 피부색은 다른가?

흑인과 백인

멜라닌이 충분히 발달하지 않은 사람은 뜨거운 햇볕 아래에서
처음에는 피부가 새빨갛게 변하고 시간이 지나면 검게 그을린다.
그 결과 옷을 입는 생활을 하기 전인 '벌거벗은 몸' 시절부터 인류의
피부색은 차이가 발생하기 시작했다. 인류 종의 일부가 유난히 흰
피부색을 갖게 된 것은 위도가 높은 북쪽 지역에서 육식이라는
단조로운 영양생활을 한 데서 비롯된 것이다.

남아프리카공화국의 케이프타운은 흑인과 백인의 갈등
으로 늘 시끄러운 곳이다. 흑백 갈등은 정치적으로나 이데올로기적으
로도 매우 민감한 문제이다. 하지만 자연적인 면에서 또 생물학적인
면에서 피부색이 다른 데 대한 설명은 꼭 필요하다. 특히 흥미를 끄
는 의문은 두 가지이다. 첫째, 피부색이 다르면서 동시에 몇몇 특징에
도 차이가 나는 것은 무엇 때문인가. 둘째, 왜 하필이면 피부색과 관
련하여 그토록 강한 편견이 형성되었는가 하는 것이다.

첫 번째 의문은 당연히 생물학에서 다루어야 할 문제이다. 이에 대
한 답은 세부적인 항목 하나하나까지 다 해명되지는 않았다. 하지
만 그 타당한 원인은 이미 어느 정도 알려져 있는 편이다. 훨씬 어려

운 것은 두 번째 의문이다. 여기서는 객관적으로 신뢰할 수 있는 증거가 필요할 뿐만 아니라 해석의 문제가 추가되기 때문이다. 어쨌든 가장 중요한 것은 다른 인종을 배척하는 태도에 당당히 맞서기 위해 인종적 편견의 원인과 배경을 알아내는 것이다. 이에 대한 답을 찾으려는 노력은 어떤 경우에도 가치 있는 일이다. 이것은 모든 사람이 당면한 문제이기 때문이다. 즉, 우리 대부분은 타 인종에 관해 편견을 갖고 있다는 뜻이다. 인류가 자신을 인류로 이해하는 것은 이처럼 어려운 일이다.

피부색은 햇볕의 강도에 의해 좌우되는 것일까?

먼저 피부색을 보자. 피부색은 단순히 노출된 피부에 쏟아지는 햇볕의 강도에 따라 좌우되는 것이 아닐까? 이러한 판단은 매우 논리적으로 보인다. 햇볕이 피부를 그을리게 하는 것은 사실이기 때문이다. 햇볕 중에서도 특히 '부드러운' 자외선 A는 피부를 자극해 멜라닌 생산을 강화시킨다. 멜라닌은 특별한 세포를 만드는 색소인데, 이 세포를 멜라닌 세포라고 부른다. 멜라닌은 강력하고 '독한' 자외선 B를 막아준다. 자외선 B는 피부암을 일으킬 뿐만 아니라 피부를 상하게 하고 피하기관을 파괴한다.

자외선을 막아주는 이런 세포가 사람에게만 있는 것은 아니다. 동물의 세계에도 널리 퍼져 있다. 몸이 투명한 수많은 수서동물水棲動物의 경우는 햇볕의 자극으로부터 멜라닌이 내부기관을 보호해준다. 따라서 사람의 피부색에 따른 명암의 정도는 햇볕의 강도와 관계가 있다고 말할 수 있다. 열대나 일부 아열대처럼 일년 내내 강한 햇볕이 내리쬐는 곳, 아열대의 사막지대처럼 공기 중 수분이 적어 햇볕의 강도를 완화해주지 못하는 곳의 사람들은 대부분 피부 빛이 검다. 중간지대에 사는 사람들은 피부 빛이 더 밝고, 열대와 멀리 떨어진 북반구나 남반구 사람들은 하얀 피부를 갖고 있다. 열대와 멀리 떨어진 지역의 경우는 여름과 겨울의 교체가 구조적으로 다르다. 여름에는 햇볕에 오래 노출되면 피부가 그을리기는 하지만 그렇다고 새까매지지는 않는다. 북반구에서는 해가 지평선에 낮게 걸리는 햇볕이 약한 시기가 되면 다시 피부가 희게 변한다. 이때 햇볕의 작용을 덜 받아도 피부는 생명에 필수적인 비타민 D를 만들어낸다. 비타민 함량을 안정적으로 유지하기 위해서라면 그곳에 사는 사람들은 피부가 좀 더 하얗게 될 필요가 있다. 어찌 보면 하얀색이 햇볕을 막아주는 데 필수적인 것처럼 보이기도 한다.

하지만 사람의 피부색은 적도(가장 검은빛)에서 극지방(가장 흰빛)에 이르기까지 단순하게 구분할 수는 없다. 북아메리카 북단에 사는 에스키모는 중부 유럽인보다 까맣지만, 아마존 유역의 원주민은 피부색으로 보면 아프리카에서 노예로 팔려온 검은 아프리카인보다 남부 유럽인에 더 가깝다. 세네갈 사람은 흑단색처럼 검지만, 남아메리카의 인디오는 그리 검지 않다. 그들은 몽골인을 닮은 눈만 아니라면 유럽인처럼 보인다. 인디오는 적어도 1만 년 동안 남아메리카의 열대에 살았지만 눈에 띌 정도로 피부색이 변하지는 않았다.

이런 여러 가지 이유 등으로 인류의 조상이 아프리카라는 한 곳에서 기원한 것이 아니라 다양한 지역에서 서로 독립적으로 진화했다고 주장하는 인종설이 나온 것이다. 이것을 지지하는 사람들은 몇 가지 특징과 함께 피부색이 인종의 표시이며, 서로 다른 인종간의 접촉이 잦은 지역에서 혼혈종이 존재하게 된 것이라고 말한다. 이런 주장을 받아들일 것인지, 아니면 무시할 것인지에 관해서는 아직 논의가 분분하다. 겉모습을 보고 단언하거나 단순히 듣기 좋게 말하는 것은 문제 해결에 도움이 되지 않는다.

땀구멍과 피부색의 상관관계

피부색과 몇 가지 신체적 특징이 인종주의의 편견에 남용되지 않기 위해서는 설득력 있는 논의가 필요하다. 아주 중요한 증거의 하나는 인류의 물질대사에서 찾을 수 있다. 열대에서는 물질대사가 낮다. 사람의 몸은—위도상 온대지역을 기준으로 할 때—강렬한 육체 활동을 하지 않더라도 섭씨 37도에 가까운 체온을 유지하며 정신 생활을 하기만 해도 에너지의 60퍼센트를 소모한다. 늑대에서 갈라져 나온 개는 사람보다 기초대사율이 훨씬 높다. 이해를 돕기 위해서는 중요한 증거를 더 살펴볼 필요가 있다. 사람은 거의 털이 없이 맨몸으로 태어난다. 데즈먼드 모리스가 적절하게 이름 붙였듯이, 사람은 '털 없는 원숭이'이다. 두 발로 직립보행을 하는 특징과 더불어 사람의 벌거벗은 몸은 유인원 중 인류와 가장 가까운 침팬지를 포함한 모든 영장류와 인류를 구별 짓는 요인이다.

벌거벗은 상태로 돌아다니는 것이 점잖지 않다는 것은 도덕적인 기준에서 논할 문제이지 생물학적인 관점에서 논할 문제가 아니다. 우리는 이 벌거숭이 몸의 냄새를 땀 냄새로 맡을 수 있다. 사람들은 이 냄새를 눈치 채자마자 다른 것으로 덮으려고 한다. 땀 냄새를 '탈취제'로 가리거나 향수라는 더 진한 냄새로 가리려고 한다. 그러나 몸이 떨릴 정도로 바깥 날씨가 추울 때는 절대로 땀이 나오지 않으므로 걱정할 필요가 없다.

이런 냄새는 어디에 필요한 것인가? 인류는 타고난 달리기 선수이다. 장거리든 마라톤이든 얼마든지 뛸 수 있다. 그리고 외적인 강제요건이나 축적해 놓은 소유물이 방해하지 않는 한, 인류는 끊임없이 거주지를 떠나 이동하며 살아온 유목민이다. 생물학적인 능력으로만 본다면 인류는 최고의 장거리 달리기 선수라고 할 수 있다. 달릴 수 있는 거리라는 면에서 볼 때, 네 발 달린 짐승 중 인류를 따라올 자는 아무도 없다. 인류는 신체 표면에 수백만 개의 땀구멍을 지녔는데 이처럼 뛰어난 냉각기능을 지닌 동물은 인류밖에 없다.

이러한 냉각기능은 진화에 필요했을 뿐만 아니라 진화 과정에 있는 인류가 이동생활을 할 때 어떤 대형 동물에 견줄 수 없는 결정적인 장점을 부여했다. 유목민의 생존방식이 없었다면 아마 초기인류는 사라졌을 것이다. 인류는 생존 역사의 95퍼센트 이상을 유목민으로 살았다. 정착생활을 한 것은 불과 수천 년밖에 되지 않는다.

옷을 입는 생활을 하기 전에 인류의 피부색은 달라져

유목민의 이동수단은 오로지 자신의 발이며, 두 손은 수송수단이었다. 땀은 인류의 진화와 역사를 같이했다. 벌거벗은 몸은 생존에 필수적이었다. 동시에 벌거벗은 몸은 햇볕에 완전히 노출된다. 햇빛이 사정없이 내리쬐는데 멜라닌이 충분히 발달하지 않은 사람은 처음에는 피부가 새빨갛게 변하고 시간이 지나면 검게 그을린다. 이때 운동을 하지 않는 사람은 제대로 땀을 흘릴 수가 없다. 이러한 조건에서 피부색이 결정되는 것이다. 즉 인간이 벌거벗은 몸의 상태일 때, 다시 말해서 옷을 입는 생활을 하기 전에 피부색의 차이가 발생한 것이다.

예전에 부시먼이라고 불리던 남아프리카의 산족은 피부색이 구리빛이었다. 아프리카의 열대 중심 지역에서는 태양이 더 검은 피부를 만들고, 열대 밖의 지역에서는 태양 빛이 약해 피부가 연한 갈색을 띤다. 빙하기의 유라시아 지역에는 사냥할 수 있는 대형 동물이 많았지만 겨울이 되면 햇볕이 부족했기 때문에 피부색이 더 밝아질 수밖에 없었다. 단지 계절에 따른 그을림만 있었을 뿐 겨울에는 아주 하얗게 변했다. 앞에서 우리는 해부학적인 현생인류가 적어도 세 차례에 걸쳐 고향인 아프리카를 대대적으로 떠났다는 것을 알게 되었으니 이제 모든 상황을 종합해볼 수 있다.

피부색이 가장 검은 조상이 처음으로 동북아프리카를 떠나 아라비아 반도의 남단을 거쳐 인도양 주변을 맴돌다가 오스트레일리아로 갔다. 두 번째 이주는 '호모 사피엔스'의 초기 화석이 발견된 조지아가 있는 중동지역으로 향했다. 그리고 세 번째 집단인 이른바 '크로마뇽인(화석이 발견된 프랑스 지명을 따라 붙인)'은 유럽으로 건너가 훌륭한 동굴벽화를 그렸다. 피부색이 매우 검은 인류는 전반적으로 태양열이 강한 열대에 퍼져 살았다. 오스트레일리아 원주민의 검은 피부색은 차가운 밤에 벌거벗은 몸의 체온을 보존하는 수단으로 작용했을 것이다. 많은 여행자가 아프리카의 뜨거운 열기 못지 않게 몹시 추운 밤을 경험하듯이 아프리카의 밤은 정말 춥기 때문이다.

인류 종의 일부가 유난히 흰 피부색을 갖게 된 것은 위도가 높은 북쪽 지역에서 육식이라는 단조로운 영양 생활을 한 데서 비롯된 것이다. 영양 비율이 달라지면서 체형도 다르게 발달했다. 추운 아시아와 후대의 북아메리카에 사는 사람은 둥근 얼굴에 키가 작고 마른 몸을 갖게 되었고, 아프리카 열대에 사는 사람은 키가 크고 날씬해졌다(몸무게에 비해 큰 신체 표면을 지녔기 때문이다).

그러나 이 모든 것은 의복이 '발명'되면서 변하기 시작했다. 이제 의복이 햇볕을 막아주고 있다. 역사시대에 들어와 처음으로 열대로 이주해 간 종족, 인도네시아인이나 스리랑카의 신할리족, 그리고 열대로 들어간 유럽인 등은 더 이상 피부색으로 환경에 적응할 필요가 없게 된 것이다.

인종주의는 상대를 적으로 보는 인류의 오랜 습관 탓

이제 피부색을 인류의 질적 특성과 연관시킬 근거가 전혀 없다는 것을 우리는 알 수 있다. 옛날에는 피부색에 나름의 의미를 부여했지만 현대에 와서 피부색은 환경과의 상관관계에서 나왔을 것으로 추측하고 있기 때문이다. 사실 이 모든 이야기는 왜 인류가 인종주의 성향을 보이는지에 대한 명쾌한 설명은 되지 못한다. 지금까지 말한 차이는 지리적으로, 점진적으로 형성된 것이지 단번에 나타난 것이 아니다. 다양한 인종에 속한 구성원이 인종주의적으로 서로 의심하는 것은 오랜 세월 격리된 데에서 비롯된 현상이 아닐까?

수많은 흔적을 볼 때, 인류는 인류로 진화하는 과정에서 자신과 같은 인류를 무수히 죽였다. 그 결과 둘도 아닌, 단 한 종의 인류만 살아남았다. 지구에는 분명히 다른 종의 인류가 존재했다. 이런 과정에서 네안데르탈인은 마지막으로 멸종된 인류이다. 네안데르탈인이 환경에 제대로 적응하지 못했다는 증거는 거의 찾아볼 수 없다. 네안데르탈인은 현생인류보다 육체적으로는 더 강했다. 하지만 다윗과 골리앗의 싸움에서 보듯 더 강한 자가 아니라 더 영리한 자가 승리를 차지하는 법이다. 또 승자는 우월한 기술을 지녔을 가능성이 있다. 인류는 모두 이 승자의 후예이며, 오랫동안 후손 대부분을 남긴 것도 바로 승자인 인류이다.

인류가 사실상 똑같은 집단, 똑같은 혈통, 똑같은 종족인데도 서로를 위협하며 상대를 적으로 돌리는 것은 바로 이런 역사적 성향에 바탕을 둔 것이다. 인류는 상대를 마치 짐승처럼 취급한다. '우리'와 마주 선 상대는 '다른' 족속으로 생각한다. '우리 對 다른 사람'이라는 기본 도식은 인류의 모든 발달단계마다, 모든 시대마다 엿보이는 행동이다.

이 뿌리는 너무도 깊어서 지금도 어린아이는 주변의 다른 사람들 무리로 진입하는 단계가 되면 갑자기 쭈뼛거리는 태도를 보인다(사회적 각인). 이 쭈뼛거림은 집단 내부에서는(가족, 대가족, 씨족) 극복되지만, 대외적으로 우리에 속하지 않는 '다른 사람' 앞에서는 그대로 드러나며 오랜 세월 동안 축적되기도 한다. 다른 사람이 우리와 차이가 클수록 그들을 의심스러운 눈으로 바라보는 것도 이런 행동의 하나이다.

'우리'라는 집단을 가장 잘 연결해 주는 것이 바로 언어이다. 인류는 같은 언어를 사용하고 자신이 표현하려고 하는 것을 이해하는 사람을 같은 집단의 구성원으로 받아들인다. 동시에 언어는 사람 사이를 갈라놓기도 한다. 낯섦의 폭은 언어로 매개가 이루어진다. 알아듣지 못할수록, 공통성이 적을수록 해당 언어 사용자는 그만큼 더 낯선 존재일 수밖에 없다. 언어의 동화同化 체계는 눈으로 보이는 겉모습과 결합한다. 이런 결합은 흔히 문화라고 불리는 현상 속에서 밀도가 높아진다. 대개 문화는 고유한 문화를 뜻한다. 그렇지 않다면 '문화들'이라는 복수를 사용해야 할 것이다.

이런 토대에서 인종주의의 적개심이 그 정서를 드러낸 것이다. 직접적인 동류의식을 만들어내는 것은 겉모습이다. 그러므로 인종주의는 언어를 토대로 선전선동이 만들어낸 현상일 뿐이다. 인종주의는 문화의 어두운 측면이며, 그 깊은 뿌리는 '우리 대 다른 사람'이라는 생존 프로그램이 가동되던 먼 옛날까지 거슬러 올라간다. 이런 생존방식이 성공을 거두었기 때문에 인종주의가 계속 활개를 치는 것이다.

언젠가 인류가 단일집단으로 이해될 때, 그리고 '우리 대 다른 사람'이 '우리 그리고 다른 사람'으로 변할 때만이 인종주의는 사라질 것이다. 이것은 대안의 여지가 없는 꿈이라고 할 수 있을 것이다.

왜 우리는 검은 사람 앞에서 불안해하는가?

검은 영혼과 빛나는 자태

검은색을 부정적으로 보는 배후에는 어둠에 대한 인류의 원초적인 불안감이 숨어 있다. 어둠은 밤과 죽음의 편이고, 빛은 낮과 생명을 의미하는 것으로 사람들은 받아들인다. 또한 인류는 자기 모습을 감추고 싶을 때 검댕을 칠하는 것이 오랜 관습이었다. 인류세계에서는 검은 것, 어두운 것, 그리고 정서적으로 선뜻 다가설 수 없는 것에 대한 잠재적 불안이 커질 수밖에 없었다.

피부색이 그 사람의 특징과 아무 상관이 없음을 아무리 반복하여 강조해도 인류의 존엄성은 생각처럼 쉽게 인정되지 않고 있다. 이런 생각의 배후에는 혹시 우리가 모르는 무엇이 숨어 있는 것이 아닐까?

왜 피부가 유난히 검은 사람들은 다른 사람들에게 제대로 대접받지 못하는 것일까? 이에 대한 비밀의 열쇠를 찾은 사람이라면 분명하게 말할 수 없는 설움과 좌절을 피할 수 있을 것이다. 인종주의의 뿌리가 정확히 어디에 있는지 찾아낼 때에만 인종주의는 분명한 모습을 드러낼 것이고, 그에 대한 개선책도 마련될 것이다.

여기에는 아마 그 자체로는 결코 사라지지 않을 다양한 현실적 조건이 동시에 작용하는 것으로 보인다. 즉, 인종주의의 뿌리는 단 하나만 있는 것이 아니라는 말이다. 앞장에서 설명한 '우리 대 다른 사람'이라는 현상이 피부색 사이의 선호 또는 혐오에 대한 유일한 근거라고 단정적으로 말하기에는 무언가 부족한 점이 있다. 또 인종주의적 반응이 오직 학습된 것이며 전통으로 내려온다고 확신해서 말하기도 어렵다. 이렇게 상황이 불분명할 때는 숨김없이 털어놓고 말하는 것이 도움이 된다. 그럴 때 인종주의라는 현상에 좀 더 가까이 다가갈 계기를 찾을 수 있을 것이다.

흰색은 긍정적 의미, 검은색은 부정적 의미로 쓰여

인종주의의 원인을 찾는 노력의 일환으로 우선 두 가지 현실을 살펴보자. 첫째는 누구나 거의 알고 있듯이 모든 것을 이분법적으로 나누어서 생각하는 습관이다. 이분법은 모든 것을 '좋은 것' 아니면 '나쁜 것'으로 나눈다. 긍정적인 것에 대해서는 선호와 쏠림으로, 부정적인 것에 대해서는 거부감이나 반감으로 반응한다. 즉 '예' 아니면 '아니오'라는 대답으로 쉽게 가른다는 말이다. '우리'와 '다른 사람'이라는 말에도 이와 같은 편 나누기가 담겨 있다. 이때 가장 단순한 형태로 '판단하기Urteilen'가 문제이다. 독일어로 판단이라는 말에는 분명히 '나누기Teilen'라는 말이 들어가 있다('판단하다Urteilen'는 '부분으로 나누어주다Erteilen'에서 나온 말이다-옮긴이). 친구와 적은 '가깝다'와 '멀다' 또는 '밝다'와 '어둡다'처럼 서로 분리된다. 이와 같은 개념의 쌍은 얼마든지 찾아볼 수 있다. 이런 배경으로 인해 우리는 단순하고 명쾌한 판단을 추구하는 습성이 몸에 밴 것이다. 불명확하고 구멍이 뚫리고 애매한 판단은 그것이 아무리 우리가 아는 정도에 걸맞는 것이라고 해도 마음에 들어하지 않는다.

학문도 이런 사고방식에 물들어 있기는 마찬가지이다. 우리는 판단을 위해 분명한 결과를 찾는다(집중적인 노력을 한다는 말이다). 분명한 결과가 나올 때까지 연구를 거듭한다. 이런 일은 너무도 오랜 시간이 걸리기 때문에, 우리는 이론을 세우고 나서 그 이론으로 '사실은 다른 것이 아니라 바로 이러하다'는 주장을 편다. 그러면서 자신도 모르게 그 이론의 정당성을 철석같이 믿는다. 그러나 훌륭한 이론은 반박의 여지를 허용하는 법이다. 최소한의 변화와 개선의 가능성을 열어둔다. 그렇지 않다면 한낱 도그마일 뿐이다.

19세기 찰스 다윈의 진화론에 깊은 인상을 받은 나머지, 백인의 우월의식은 순식간에 도그마가 되었다. 식민지 정책은 이러한 우월감이 뒷받침된 것이다. 하지만 두 차례의 세계대전은 특정 인종의 우월감이 무너지는 계기가 되었다. 이런 도그마의 배후에는 알 수 없는 무언가가 더 숨어 있을 것이다. 그렇지 않고서야 어느 한쪽 측면이 그토록 널리 활개를 치지도, 다른 쪽 측면이 그토록 무시되지도 않았을 것이다.

검은색이 부정적으로 쓰인 것은 어둠에 대한 불안 때문

우리는 '빛나는 자태' '흰 조끼('순수하다', '양심적이다'라는 의미-옮긴이)' '눈부시게 아름다운'과 같은 표현에서는 빛이나 흰색을 긍정적인 의미로 사용한다. 그러나 이와 대조적으로 '검은 것을 보다('느낌이 불길하다'라는 의미-옮긴이)' '검은 날('운이 나쁜 날'이라는 의미-옮긴이)' '검은 영혼('악의적인 사람'이라는 의미-옮긴이)' '어두운 모습('우울한 표정'이라는 의미-옮긴이)'과 같은 표현에서는 검은색을 나쁜 뜻으로 사용한다. 왜 그런 것일까?

이런 표현의 배후에는 어둠에 대한 인류의 원초적인 불안감이 숨어 있다. 어둠은 밤과 죽음의 편이고, 빛은 낮과 생명을 의미한다. 아이들은 어둠을 두려워하기 때문에 어둠 속에 혼자 있으려고 하지 않는다. 어둠을 틈 타 들어오는 사람은 의심을 받는다. 도둑과 강도, 살인범은 모두 어둠을 틈 타 몰래 침입한다. 현재 우리는 밤을 가능하면 낮처럼 환하게 밝히기 위해 많은 에너지를 소모한다. 선진 문명이라면 어느 곳에서나 인공 조명을 환히 밝혀둔다는 도식을 우리는 머릿속 깊이 새겨두고 있다.

하지만 동물은 오히려 밤에 활발하게 활동한다. 사람이 낮에 안정된 느낌을 받듯이 동물은 밤에 정상적인 생활을 한다. 밤은 고양이의 시간이기도 하다. 고양이의 눈동자는 낮이면 가느다란 줄처럼 오그라들었다가 밤이 되면 다시 커진다. 개는 밤을 두려워하지 않는다. 단지 주인이 나가지 못하게 가두었을 뿐이다. 이러한 현상의 원인은 간단히게 설명할 수 있다. 사람의 눈은 빛이 거의 없는 밤에는 잘 기능하지 못한다. 우리는 '주간형 동물'이지 '야간형 인류'가 아니다. 야간형 인류라고 자칭하는 사람은 낮을 밤까지 확장하기 위해 인공 조명을 사용할 뿐이다. 인류가 이렇게 하는 까닭은 분명하다. 사물을 명암으로 구분하는 능력을 잃어버린 채 색깔로 구분하는 데 익숙해졌기 때문이다.

적색과 녹색을 구분할 수 있고, 세상을 '매우 다채롭게' 볼 수 있는 인류의 능력이 아이러니하게도 밤의 방향감각을 빼앗은 것이다. 우리는 어둠 속에서 사물이 잘 보이지 않거나 거의 볼 수 없을 때 불안을 느낀다. 그래서 평생 손으로 더듬고 사는 시각장애인을 측은한 눈길로 바라본다. 시력이 제 기능을 다하지 못할 때 세상은 차단된다. 오직 이런 이유에서 밝음과 어둠에는 감정의 물이 진하게 들어 있다. 검은색은 색깔이 없는 것이고 흰색은 모든 색을 포함한다고 물리학에서는 말한다. 그리고 이 말은 흰색으로 스펙트럼이 분해되는 프리즘을 보면 입증된다.

인류의 눈은 사물을 명암으로 구분하는 능력이 없어

이런 예는 사람의 얼굴에도 적용할 수가 있다. 옆사람과 소통할 때 상대방의 표정을 읽는 것은 우리가 무의식중에 하는 당연한 행동이다. 말이 생기기 전에는 얼굴 표정이 가장 중요한 표현 수단이었기 때문이다. 독일어를 예로 들면, 누군가 무엇을 하고자 할 때 '의도Absicht'라는 말을 쓴다(Absicht는 '표정을 읽다'는 뜻의 'Absehen'의 명사형-옮긴이). 의도는 얼굴빛에서 드러난다. 표정을 얼마나 잘 통제하는가에 따라 의도를 숨길 수 있다. '늘 미소 짓는 것'은 상대가 '속을 들여다보지' 못하게 하려는 전략이기도 하다. 의도는 가면으로 숨기기도 한다. 가면은 한 사람의 개성을 숨기는 데도 쓸모가 있다. 개성은 일시적인 분위기나 상황을 가리는 것과 상관없이 그 사람의 인간적인 면모에서 드러나는 것이다.

얼굴 표정이 드러내는 의미를 감추는 방법으로 가장 오래된 것은 검댕으로 얼굴을 시커멓게 칠하는 것이다. '검은 사람(Schwarze Mann, '굴뚝 청소부', '무서운 얼굴', '악령'이라는 의미가 있음-옮긴이)'이라는 말은 자신을 알아보지 못하게 검댕으로 얼굴을 시커멓게 칠한 사람이라는 뜻이며, 아동교육에서는 무서운 형상의 대명사로 쓰인다. 검게 칠하면 즉시 공포 효과를 자아낸다. 미묘한 표정 변화를 읽을 수 있는 가능성을 검은색이 차단하기 때문이다. 검게 칠한 얼굴을 보면, 원초적인 불안감이 떠오른다. 우리는 가면을 보면 평소 거리낌 없이 다가서던 얼굴에 대한 믿음을 거두어버린다. 시커멓게 칠할수록 얼굴은 가면과 위장의 효과를 더욱 크게 만든다.

대부분의 문화권에서는 연극의 핵심이 깊은 감정 묘사일 때가 많다. 그래서 부분적으로 가면을 쓰는 경우가 있다. 의도적으로 과장된 가면을 쓰는 일본의 전통 가면극 '노'는 이런 점에서 그 특징이 잘 드러난다. 유사 가면으로 분장술을 활용하는 서구 사회에서도 마찬가지이다. 상대는 알 필요가 없도록 표정을 감추고 실제로 존재하지 않는 것을 그럴싸하게 보이려는 의도가 숨겨져 있다.

진실한 표정을 보여주고 싶지 않아서 끊임없이 가면을 쓰는 인류세계에서는 검은 것, 어두운 것, 그리고 정서적으로 선뜻 다가설 수 없는 것에 대한 잠재적 불안이 크다. 지극히 다양한 인류성에 보편적인 신뢰를 부여하기 위한 길은 우리 모두가 당면한 도전적 과제 중 하나이다. 이 길은 문화적, 종교적 장애물 때문에 도달하기가 어렵지만, 이 어두운 지평선에서 밝은 희망의 빛을 발견할 가능성은 엿볼 수는 있다.

사람은 생존을 위해
종교가 필요한가?

가톨릭 대성당과 이슬람 교회당

종교 공동체에 강하게 결속된 사람은 생존율이 높은 자녀를 더
많이 두며 고립감과 빈곤의 문제를 크게 느끼지 않는다. 긴밀한
유대감은 이들에게 더 많은 안정감과 미래를 보장해 준다. 공동체적
노동은 개인이나 가족이 성취할 수 있는 것보다 훨씬 더 큰 성과를
올리기도 한다. 중세와 근대 초기 대성당과 큰 교회는 산업화 이전
시대에 이같은 공동체적 기능으로 매우 인상적인 활동을 펼쳤다.

종교는 사람 사이의 다리를 놓아준다. 세계적인 종교는
인류 평등을 강조하며 종파적 빗장을 푼다. 사람들이 신앙을 갖는 것
을 어떻게 이해해야 할까? 사람에게는 종교가 필요한가? 모든 종교가
저마다 (유일하게) 자신이 옳다고 주장하는 것만 빼면 신앙은 사람에
게 유용하다. 종교의 출현을 진화생물학적으로 이해할 수 있을까?

 종교사를 살펴보면 이에 대한 단서는 얼마든지 찾을 수 있다. 예를
들어 종교 공동체에 강하게 결속된 사람은 생존율이 높은 자녀를 더
많이 두며 고립감과 빈곤의 문제를 크게 느끼지 않는다. 긴밀한 유대
감은 이들에게 더 많은 안정감과 미래를 보장해준다. 진화생물학적으
로 볼 때 가장 중요한 문제는 번식 성공률이다. 한 집단이 다음 세대

에 기여하는 바가 클수록 그 집단의 생존은 더 안정되고 더 큰 의미 (영향력, 권력)가 생긴다. 좁은 종교 공동체 안에 있는 구성원은 공동체의 번영에 기여하려고 노력하며 '다른 사람의 비용'으로 살려고 하지 않는다. 공동체적 노동은 개인이나 가족이 성취할 수 있는 것보다 훨씬 더 큰 성과를 올리기도 한다. 중세와 근대 초의 대성당과 교회는 산업화 이전 시대에 이같은 공동체적 기능으로 매우 인상적인 활동을 펼쳤다.

국가에 세금을 납부할 때는 합법적으로 허점을 이용하거나 아니면 불법적으로 횡령하려고 하는 사람들이 있는 것이 사실이다. 가능하면 피하려 들고 마지못해 낸다는 느낌을 받는다. 국가가 이 세금을 '갉아먹으면서' 마구 소비한다는 생각에서이다. 이와는 달리 종교적인 동기에서 이루어지는 헌금은 기꺼이 내놓는 사람들이 많다. 두 가지 지출이 모두 다른 사람에게 이로운 것이지만, 한쪽은 분명히 긍정적으로 평가하고 다른 한쪽은 당연한 듯 부정적으로 생각한다. 사람들에게 이런 생각이 깊이 뿌리박힌 것을 보면 공동체를 위해 일정한 몫을 기부하는 것이 오랜 전통에서 비롯되었다는 것을 알 수 있다.

종교 공동체에 속한 사람은 강한 유대감을 가져

이런 세계를 매개해 주는 것이 바로 '종교Religion'라는 개념이다. 라틴어에서 나온 이 말(라틴어 Religio는 '뒤로 묶는다'는 뜻의 Religare에서 나온 것-옮긴이)을 글자 그대로 옮기면 머리를 뒤로 묶듯이 '뒤로 묶음'이라는 뜻이다. 공동체에 의존할 뿐 아니라 공동체의 가치를 일깨워 준 조상들에게 의존한다는 말이기도 하다. 이때 기이한 일이 벌어진다. 묶이는 것은 과거에 묶이지만 여기서 미래가 만들어지기 때문이다. 좀 더 명확하게 표현하자면 과거에 의존함으로써 신뢰가 만들어지고, 이 때문에 현재의 삶이 안정되며, 독특한 방법으로 미래를 대비하는 능력이 나오게 된다. 공동체에 속한 아이들은 계속되는 삶의 과정에서 그들 자신이 속한 공동체를 신뢰하게 된다. 공동체 역시 아이들을 신뢰하며 부모들은 언젠가 도움이 필요할 때 아이들이 자신을 돌봐줄 것이라고 생각한다. 공동체는 과거 공동체의 연속으로 이해되기 때문에 풍속과 의식에 묶이고 공동의 가치에 묶인다.

산업화 이전의 시대로 거슬러 올라가 살펴보자. 그때는 끊임없이 굶주림과 질병의 위협을 받았고 도처에 적이 도사리고 있었다. 다른 사람은 나 자신이 삶에서 필요로 하는 바로 그것을 요구했기 때문에 최악의 적이 되었다. 경쟁과 적개심이 결합하면 시기와 증오심이 태어난다. 증오만큼 인류와 다른 인류를 대립으로 몰고 가는 것도 없다. 증오심을 만들고 부추기는 것은 언제나 선동가나 호전가들의 전략이었다. 출신에 대한 인식('혈통', 즉 조상에 대한 한없는 의미)과 공동의 풍속이 집단 특유의 언어방식과 더불어 공동체의 특징이 되었다.

모든 종교는 발생 신화 또는 나중에 발전한 창조 신화가 있다. 이런 신화는 후손에게 출신을 일깨워주는 역할을 한다. 그렇기 때문에 후손이 어디에서 나왔는지, 어디에 속하는지를 의무적으로 기억하도록 끝없이 강조한다. 여기서 볼 수 있듯이 종교는 처음부터 생존 프로그램이었다는 것을 알 수 있다.

종교 권력이 강해지면서 극단적 갈등을 부추겨

또한 종교는 '다른 집단'으로 확대되면서 씨족, 혈통, 민족이라는 좁은 범위를 극복하기 위한 가능성이 되었다. 이 확대 현상이 제대로 기능을 발휘했다면 목표는 분명히 고상해보였을 것이다. '다른 집단'을 포용한다면 그들의 위협은 사라질 것이다. 다른 집단도 공동의 종교에 의무를 지고 '이웃을 사랑하라'는 성서의 가르침을 따를 것이기 때문이다. 하지만 아쉽게도 공동체(점점 커진)의 소속은 이웃에 한한 것이지 '진정한 신앙'이 없다는 이유로 따돌림 당하고 배척 받은 '불신자'에게는 해당되지 않았기 때문에 배타성과 위협은 인류의 역사에서 사라지지 않았다.

고유한 공동체에 의존하는 현상이 다른 종교 집단으로 확대되면서 종교 권력은 계속 확대되었다. 왕이나 황제의 권력도 종교 앞에서는 무너졌다. 오늘날에도 국제적 공동체의 강제 수단은 종교 앞에서는 힘을 쓰지 못한다. 발생 당시에는 그토록 고상하던 목표가 권력의 유혹을 받고 권력을 확대하고 타 종교를 억압하면서, 인류 사이에 최악의 갈등을 만들어 종교 전쟁을 일으키고 또 종교와 다를 바 없는 이데올로기(공산주의, 나치즘) 전쟁을 일으킨 것은 그리 놀라운 일이 아니다. 종교전쟁은 인종주의보다 훨씬 많은 희생자를 냈다.

종교와 이데올로기는 옛날이나 지금이나 인류 사이에서 가장 극단적인 갈등을 부추기는 원인이 되고 있다. 종교와 이데올로기는 경제적 목표를 위해서 또는 권력과 영향력의 확대를 위해서 쉽게 남용되는 경향이 있다. 생존 프로그램으로서의 종교적 신앙은 종교의 이데올로기화로 인해 이제는 말살 프로그램이 되어버렸다. '살인 면허'는 과거에만 있던 것이 아니라 이처럼 현재에도 존재한다.

왜 자연은 사랑을 만들었을까?

흥겨운 바바리에이프원숭이

어머니는 아이를 낳을 때 극도의 고통을 겪는다. 이 고통에 대해
어머니는 사랑의 감정이 수반된 물질, 즉 '행복 호르몬'으로 보상을
받는다. 이 호르몬 덕분에 출산시의 극심한 고통은 완화된다.
행복 호르몬은 모유 생성을 촉진하여 어머니와 아이의 결속을
강화한다. 이렇듯 사랑은 인류의 진화 과정에서 발생한 것이다.

종교는 오직 인류에게만 존재하는 현상이지만 사랑은
그렇지 않다. 동물에게도 사랑이 있고 섹스가 있다. 사랑에는 더 많
은 의미가 담겨 있다. 사랑은 짝을 맺어주기도 하고 질투를 만들기도
한다. 사랑은 사람을 광란적으로 만들기도 하고 좋은 관계를 파괴시
키기도 한다. 사랑은 아름다운 것만이 아니다. 어머니의 모성애가 지
나치면 자녀가 힘들어진다. 또한 애국심은 수많은 사람을 전사자로
만든다.

그렇다면 섹스는 어떤 의미가 있을까. 섹스의 의미는 분명하다. 그
것은 번식과 관계된 것이다. 장기적으로 볼 때 번식이 없다면 모든 종
은 살아남을 수 없다. 번식행위를 하지 않는 개체는 후손 없이 사멸

한다. 생존만으로는 충분하지 않다. 삶은 덧없으며 후손을 생산하는 자만이 살아남는다. 이 때문에 자연에서는 섹스를 위해 모든 것이 허용된다. 때로는 섹스의 대가로 목숨을 바치기도 한다. 거미와 사마귀의 암컷은 짝짓기를 한 후 수컷을 잡아먹어 후손을 위한 영양분으로 쓴다. 짝짓기를 하고 알을 낳은 다음, 암수가 죽는 종도 많다. 연어는 알을 낳은 뒤 죽어, 새로 알을 까고 나온 새끼의 먹이가 된다. 많은 포유류의 어미는 적으로부터 새끼를 보호하기 위해 자신의 목숨을 희생한다. 이런 것도 모성애일까?

자연에 사는 존재는 누구나 번식을 하려고 한다

반면에 섹스는 '쾌락의 강조'이며 순간의 만족이다. 그 시간도 아주 짧을 때가 많다. 그리고 신체 조건이 강할수록 반복해서 섹스를 요구하는 경향이 있다. 섹스는 충분한 만족을 모르는 유일한 현상으로 보인다. 번식이 목적이라면 남녀가 3년에 한 번씩만 섹스를 제대로 해도 될 것이다. 임신을 하고 아이를 낳은 후, 아이가 자연조건에 따라 젖을 뗄 때까지 보통 3년이 걸리기 때문이다.

만일 석기시대에 사정이 이랬다면 섹스는 번식 수단으로서의 기능을 충족했을 것이다. 전체적으로 번식 능력이 시작되어 없어질 때까지(초경에서 폐경까지)를 30년으로 잡으면 열 차례의 출산이 가능하다. 낳는 아이마다 생후 1년 이상 살아남는 것은 아니기 때문에 몇 차례 더 출산할 수도 있을 것이다. 하지만 인류의 실제 생활은 양상이 다르다. 첫째, 옛날이나 지금이나 인류 사회에서는 섹스를 오직 번식 수단으로만 생각하지 않는다는 점이다. 둘째, 성적 능력의 한계로 다양한 어려움이 발생하고 또 성생활을 (공식적으로는) 포기한 사람도 있다. 셋째, 사람은 어느 때나 섹스할 준비가 되어 있다. 그런데 도대체 무엇 때문에 새로운 삶을 안겨주는(안겨준다고 하는) 성생활이 금기시되고, 성행위는 '공공의 분노'를 유발하며 '미풍양속'을 해친다고 여기게 된 것일까?

섹스에 대한 인류의 태도를 본다면 인류와 가장 가까운 유인원 및 원숭이는 비웃을지도 모른다. 원숭이는 섹스를 할 때 전혀 구속받지 않는다. 동물원의 바바리에이프원숭이의 섹스는 관중의 호기심을 독차지한다. 이와 달리 인류는 자신들의 섹스는 감추면서, 서로에게 야만적인 폭력을 행사하는 장면은 날마다 생생하게 언론에 보도하고 있지 않은가.

형식 논리로만 본다면 섹스의 고리도 풀 수 있다. 섹스는 번식과 관계된 것이기는 하지만, 인류는 번식을 위해서만 섹스를 하는 것이 아니기 때문이다. 섹스는 단순한 번식 수단보다 훨씬 큰 요인과 관련이 있다.

'번식'이라는 용어 선택도 식물학에서 쓰는 '자손'이라는 말처럼 어딘지 우스꽝스럽다. '섹스'라는 말은 순서대로 계율을 열거한 십계명의 '6(독일어로 6을 뜻하는 Sechs은 섹스와 발음이 비슷하다-옮긴이)'이라는 수를 떠올리게 한다(6번째 계명은 '살인하지 말라'이다-옮긴이). 인류는 삶의 아름다운 측면을 얼마나 힘들게 받아들이는 것인가. 우리는 섹스를 금기시하고 성적으로 억압하는 것을 문화라고 부르며, 살인을 비롯해 폭력과 범죄의 온갖 형태를 문화에 포함시키고 있다. 폭력의 다양한 형태는 필요 이상으로 자세히 묘사하면서, 섹스를 이렇게 드러내면 미풍양속을 해치는 포르노그래피라고 부른다. 이것이야말로 지극히 의심스러운 풍속이 아닌가.

보노보에게서 배울 것들

이에 비해 사랑은 지나치게 관대하게 취급한다. 대개 낭만으로 꾸미고 온갖 기대로 치장하고 포장하지만 환멸로 드러나는 경우가 더 많다. 뜨거운 사랑이 싸늘한 증오로 변하는 경우가 얼마나 많은가. 사랑과 증오 사이를 오가며 작용하는 것은 질투심이다.

인류가 소집단을 이루며 수렵 및 채취생활로 지극히 방종한 삶을 살던 먼 과거를 돌이켜보자. 초기에는 어떠했을지 우리로서는 잘 알지 못하지만 인류와 가까운 침팬지나 보노보(피그미침팬지)를 관찰하면 상상이 가능하다.

이들은 성생활을 감추지 않는다. 특히 보노보는 행위할 때 사람이 구경을 해도 전혀 꺼리지 않는다. 또 동성애와 아동섹스도 한다. 보노보의 섹스는 사람처럼 번식과 큰 관계가 없다. 대개 쾌락을 중시할 뿐이다. 또 암컷이 지배하는 보노보 사회의 평화를 중요시하며 만족할 정도로 섹스를 즐긴다. 1970년대 '전쟁이 아니라 사랑을 하자'는 히피 구호는 어쩌면 보노보를 보고 착안한 것인지도 모른다. 보노보에게 섹스는 (내면의) 평화를 정착시키는 수단이다. 또 섹스는 보노보 사이에 그리고 암수 사이에 결속을 강화한다.

침팬지는 보노보와 뚜렷한 차이를 보인다. 침팬지 사회는 수컷이 지배한다. 때로 수컷은 서열을 놓고 격렬한 다툼을 벌이기도 하며, 암컷과 새끼는 심각한 침해가 발생할 경우 서로 신뢰할 때에만 지도자인 수컷에게 보호를 요청한다. 교미는 종종 우월한 지위의 상징으로 이용된다. 본래 번식 수단으로서의 교미는 집단과 떨어진 은밀한 곳에서 이루어진다. 암컷 침팬지는 발정기가 된 것을 숨기지 않는다. 암컷의 엉덩이 부위가 눈에 띄게 부풀어오르면 배란이 임박했다는 표시이다. 그러면 수컷은 암컷이 자신 외에 누구와도 교미를 하지 못하도록 온갖 방법으로 의사를 표시한다.

이들 침팬지와 인류는 유전형질에서 1퍼센트 남짓의 차이밖에 없다. 침팬지는 혈통상 인류와 가장 가깝다. 동시에 차이 역시 크기 때문에 흔히 우리는 인류의 자화상을 침팬지 그림으로 풍자하기도 한다. 침팬지의 생활을 관찰하며 받은 인상은 오락거리와 혐오감 사이에서 정서가 오락가락하긴 하지만 어쨌든 인류와 공통점이 있다는 것이다. 침팬지의 섹스는 개나 고양이, 소 같은 가축과는 다르며 사람과도 다르다. 사람은 문화 때문에 변한 것인가? 아니면 틀을 갖추고 지속적으로 발전한 것인가? 그렇다면 그 까닭은 무엇인가?

사람은 태어날 때부터 '마마보이'인가

여기서 문제의 핵심으로 들어가 사랑이 등장한 배경을 살펴보자. 어머니는 아이를 낳을 때 극도의 고통을 겪는다. 이 고통에 대해 어머니는 사랑의 감정이 수반된 물질, 즉 '행복 호르몬(Glückshormon, 정서가 안정되어 있을 때나 창조적인 활동을 할 때에 뇌에서 분비되는 호르몬-옮긴이)'으로 보상을 받는다. 특히 중요한 것은 자궁수축 호르몬인 옥시토신이다. 이 호르몬 덕분에 출산시의 극심한 고통은 완화된다. 행복 호르몬은 보상이며 모유 생성을 촉진함으로써 어머니와 아이의 결속을 강화한다.

사람의 아기는 다른 동물의 새끼보다 어머니의 보호를 더 필요로 한다. 아기는 불완전한 몸으로 태어나며, 사람의 아기가 침팬지 새끼가 어미의 자궁에서 나올 때와 같은 수준을 갖추려면 대략 1년이라는 시간이 걸린다. 직립보행뿐 아니라 유아기와 청소년기 내내 사람의 성장 기간은 오래 걸린다. 성인이 될 때까지의 기간을 유인원과 비교하면 사람이 두 배 이상 더 걸린다. 몸집이 훨씬 더 크고 무거운 말馬은 사람이 성인 여자나 남자가 될 때쯤이면 이미 전성기가 한참 지났을 때이며, 암말은 대부분 망아지를 낳은 이후가 된다. 우리는 흔히 사람이 완전히 성인이 된 나이를 18~21세로 잡는다. 그런데 이때가 되면 대부분의 포유류는 생존이 끝날 때이다. 이런 점에서 사람은 늦깎이이다. 사람은 이후로도 '마마보이' 생활을 한다. 이 기간에 국

가는 교육의 의무를 부과해서 성장기가 게으름과 무관하다는 증명을
해준다.

이쯤에서 설명을 그만두고 핵심을 말한다면, 아이가 어머니에게 그
오랜 시간 의존하고 보호받도록 할 목적으로 성생활에 근본적인 변
화가 있었던 게 분명하다는 것이다. 옛날에는 앞에서 말한 대로 3년
주기로 여러 명의 아이를 낳았다. 이런 상황은 모성보호 기간이 적어
도 20년에서 때로는 30년 이상까지 되도록 요구한다. 현실적으로 30
대 말에서 40대 초까지 마지막 임신을 하여 양육을 마무리하는 것
을 감안하면 추가로 약 15년의 시간이 걸린다. 사람에게는 보통 35년
에서 40년의 모성보호 기간이 정상이다.

사랑은 강한 결속력을 제공해

옛날이나 지금이나 어머니와 아이들에게는 후원자가 필요하다. 숲
속에서 풀과 열매로 새끼를 키우는 침팬지처럼 어머니가 아이들을
돌볼 수는 없기 때문이다.

여기서 인류의 두 번째 특성을 지적해보면, 사람의 식량조건이 유
난히 까다롭다는 점이다. 사람의 식량은 영양분이 풍부해야 하며 무
엇보다 침팬지에 비해 단백질이 많아야 한다. 사람은 침팬지보다 더
많은 에너지를 요구한다. 유난히 커다란 사람의 뇌가 신체 에너지대
사의 20퍼센트 이상을 소비하기 때문이다. 신체질량의 비율로 보면
10배 이상을 요구하는 셈이다.

어머니와 아이들의 보호자로서 사람의 아버지는 침팬지나 보노보
의 사회구조와 커다란 차이를 보인다. 침팬지와 보노보의 사회는 사
람의 사회와는 다른 새로운 요인이 들어 있다. 수컷은 더 강한 체력
과 두드러진 지배권(침팬지)을 지니기도 하고, 섹스에서 쾌락을 강조하
기도 한다(보노보).

일시적인 현상에 지속적인 의미를 부여하는 것이 사랑이다. 사랑은 일시적인 쾌락보다 훨씬 더 강한 결속력을 제공한다. 사랑으로 인해 우리는 단순히 쾌락을 주고받는 섹스 파트너로서가 아니라 전체로서 파트너를 받아들인다. 사랑은 성적인 것을 넘어서는 관계를 맺어주지만 성적 매력이나 쾌락과도 밀접한 관련이 있다. 사랑은 번식과는 전혀 무관하며, 여성의 배란은 외부적으로 드러나지도 않고 생리 직후에 시작되지도 않는다.

남자는 아버지로서 원칙상 어머니만큼이나 아이를 오랫동안 돌보아야 한다. 어머니는 임신과 모유 수유로 아버지보다 더 힘든 일을 하지만 아버지 없이는 제대로 할 수가 없다. 아이 때문에 더 강하게 결속할수록 질투심도 커진다. 이렇게 볼 때 질투는 사랑의 핵심이다. 그리고 질투가 강할수록 사랑이 깨질 때 파트너에 대한 증오도 그만큼 더 커진다. 사람은 지나치게 공동생활에 묶여 있으며 시간을 되돌릴 수도 없어서 잃는 것도 많다.

사랑은 인류의 진화 과정에서 발생한 것

사랑은 인류의 진화 과정에서 발생한 것이다. 사랑은 파트너간의 결합이며, 오르가슴이나 출산의 고통을 극복한 것과 아주 비슷한 행복감으로 보상을 받는다. 여성의 오르가슴이 왜 중요한 역할을 하는지는 분명하다. 여성에게는 보상으로서의 결속이 필요하기 때문이다. 또한 사랑은 이미 결속이 굳어진 상황에서도 '외도'라고 불리는 단기간의 성행위로 보상받기도 한다. 번식행위에서 전부 아니면 전무 식의 행복 게임처럼 하나의 파트너에게 고정되지 않을 가능성은 남녀 모두에게 열려 있다.

인류는 사회가 어떤 경제적, 문화적 혹은 종교적 상황에 처해 있는가에 따라 늘 새로운 형식을 모색해왔다. 서구사회에서 부부관계나 파트너 관계가 길게 가지 못할 경우 아이들의 수는 급격히 감소한다. 1~2명의 자녀를 두려면 적어도 15~20년 동안은 관계가 지속되어야 한다. 이제는 섹스에 대해 공공사회가 억압할 게 아니라 '사랑의 잠자리'를 장려하는 흐름으로 바뀌어야 한다. 그렇게 할 때 파트너 간의 관계는 오래 지속될 것이다. 하지만 지금까지의 전제에서 볼 때 앞으로도 섹스와 미풍양속과의 싸움은 계속될 것이며, 사랑도 계속 찬양될 것이고 애국심 때문에 목숨을 바치는 현상도 여전히 이어질 것이 분명하다.

인류의 진화는 끝났는가?

근육질의 유목민과 O다리를 가진 사색가

사람의 모습은 불과 수천 년 사이에 마르고 날씬하고 이상적인 신체 비율을 지닌 유목민에서 배가 튀어나오고 엉덩이에 두툼하게 살이 붙은 채 힘겹게 활동하는 체형으로 변했다. 인류가 앉아서 생활하면서부터 많은 것이 변했고 스스로 움직이는 대신 교통수단에 의지해 이동한 이후로는 더 많은 것이 변했다. 하지만 이제 생존의 필요조건은 야생에서 버티는 것이 아니라 건물 안에서의 일상적인 경쟁에 달려 있으므로 이에 적응해야 한다.

인류로 진화한 역사는 무척 오래되었다. 두 발로 직립 보행을 한 지는 약 500만 년이 되었으며 털 없이 맨몸으로 생활한 것은 200만 년이 되었다. 사랑은 적어도 석기시대부터 있었다. 이에 비해 앉아서 생활한 역사는 매우 짧다. 물론 이것도 가까운 과거의 일은 아니고 약 1만 년의 역사를 이루고 있지만 말이다. 그러면 현대에 와서 진화는 끝난 것인가? 아니면 의학의 개입과 '살 만한 가치가 있는 삶'에 관한 새로운 윤리를 바탕으로 진화는 다른 방향으로 목표를 수정한 것일까? 이른바 우생학(후에는 안락사까지)이 분명한 목표를 드러낸 19세기 이래 인류의 질적 특성을 개선하려는 노력은 계속 이어지고 있다. 여기서 다시 '인류는 진화를 스스로 떠맡았는가?' 하는 새로운 형태의 의문이 제기된다.

먼저 밝히고 넘어갈 사실 하나는 진화가 인류 몸 '속'에서는 매우 빨리 진행되지만 인류와 '함께' 진행될 때는 매우 느리게 진행된다는 점이다. 매우 빠르다는 말은 사람의 건강을 해치는 미생물이 그것을 방지할 목적으로 만드는 의약품보다 빨리 진화한다는 것이고, 인류의 몸속에서 진행되는 면역체계는 늘 그런 것은 아니지만 대개 미생물의 진화보다 더 빠르다는 뜻이다. 유전적으로 극단적인 차이를 보이는 사람의 체질 덕분에 면역체계는 신종 미생물에도 효과를 발휘하는 방어물질을 만들어내고, 때로는 전혀 존재하지도 않는 미생물의 침투를 막을 준비를 한다. 당연히 면역체계는 체내에서 일어나는 모든 일을 알지 못하기 때문에 할 필요가 없는 일에도 능력을 갖추는 것이다. 면역체계는 여러 가지 경우가 결합해서 발생할 가능성에 대비해서 다양한 물질을 생산한다. 현재의 방어 수단을 넘어서는 미생물이 침투했을 때도 언제나 적절하게 공격을 한다는 말이다.

진화는 인류의 몸속에서는 빠르게, 몸 밖에서는 느리게 진행돼

사람의 몸속에서는 끊임없이 소규모 전쟁이 일어난다고 할 수 있다. 다만 거의 언제나 면역체계가 승리하기 때문에 우리 자신은 의식하지 못할 뿐이다. 여기서 이기지 못하면 우리는 병이 든다. 항생물질이 빨리 효과를 상실하는 까닭은 무엇보다 면역체계에 따른 명령과 무관하게 '때 이른 배려로' 투여되기 때문이다. 이런 방식의 사전 대비는 면역체계의 나태를 유발하고 경우에 따라서는 목숨을 앗아가기도 한다. 증식 속도가 가장 빠른 바이러스는 전염 속도 역시 가장 빠르다. 대처가 가장 어려운 때는 지속적으로 위장을 하는 말라리아 원충이 침투했을 때이다. 평범한 상처가 생겼을 때 병원균은 국부적인 염증과 같은 정상적인 증상을 보인다. 이 염증으로 인해 염증 부위에는 열이 난다. 상처 부위가 붉어지는 이유는 면역체계의 방어력이 대책을 마련할 때까지 혈액공급이 늘어나기 때문이다. 이 싸움의 결과로 고름이 형성된다. 이후에는 다시 모든 것이 정상으로 돌아간다. 면역체계의 반응을 보면 미생물이 얼마나 빠르게 변화하는지 확인할 수 있다. 면역체계는 동시에 현재 상태에서 미래를 대비한다. 일시적인 '평화'는 믿을 것이 못 되기 때문이다.

성공적인 병원균이 일으키는 유전적인 변화는 더디게 진행된다. 페스트가 창궐한 이후 중서부 유럽에서는 혈액형이 A형인 사람이 다른 혈액형을 지닌 사람보다 많이 살아남았다. 반대로 황열 같은 열병의 경우 O형인 사람은 잘 버티는데 A형인 사람은 목숨을 많이 잃었다.

북아메리카 인디언과 남아메리카 인디오의 혈액형이 대개 O형인 이유는 이들이 O형이 많은 동북아시아 혈통이기 때문이다. 16~17세기, 스페인인과 포르투갈인이 홍역, 독감, 백일해, 천연두 같은 질병을 끌어들였을 때 혈액형이 O형인 사람은 유난히 곤욕을 치렀다. 이들은 이 질병의 병원균에 대한 대비책이 거의 없었기 때문이다. 이후 몇 세대 지나지 않아 O형과 결합하는 혈액형의 빈도는 변했다. 이것도 진화에 속한다.

진화는 미생물처럼 월간이나 연간 단위로 진행되는 것이 아니라 수십 년에서 수백 년까지 걸린다. 이를 보여주는 가장 유명한 예로는 적혈구가 반달 모양으로 일그러진 예를 들 수 있다. 반달 모양의 적혈구는 혈액에 산소를 공급하는 기능은 떨어지지만 말라리아 원충의 공격은 거의 받지 않는다. 겸상 적혈구 빈혈(Sichelzellen-Anämie, 대부분 아프리카계의 사람들에게서 나타나는 유전적 악성빈혈-옮긴이)이라고 불리는 이 병에 걸린 사람은 정상적인 적혈구를 가진 사람에 비해 체력과 지구력이 현저하게 떨어지지만, 말라리아의 공격으로부터 해를 당하지 않고 살아남는다. 서아프리카나 페르시아만의 해안지대처럼 말라리아가 기승을 부리는 지역에서는 적혈구가 기형적으로 변한 사람이 많다. 이 병에 걸린 부모 밑에서 태어난 아이는 심한 빈혈로 일찍 죽는다. 살아남는 경우는 오직 한쪽 부모에게서 정상적인 적혈구를 물려받았을 때뿐이다. 이런 식으로 미생물은 인류와 인류의 미래에 영향을 끼쳤고 지금도 영향을 미치고 있다. 혹시 미래의 진화는 모든 병원균을 말살하는 것이 아닐까?

빠른 진화가 인체 내에서만 이루어지는 것은 아니다. 만일 우리 몸에 해로운 미생물을 모두 제거한다면 면역체계의 방어 기능이 끝나버리는 또 다른 변화가 생길 것이다. 그러면 새로운 유전질의 결합으로 인해, 단순한 전염병으로도 희생자가 생기던 이전의 현상이 재발할지 모른다. 병원에 가서 거의 손댈 수 없을 만큼 내성이 강한 병원균이 있다는 것을 알게 되면, 사람이 해로운 미생물을 제거한다는 것이 얼마나 어려운 일인지 깨닫게 된다.

일상적인 경쟁에 맞춰 인류의 진화 형태가 달라져

사람의 모습은 불과 수천 년 사이에 마르고 날씬하고 이상적인 신체 비율을 지닌 유목민에서 배가 튀어나오고 엉덩이에 두툼하게 살이 붙은 채 힘겹게 활동하는 체형으로 변했다. 이상적 체형에서 척추가 굽거나 O다리(내반슬), 짧은 다리 등 다양하게 변형되었다. 인류가 앉아서 생활하면서부터 많은 것이 변했고 스스로 움직이는 대신 교통수단에 의지해 이동한 이후로는 더 많은 것이 변했다. 하지만 이제 생존의 필요조건은 더 이상 야생에서 버티는 것이 아니라 건물 안에서의 일상적인 경쟁에 달려 있다.

이런 경쟁을 규정하는 데 필요한 기관은 이제 근육이 아니라 컴퓨터의 기술적인 지능과 굳게 결합하는 뇌이다. 스티븐 호킹처럼 육체적으로 가혹한 운명에 처한 사람은 수렵과 채취 같은 생존 방식에는 쓸모없지만 환경이 바뀐 지금은 정신적으로 매우 중요한 위치에서 활동한다. 환경이 바뀌면 질적 기준도 바뀐다. 빙하시대에는 근육질의 남자가 탄탄한 몸을 뽐내면 대우받았지만 현대 인류세계에서는 잘 발달된 근육은 별 의미가 없다.

그러면 진화는 뇌를 위해 신체를 퇴화하는 방향으로 진행하는가? 이 문제는 수천 년 이후 우리 후손들이 알게 될 것이다. 다만 2000년 전만 해도 서구에서 교양과 학식을 갖춘 사람들은 '건강한 육체에서 건강한(쓸모 있는) 정신이 나온다'는 데 의견을 같이했다는 것만 말하겠다. 인류의 미래를 묻는 질문에 대해 우리가 눈여겨보아야 할 것은 다음의 관점이다.

인류는 유전적으로 나태한 대집단이 될 것인가?

첫째는 인류의 수가 엄청나게 늘어난 사실과 관계있다. 60~70억에서 앞으로 20~30년 동안 그 수가 더 늘어날 인류는 유전적으로 나태한 대집단이 되어 외부적인 충격에 효과적으로 대처할 능력이 없으리라는 것이다. 거대한 집단이 유리하든 불리하든 단순히 변화 자체를 그대로 집어삼킨다는 말이다.

둘째는 하나의 가능성이기도 하지만, 인류 집단이 '자유로운 혼합'을 준비할 때 변화에 대한 대응력이 가능하다는 것이다. 하지만 아직은 전망이 보이지 않는다. 몇 세대 동안 인종의 용광로 구실을 해온 두 국가, 미국과 브라질은 자유로운 인종 혼합의 단계에 이른 적이 한 번도 없었다. 미국보다 브라질이 앞서기는 하지만 두 나라 모두 인종과 민족 간 혼혈인이 주민의 다수를 차지한 적은 없다. 지금도 사람들은 가능하면 밝은 피부색을 사회적으로 우월한 것으로 여긴다. 어두운 피부색은 다른 경쟁력으로 열세를 만회하는 수밖에 없다.

더욱이 종교적으로 다른 배경을 지닌 사람들은 겉으로는 별 차이가 없는데도 긴장과 갈등을 해소할 수 있는 더 나은 자유로운 혼합의 길을 마다하고 게토처럼 따로따로 떨어진 채 격리된 생활을 하는 경우가 더 많다. 오히려 이런 환경에서 진화적인 변화가 쉽게 일어날 수 있다. 고대 로마인은 만족蠻族이 침략해서 로마제국을 차지한 이후 거의 사라졌다. 그리스인도 마찬가지이다. 현대 그리스인과 그들이 긍지를 갖는 고대 그리스의 찬란한 역사 속에 등장하는 순수 그리스인은 모습이 다르다.

생물학자들이 알고 있고 또 수천 년 전부터 동물을 사육하는 사람들이 이용하던 지식은 사람에게도 적용된다. 격리된 환경에서 번식한 집단은 매우 빠르게 변할 수 있다는 것이다. 그렇다고 모두가 아름다운 늑대에서 나왔다는 신화를 말하고 싶은 것은 아니다. 이런 말은 믿을 것이 못 된다. 종교적으로 폐쇄된 집단이 다른 개방적인 사회보다 그 수가 급격하게 늘어날 때, 거기서 완전히 독자적인 유전적 혈통이 형성될 가능성이 있다. 수가 충분히 늘어났을 때의 경우이지만 말이다. 그렇지 않다면 고립된 환경에서 살아야 할 것이다. 지나치게 배타적인 환경은 우리에게 전혀 도움이 되지 못한다.

말라리아는 기후 변화에도 확산될 것인가?

모기와 번식을 못하는 물고기

거주지나 침실 주변에 디디티를 살포하면 말라리아모기를 박멸하는 데 뛰어난 효과가 있었다. 그러나 디디티의 독성이 먹이사슬에 영향을 주고 조류와 어류의 번식에도 심각한 해를 주는 부작용이 있는 것은 물론, 모유에서까지 검출되자 전면적으로 디디티 사용이 금지되었다. 현재까지 디디티를 대체할 만큼 효과가 뛰어난 구충제는 나오지 않고 있다. 덕분에 말라리아모기는 폭넓게 퍼지고 있다.

말라리아가 지구온난화를 계기로 다시 확산되고 있다. 우리가 경계할 것은 무엇인가? 앞으로는 말라리아 예방접종만 하면 여름에 외출할 수 있는가? 아니면 물가 주변에 독가스라도 뿌려서 모기를 박멸해야 하는가?

이런 진단은 지나치게 과장된 것일 뿐 아니라 기후 변화라는 측면에서 볼 때도 순진하고 잘못된 것이다. 독일에는 대략 100년 전까지만 해도 말라리아가 있었다. 마지막으로 발생한 것은 20세기 초 오버라인 지방에서였다. 19세기만 해도 바이에른에서는 당시 프랑켄으로 불린 지역의 늪지대에서 말라리아에 걸린 사람들이 죽어 갔다. 북서부 독일과 네덜란드에서도 말라리아가 확산된 적이 있다. 소빙기(小氷

期, 일반적으로 역사시대에 산악빙하가 신장한 시기를 말하며 16세기 말에 시작되어 1560년, 1750년, 1850년쯤 빙하가 최대가 되었다. 이 시기의 기온저하는 세계 각지의 기록에 나타나 있다-옮긴이)의 수백 년간에도 말라리아는 있었다. 말라리아는 흔히 네덜란드-북독일 접경의 소택지나 오버라인 지역의 강변, 육지로 변한 다양한 지방의 습지에서 발생한다. 이곳에는 말라리아 원충을 옮기는 모기가 대량으로 서식한다. 습지의 물을 빼면 개체 수는 줄어들지만 사라지지는 않는다.

말라리아모기는 극지에서까지 활동해

말라리아모기도 모기의 일종이다. 하지만 밤이면 우리 주변에서 윙윙거리며 신경을 건드리는 보통 모기가 아니라 피를 빨아먹을 때 비스듬히 앉는 자세로 식별할 수 있는 독특한 종이다. 흡혈관과 가슴, 몸통 뒷부분 위로 점이 박힌 날개를 접을 때는 직선을 이룬다. 보통 모기는 가슴 부위를 꺾고 흡혈관을 거의 수직으로 피부에 꽂지만 말라리아모기는 비스듬히 꽂는다.

말라리아모기는 학명으로 아노펠레스 마쿨리페니스Anopheles Maculipennis라고 하는데 '점박이날개의 해충'이라는 뜻이다. 이 이름은 오늘날까지도 국제적으로 통용되는 동식물의 학명을 정한 스웨덴의 과학자 카를 폰 린네Carl von Linné가 붙인 것이다. 린네는 1758년 보통 모기와 다른 모기들을 이름으로 구분했다. 린네 자신도 1738년 네덜란드에 체류할 때 말라리아에 걸린 적이 있다. 당시 말라리아는 새로운 병이 아니었다.

이후 도시 주변의 소택지에서 계속 배수 작업을 하면서 소택열(沼澤熱, 연못, 습지의 모기로부터 생긴 열병) 환자가 줄었는데, 예부터 소택열은 '나쁜 공기(이탈리아어로 '말-아리아mal-aria')'가 원인인 것으로 생각했다. 1818년, 라인 지방의 곤충학자 요한 빌헬름 마이겐은 다른 학질모기의 학명을 정하기도 했다. 20세기 초에 들어서면서 효과가 뛰어난 말라리아 치료제가 개발되었으며, 감염된 환자는 격리 수용함으로써 말라리아 원충을 지닌 모기가 병을 피로 전염시키지 못하도록 했다. 그러자 알프스 북쪽을 시작으로 말라리아가 박멸되었고, 제2차 세계대전 이후에는 남부 유럽과 중동지역에 이르기까지 말라리아가 사라졌다.

그래도 모든 습지가 건조해진 것은 아니기 때문에 말라리아모기 자체는 없어지지 않았다. 거대한 지역의 모든 습지를 건지로 바꾼다면 수자원을 관리하는 차원에서 민감한 문제가 발생할 것이다. 말라리아모기의 활동지역은 극지까지 확대되는데 무엇보다 북유럽과 시베리아에서 두드러진다. 지구온난화가 어떤 형태로 진행되든 그것은 본질적인 문제가 아니다. 인류의 장거리 여행이 문제이다. 그 여파로 말라리아의 안전지역이던 곳에 계속 말라리아가 몰려들고 있다.

해마다 독일에는 약 900명의 말라리아 환자가 발생해 10명 가까이 사망하는 것으로 보고되고 있다. 가장 많은 환자가 발생하는 곳은 아프리카이다. 아프리카와 그 밖의 열대 및 아열대 지방에서 말라리아는 전체적으로 전혀 다른 두 가지 원인으로 감염이 부쩍 늘어났다.

첫 번째 원인은 디디티(DDT, Dichlorodiphenyltrichloroethan)의 사용금지 때문이다. 디디티는 20세기 중엽 광범위한 지역에서 말라리아를 퇴치하는 데 쓰였다. 거주지나 침실 주변에 디디티를 살포하면 박멸효과가 뛰어나다. 그러나 디디티의 독성이 먹이사슬에 영향을 주고 조류와 어류의 번식에도 심각한 해를 주는 부작용이 있는 것은 물론, 모유에서까지 검출되자 전면적으로 사용이 금지되었다. 그러나 현재까지 디디티를 대체할 만큼 효과가 뛰어난 구충제가 없기 때문에 말라리아모기는 다시 폭넓게 퍼지고 있다. 말라리아모기를 효과적으로 퇴치할 수단이 없는 탓에 해마다 수백 만 명이 말라리아에 걸려 목숨을 잃고 있다. 환경오염을 줄이는 대가로 환자와 사망자 급증이라는 결과를 맞게 된 것이다.

두 번째 원인은 말라리아 원충이 퀴닌을 원료로 한 효과적인 치료제에 오랫동안 면역이 되었다는 사실이다. 그때마다 새로운 치료제를 개발해야 하지만 말라리아 원충인 플라스모디엄Plasmodium은 개발속도에 맞춰 계속해서 면역력을 키웠다.

특히 문제가 되는 것은 이른바 '트로피카Tropica'라고 불리는, 사람에게 특히 위험한 말라리아 원충의 퇴치가 가장 어렵다는 점이다. 이밖에 '테르티아나Tertiana'와 '콰르타나Quartana'라고 불리는 다른 두 원충은 열대 밖에서도 발견되는데 반응속도가 느리고 치료도 더 쉽다. 두 원충의 이름은 오한 증세가 3일째 되는 날, 즉 48시간 이후(Tertiana)와 4일째 되는 날, 즉 72시간 이후(Quartana)에 나타난다고 해서 붙여진 것이다. 이 기간 안에 말라리아는 치료된다.

'트로피카'는 발열증상이 훨씬 더 심하고 증상도 불규칙하다. 최초의 발열증상이 2~3주 후에나 나타나기 때문에 말라리아에 감염된 것이 늦게 파악되고 극심한 오한을 동반하기도 한다. 사람은 본래 일종의 중간숙주라고 할 수 있다. 말라리아 원충은 말라리아모기의 체내에서 증식하기 때문이다. 사람의 얇은 피부는 피를 뿌리는 곤충에게 매력적으로 보이기 때문에 모기에게는 이보다 더 좋은 것이 없다.

{ **2장**
생명의 유희에 관하여 }

인류와 동물 사이의
잡종은 존재할 수 있을까?

미노타우로스와 늑대인간

인류와 동물은 교접으로 번식하기에는 생물학적인 차이가 너무 크다.
인류와 가장 가까운 종인 유인원은 인류와 유전적인 차이가 1퍼센트
남짓밖에 안 되는 상황이니, 침팬지 암컷과 인류 남자 사이의 잡종이
어느 정도는 가능하지 않겠느냐는 질문을 할 수도 있을 것이다.
그러나 인류와 침팬지는 본질적으로 다르고 야생마와 야생
당나귀만큼의 공통점도 없기 때문에 이는 불가능하다.

고대세계뿐 아니라 근대 초기까지만 해도 사람과 동물
의 종간 잡종이 존재한다고 믿는 사람이 많았다. 사람과 소 또는 사
람과 늑대 사이의 '진정한' 교배에서 나온 종을 말하는 것이다. 동물
과 인류 사이의 잡종은 가능할까? 가능하지 않다면 어떻게 사람들은
이런 이야기를 실제로 믿었을까?

이런 의문에 대해 일반적인 대답을 할 수 있는 예를 세 가지만 들
어보자. 첫째 예는 황소 인류인 미노타우로스(Minotauros, 그리스 신화
에 나오는 괴물로, 사람의 몸에 얼굴과 꼬리는 황소의 모습을 함-옮긴이)이고,
둘째는 인류의 모습으로 있다가 늑대로 변신하는 늑대인간(Werewolf,
유럽의 민간전승에서 낮에는 사람의 모습이지만 밤이면 늑대로 변해 동물이나

사람을 먹어치우는 괴물-옮긴이), 셋째는 유인원이 아니라 원인(猿人, 100~300만 년 이전에 생존한 가장 오래되고 원시적인 화석인류를 통틀어 이르는 말로, 두개골과 치아의 모습이 현생인류와 가까우며 직립보행을 하였다-옮긴이)이다.

신화 속에 존재하는 황소 인류 미노타우로스

미노타우로스는 그리스 최고의 신인 제우스가 황소로 변해 에우로페를 만나서 낳은 잡종이다. 그리스 신화에 따르면 제우스는 질투가 심한 아내 헤라의 견제를 받아가며 끊임없이 엽색행각을 벌였다. 그리스 신들이 성적으로 집착했다는 신화를 보면 이미 성생활과 번식행위를 분리하는 전통이 폭넓게 자리잡았다는 해석이 어느 정도 가능하다. 어쨌든 제우스는 꽃같이 예쁜 한 무리의 여인들이 지중해 동부 해안을 거니는 모습을 보고 정염에 불타올랐다. 이번에는 그리스 여자가 아니라 페니키아인, 즉 아시아 여인들이었다(당시의 관점에서 보자면). 그리스인이 아니라고 해서 여인의 아름다움이 달라지는 것은 아니었다. 제우스는 아시아 여인이기에 더욱 매력을 느꼈다.

제우스의 눈은 당연히 그중 가장 아름다운 여자를 겨냥했지만 그간의 경험으로 아내가 눈을 부릅뜨고 지켜보리라는 것을 알았다. 제우스는 마법으로 사나운 황소 무리를 만들고 스스로 가장 아름다운 흰색의 소로 둔갑한 다음, 젊은 여인들이 있는 곳으로 다가갔다.

여인들 중에서 가장 아름다운 에우로페는 늠름하고 잘생긴 흰색의 황소 등에 올라타고 바다를 건너 크레타 섬으로 갔다. 크레타 섬에서 에우로페는 황소로 변한 제우스의 아이들을 낳았는데 그중 하나인 미노스는 후에 크레타의 왕이 되었다. 이런 식으로 '오이로파(Europa, 독일어로 유럽의 발음인 오이로파는 '에우로페'에서 왔음-옮긴이)'에는 동방의 아름다움이라는 뜻이 담기게 되었지만, 하필 황소와 교접한 여자라는 신화 때문에 미풍양속에 어긋나는 이미지 또한 갖게 되었다.

얼마 후 제우스는 다시 본래 모습으로 돌아왔지만 그의 아들인 미노스는 곤란을 겪게 되었다. 다음 세대에 잡종으로 태어난 미노타우로스가 너무 사납게 구는데다 번번이 젊은 여자를 찾았기 때문에 미노스는 그가 더 이상 나쁜 짓을 못하도록 미로에 가두어야만 했다. 남자들이 표범이나 사자머리를 하고 이색적인 춤을 추는 아프리카의 의식을 본 사람이라면 미노타우로스의 전설이 자연스럽게 전승되었다는 것을 짐작할 것이다. 전반적으로 황소 숭배의식을 치르는 크레타 섬 같은 문화에서 황소가면은 미노타우로스의 형상을 본 뜬 것이다. '황소' 의식을 치르는 이후의 모든 전통도 마찬가지이다.

로마의 건국 신화에 나오는 암늑대는 창녀를 가리키는 말이다

둘째 예인 늑대인간을 살펴보자. 늑대인간에 관해서, 특히 암컷늑대 밑에서 자라 야성화한 아이들에 관해서는 서유럽에서 인도에 이르기까지 너무나 많은 보고가 있기 때문에 어쩌면 사실로 여길 수도 있을 것이다. 암컷늑대가 사람의 아기에게 젖을 먹이는 일은 가능하겠지만 이런 환경에서 아이가 정상적으로 자란다는 것은 믿기 어렵다. 늑대아이 이야기를 전하는 사람들도 이런 사실을 잘 알기 때문인지 대개는 이 아이들이 '네 발로 걸어다닌다'는 것을 강조한다. 여기에다 어린 나이에 이미 발이 길어지고 사람의 아이로서 신체 구조에 맞게 두 발로 일어나 걸으려는 욕구가 있다는 말도 덧붙인다.

이런 이야기를 자세히 다룰 필요는 없다. 어차피 늑대가 키운 아이라면 아무도 돌보는 이 없이 버려진 아이일 가능성이 높기 때문이다. 이런 보고는 극심한 기근을 몰고 온 소빙기 시대에 유럽과 북인도, 중국 등지에서 유난히 자주 등장한다. 『헨젤과 그레텔』 같은 동화도 이 시대와 관계가 있다. 로마의 건국자로 암늑대의 젖을 먹고 자랐다는 로물루스와 레무스, 두 아이의 설화도 역사가들은 전혀 다른 측면에서 평가한다. '루파(Lupa, 암늑대)'라는 라틴어는 초기 로마시대에 창녀를 가리키던 말이다. 로물루스와 레무스가 위대한 로마를 건국했다고 하려면 뭔가 걸맞는 이미지가 필요했을 것이다. 다시 말해 젖을 먹이는 암컷늑대라는 상징으로 두 아이에게 젖을 먹인 창녀의 이미지를 벗어나게 한 것이다. 이렇게 늑대아이 이야기는 늑대인간의 전 단계로 널리 퍼져 나갔다.

밤이면 '늑대처럼 사납게' 변해 다른 인류를 공격하는 존재는 다름 아닌 인간이었고 거의 예외 없이 남자였다. 늑대인간이 극단적인 분노를 일으킬 수 있는 것은 독초나 독버섯을 잘못 먹은 결과 생긴 환각이나 뇌손상 또는 광견병에서 나온 심각한 정신장애와 관련이 있을 텐데 이것이 소문의 배경일 수는 있다. 늑대인간이 실제 늑대와 관계있다면 이것은 유난히 늑대인간의 소문이 많이 등장한 소빙기 시대로 제한된다. 가장 있을 법한 이유는 광견병이었을 것으로 추측된다.

사회수준과 위생시설이 점차 개선됨에 따라 늑대인간은 사라졌다. 당시 늑대인간의 울음소리를 내던 것은 중부 유럽에 널리 퍼진 실제 늑대였음에 틀림없다. 어쨌든 늑대인간은 동물-인류의 잡종과는 아무 관련이 없다. 집에서 기르는 가축이 독초가 섞인 사료를 먹을 수밖에 없을 만큼 곤궁한 시기에는 기형적인 가축도 생겼을 것이다.

인류와 동물은 교접으로 번식하기에는 생물학적인 차이가 크다

머리가 없거나 두 개로 태어나기도 하고 앞발의 성장이 멈춘 채 팔처럼 보이기도 하고 또는 머리가 원형이었다면 중세 후기와 근대 초기의 지식수준에서 볼 때는 서로 다른 동물끼리 교배한 결과로밖에 볼 수 없었을 것이다. 결코 드물지 않았을 수간의 결과로 기형적인 가축이 태어난 것이라고 생각했을 수도 있다. 그러나 인류와 동물은 교접으로 번식하기에는 생물학적인 차이가 너무 크다.

인류와 가장 가까운 종인 유인원을 세 번째 예로 관찰하면 이야기가 달라질지도 모르겠다. 이 말은 인류와 유인원의 유전적인 차이가 1퍼센트 남짓밖에 안 되는 상황에서 침팬지 암컷과 인류 남자 사이의 잡종이 어느 정도는 가능한 것처럼 보인다는 말이다. 말과 당나귀(어미에 따라 이 반대의 경우도 가능), 매우 다양한 오리 종과 거위 종, 또 고양이과 동물 중에서 차이가 커 보이는 사자와 호랑이 사이의 잡종도 있지 않은가.

일반적으로 같은 속屬에 속한 다른 종 사이의 유전적인 차이는 침팬지와 사람 차이보다 더 크다. 어쨌든 통상적인 접근방식에 따른 동물의 자연스러운 분류에서 제3의 침팬지 또는 유인원은 사람속의 아종亞種으로 분류할 수도 있을 것이다. 하지만 이것은 생물학자로서 판단할 때 단지 형식논리적인 견해에 지나지 않는다. 우리 모두는 다양한 차이를 빚은 수많은 개체의 특성이 혼자서 만든 게 아니라는 것을 알기 때문이다. 인류와 침팬지는 본질적으로 다르고 야생마와 야생 당나귀만큼의 공통점도 없다.

침팬지는 오늘날 인류의 성공을 가능하게 한 영장류로 보호해야

완전히 가능성을 배제할 수는 없지만, 우리 시대에 원인이 출현할 가능성은 없다. 완전히 배제할 수 없다는 말은 과거에 원인이 존재했기 때문이다. 500~700만 년 전 아프리카에는 인류의 혈통이 살았고, 동시에 침팬지로 이어지는 종의 공동조상이 살았다. 이들은 기형적으로 태어난 것이 아니라 오늘날 인류의 성공을 가능하게 한 생존능력이 있는 영장류였다. 그리고 그들은 그때 이후로 인류Homo의 대표 종이 존재한 시간보다 더 오래 존재했다. 아스라이 먼 그 시대에서부터 인류와 침팬지는 갈라진 것이다. 인류는 독자적인 형태로 진화했고 또한 그 상태를 유지할 필요가 있었다. 이것은 침팬지 쪽에서도 마찬가지이다. 침팬지를 인류와 가까운 형태로 유지하게 하는 것은 윤리의 문제이다. 우리에게는 침팬지를 멸종시킬 권리가 없다. 생물학적으로 인류와 가까운 상태로 침팬지를 그대로 두는 것, 이것은 강력한 힘이 있는 특정 문화가 원시적인 토착민을 희생시킬 권리가 없는 것과 같은 문제이다.

진정한 힘은 상대를 깔보는 우월감에서가 나오는 게 아니라 약자를 현재 상태 그대로 유지하게 하는 데서 나온다. 이 모든 문제는 가능성과 기회의 차원과는 전혀 다른 것이다. 쌀과 옥수수에 유전적으로 새로운 특성을 부여해서 그것을 이용하는 인류에게 유익한 결과를 가져오게 하는 것은(소유권을 주장하는 기업에 뿐만 아니라) 인류와 동물의 잡종을 만드는 일과 비교할 때 윤리적으로 크게 중요하지 않다. 그러나 인류와 동물의 교류로 인해 발생하는 문제 해결에는 엄청난 윤리적 문제가 따를 것이다.

'유전자 기술 안전지대Genfreie Zone'라는 구호는 대량 가축사육에서 유전자 변형이 없는 자연환경을 자랑하는 표현이다. '유전자' 변형에 현재 본격적으로 '진입'하지는 않았지만 이미 우리도 알다시피 저가 육류가 나오고 있는 상황이다. 사람들은 대부분 사회에 퍼진 악을 보려고 하지 않는다. 이보다는 컴퓨터 게임이나 스릴러 영화처럼 가상 공간을 더 즐긴다. 옛날에는 이와 같은 가상 공간이 괴물이나 등골을 오싹하게 만드는 반인반수半人半獸의 이야기 형태로 등장했다. 이런 이야기가 특히 해로운 까닭은 공포 효과를 위해 좋은 측면은 보여주지 않기 때문이다.

모든 종은 본래
'유전적으로 변형된 것'인가?

노새와 꽃양배추

모든 고등생물은 전부터 독립적으로 있던 미생물의 유전적 결합으로
생겨난다. 체내에 고유한 특성을 지닌 미세한 박테리아가 있는
동물(인류도 마찬가지)은 몸 안으로 들어온 낯선 물질 덕분에
존재한다. 생물학자들은 세포 생성에 관여하는 이 낯선 물질을
미토콘드리아라고 부른다.

현재 농업 분야에서 벌어지는 일들은 위험하긴 하지만
야수 미노타우로스의 경우와는 전혀 다르다. 농업 기술은 지구의 자
연에 엄청난 변화를 불러일으키고 있다. 농업 기술의 여파로 열대우
림이 빠른 속도로 사라지고 있으며, 지나친 비료 사용으로 동식물에
심각한 결과를 안겨주고 있다. 화학비료와 방충제의 찌꺼기는 식수를
오염시키고 있다. 농업 기술은 온실가스의 주범이기도 하다. 사람을
괴롭히는 악성 전염병은 동물을 대량으로 사육하면서 발생한 것이다.
유전자 변형 식물을 둘러싼 논란은 산더미같이 쌓인 모든 현안을 잊
게 할 정도로 격렬하다.
　또 한쪽 영역, 이른바 녹색 유전공학 분야에서는 장점과 위험성을

대조해가며 좀 더 이성적으로 판단하려고 한다. 독일에서 논란이 되는 '유전자 변형 식물'이 문제라면 우리는 옥수수를 독일에서 금지해야 할 것이다. 옥수수는 자연 식물이 아니라 두 가지 종에서 추출한—그중 하나가 잘 알려진 테오신트(Teosinte, 키가 크고 억센 한해살이 풀로 멕시코가 원산지이다. 옥수수와 근연관계이며 옥수수처럼 수술의 수염이 촘촘하게 자란다-옮긴이)—것으로 서로 다른 유전자를 결합한 것이기 때문이다. 옥수수는 적어도 수백 년은 족히 지난 인공 생산물이다. 더구나 옥수수는 중앙아메리카에서 온 외래종이다.

이종 간의 잡종은 생식능력이 없어

이 문제는 밀을 비롯해 독일에서 재배하는 다른 곡물에도 마찬가지로 해당된다. 모든 곡물은 유전적으로 변형된 것이고—기술적으로뿐 아니라 재배의 목적으로도—독일의 토양에서 나온 것이 아니라 얼마 전까지만 해도 '악의 제국(미국의 전 대통령 로널드 레이건이 소련을 가리켜 지칭한 표현-옮긴이)'이라고 부르던 곳에서 온 것이다. 독일에는 본래 꽃양배추Blumenkohl처럼 유전적으로 변형된 것은 없었다. 그렇다면 다양한 종으로 개발한 애완견도 본래의 모양인 늑대 모습으로 되돌려야 할까? 젖이 너무 커서 제대로 걷지도 못하는 슈퍼젖소Turbokuh를 동물애호가가 본다면 다시 정상적인 우유를 생산하며 송아지를 키우는 모습으로 돌리는 것이 옳다고 생각할 것이다. 지나치게 많은 우유를 생산하기 위한 유전자는 젖소의 영역을 벗어난 것이기 때문이다.

품종을 개발하는 것은 종의 한계를 벗어나기 위해서이다. 고품질의 귤은 상당수가 이종異種 간의 교배에서 나오며, 사과 품종도 대부분 클론(영양생식에 따라 모체로부터 분리, 증식한 식물군-옮긴이) 제품이다. 험준한 산악지대에서 요긴하게 쓰이고 특히 스위스 군대에서 활용하는 노새는 수탕나귀와 암말 사이에서 나온 특성 때문에 생식 능력이 없다. 이것이 바로 '종의 한계를 벗어난' 데서 오는 현상이다. 노새뿐만 아니라 다른 조합 방식인 버새(수말과 암탕나귀에서 나온)에서 보듯 이종 간의 잡종이 생식 능력이 없다는 것은(예외가 없는 것은 아니지만 거의 언제나) 식물의 경우에도 해당한다. 독일 땅에서 자라는 식물은 유전자 조사를 해보면 대부분 순수한 품종이 아닌 것으로 드러난다. 이런 이유에서 식물학자들은 동물학자들보다 '종Art'이라는 개념을 사용할 때 더 신중하다. 동류同類, 동족同族이라는 말Sippe보다는 서로 자유롭게 유전자를 교환하는 '동일 식물군 소속'이라는 말을 더 선호한다.

생존의 원칙은 유전적인 다양성이다

이것은 전부가 아니라 눈에 띄는 것만 지적한 것이다. 사람의 유전 형질을 더 깊이 연구하면 본래는 포함되지 않던 유전자를 발견할 수 있다. 단순히 몸속으로 들어와 살게 된 바이러스와 세균의 유전자들이다. 대부분의 다른 대형 동물과 마찬가지로 사람도 이것을 단순히 물려받은 것이다.

유전적인 간섭을 떠벌이는 시대는 지났다. 세포와 게놈으로 들어가 유전자 변형 품종을 개발한 사람은 아주 이기적으로 소유권을 행사한다. 그리고 마치 '품종이 순수'하기 때문에 최고의 품질인 것처럼 이야기한다. 종 또는 품종의 순수성을 과장하는 이런 행태는 이미 오래전에 그 이데올로기의 가면을 벗겨서 내팽개쳤어야만 옳다. 순수혈통이라고 자랑하는 자들은 오히려 후손을 낳지 않는 것이 바람직하다. 낳아봤자 겉모습만을 강조할 것이기 때문이다.

생물학적으로 부인할 수 없는 엄연한 사실을 살펴보자. 첫째, 생존을 위해서는 유전적인 다양성이 중요하다. 이 한계를 벗어나는 때 이른 이탈은 공동의 뿌리, 공동의 성장 조건에 있는 종이나 족을 위협한다. 둘째, 더 깊이 들어가 보면 모든 고등생물은 전부터 독립적으로 있던 미생물의 유전적 결합에서 생겨난 것이다. 체내에 고유한 특성을 지닌 미세한 박테리아가 있는 동물(인류도 마찬가지)은 몸 안으로 들어온 낯선 물질 덕분에 존재한다. 생물학자들은 세포생성에 관여하는 이 낯선 물질을 미토콘드리아라고 부른다. 미토콘드리아는 세포의 미니 발전소에 해당한다. 이와는 다른 유형으로 청록의 색소를 지닌 공처럼 둥근 세균은 식물의 고유한 성장을 자극한다.

모든 고등생물은 미생물의 유전적 결합에서 생겨난 것이다

계속해서 자신이 유전적으로 순수한 혈통이라고 내세우는 사람은 인류가 99퍼센트는 거의 침팬지와 다를 바 없으며 또 유인원이라는 사실을 깨닫게 될 것이다. 유인원뿐 아니라 인류(영장류)는 쥐나 들쥐처럼 척추동물문門에 속하는 모든 포유류와 마찬가지로 계속해서 추적해 들어가면 전부터 많은 유전자를 달고 다니는 세균 단계로 '하락'한다. 우리 몸 안에 있는 이 박테리아 중 많은 것이 유전병을 일으키거나 암 같은 질환을 발생시킨다. 인류는 유전적인 잡동사니로 구성돼 있으며, 바로 그 때문에 생존을 이어갈 수 있는 것이다.

한 가지 더 지적하자면 무엇인가를 먹을 때 우리는 우리가 먹는 모든 음식과 더불어 유전자를 몸 안으로 받아들인다는 점이다. 이것은 예외 없이 모든 음식에 해당한다. 날 음식을 먹을 때는 특히 '살아 있는' 유전자 전체를 그대로 받아들인다. 우리들 중에 싱싱한 채소를 좋아하는 채식가는 파괴되지 않은 유전자를 먹어치우는 사람이라고 할 수 있다.

종은 얼마나 되고
멸종되는 것은 얼마나 되는가?

별의 수와 딱정벌레의 다리

해마다 800~1300만 헥타르의 열대림이 사라지고 있다. 풍부한 종이
서식하는 브라질에서만 150~300만 헥타르의 열대우림이 사라지는
상황에서 우리가 모르는 종이 엄청나게 멸종되고 있다.
과거에 생각한 것보다 멸종되는 종의 수가 엄청나게 증가한 것은
특히 열대우림에 고도로 특수한 종이 많기 때문이다.

이른바 생물의 종은 3분마다 하나씩 멸종되는가, 아니
면 하루에 1종이 사라지는가? 어쩌면 일 년에 한 종만 사라지는 것이
아닐까? 멸종된 것으로 알려진 생물이 다른 곳에서는 계속 살아 있
는 것이 최근 확인되고 있다. 그 이유는 몇 가지로 해석할 수 있다.

첫째, 멸종된 종을 분류하는 '적색 목록'에는 실제로 멸종된 것이
아니라 다만 해당 목록의 적용 범위에서만 사라진 종이 있다. 이런
종은 다른 지역에서는 여전히 존재하며 대개는 본래부터 주로 퍼져
있던 지역에 살고 있다. 예외가 있다면 국제자연보호연맹IUCN의 '세계
목록'이다. 세계 목록에도 멸종으로 분류된 종은 실제로(사라진 종이
다시 발견되는 예가 흔하기 때문에 아주 가능성이 높다는 의미) 더 이상 존

재하지 않는다. 그리고 여기서 멸종 위기에 처한 것으로 분류된 종은 사라질 위험성이 매우 높다. 또 위험한 상태이기는 하지만 아직 직접적인 위기에 처하지 않은 종이 훨씬 더 많다. 예를 들면 살아 있는 전체 조류의 10퍼센트에 해당하는 약 1000여 종의 조류가 그렇다.

유럽인의 침략과 함께 대대적으로 종이 사라져

둘째, 멸종된 종의 수를 헤아리는 역사는 100년 전으로 거슬러 올라간다. 세계 목록에서 위기에 처한 것으로 분류된 것 중에서 21세기 첫 10년 동안 멸종된 것은 거의 없다. 종을 보호하려는 노력이 대대적인 성공을 거두었기 때문이다.

역사적으로 알려진 멸종된 종들은 거의 유럽인이 세계를 정복하고 약탈한 16~19세기에 사라졌다. 북아메리카에 서식하던 나그네비둘기Wandertaube처럼 개체수가 수십만 마리에 달하는 종이 완전히 절멸되기도 했다. 이토록 어마어마한 멸종의 파도가 몰아칠 때에는 거대한 고래도 희생을 면하기 어려웠을 것이다. 이 시기에 멸종된 것으로 유명한 동물에는 인도양 모리셔스 섬에 살던 새로 도도Dodo라고도 불리는 드론테Dronte가 있고, 또 콰가Quagga라고 불리는 초원 얼룩말이 있다. 이밖에 과거에 멸종한 것으로는 마다가스카르의 코끼리새, 뉴질랜드의 공조恐鳥, 소의 원형으로 보이는 오록스Aurochs가 있다. 특히 아메리카에 유럽인이 정착한 이후 대형 동물의 멸종이 늘었다. 유럽인은 가책을 느껴야 한다.

셋째, 우리 시대에도 멸종의 온갖 개연성은 충분히 존재하며 그 범위는 어디까지 갈지 알 수 없다. 이런 흐름을 『제6의 멸종The Sixth Extinction』(리처드 리키, 로저 르윈의 공동저서로 현대인에 의한 대대적인 생물 멸종의 위기를 경고한 책-옮긴이)이라고 표현한다면 심한 과장일까? 이 책의 제목은 멸종에 대한 인류의 영향을 지구 역사에서 일어났던 다섯 차례의 대재앙에 견주거나 그 이상으로 강조하려는 의도에서 나온 것이다. 대재앙은 하늘을 먼지와 재로 검게 물들인 거대한 운석이 떨어지면서 벌어졌다. 빛을 받아야 할 식물이 죽고, 황산 및 다른 유독물질 때문에 바다 속의 미생물이 죽거나 심하게 변한 결과 대형 동물의 먹이자원 구조가 붕괴되었다. 이 같은 우주의 재앙으로 모든 종의 90퍼센트가 절멸했다. 가장 널리 알려진 재앙은 6500만 년 전에 일어났다. 이 영향으로 공룡과 많은 대형 동물이 희생되었다. 이것은 현대의 멸종과는 비교할 수 없을 만큼 엄청난 규모이다. 과학자들이나 환경운동가들이 진지하다면 어떻게 지금의 현상을 공룡의 멸종 같은 자연의 대재앙에 비교할 수 있단 말인가? 오늘날 말하는 멸종은 생존터전이 사라짐으로써 멸종하는 것이다. 대부분 알려지지 않은 수많은 작은 종이 해당된다.

생물학자들이 파악한 전체 종의 개수는 약 1000만~1억 종

18세기 이래 동물학자, 식물학자 그리고 이후에는 미생물학자까지 나서서 지구에 생존하는 종의 실태를 파악하려는 노력을 기울여왔다. 동물과 식물(광물까지)의 체계를 근본적으로 연구한 『자연의 분류 Systema Naturae』 제12판에서 스웨덴의 카를 폰 린네는 1768년 식물을 7700종, 동물을 6200종으로 분류한 목록을 제시했다.

린네는 이들 동식물 전부에 속명屬名과 종명種名을 붙였다. 유럽참새 Haussperling는 파서 도메스티쿠스Passer Domesticus, 유럽참새의 아종으로 흰 깃털의 얼굴에 검은 점이 박힌 참새Feldsperling는 파서 몬타누스 Passer Montanus라고 불렀다. 파서는 참새속이고 참새속에는 다른 종이 더 있다. 도메스티쿠스와 몬타누스는 유럽참새와 참새의 종명이며 유럽에서뿐 아니라 미국과 중국에서도 이렇게 부른다. 린네가 분류한 방식에 따라 모든 나라가 생물의 명칭을 통일하려고 하기 때문이다.

이같은 린네의 분류방식으로 생물학자들은 1980년까지 약 150만 종에 이르는 동식물을 파악했다. 당시의 지식 수준과 그에 앞선 과학적인 분류 노력을 기반으로 당시 학자들은 전체적인 종의 수가 200만 개 정도에 이를 것으로 추산했다.

당시 알려진 종은 4분의 3 정도이고 나머지 4분의 1은 알려지지 않은 것이었다. 그러다가 유독성 검은 구름이 파나마의 열대우림 지역을 덮치는 사건이 일어나자 갑자기 상황이 변했다. 열대의 빽빽한 우림지대에서 그동안 알려지지 않은 수없이 많은 신종이 쏟아져 나왔던 것이다. 그 결과 존재 가능성이 있는 종의 수를 5000만 개로 대폭 늘려 잡게 되었다. 늘려 잡은 종의 수가 어느 정도 사실에 가깝다면 알려진 종은 4분의 3이 아니라 전체의 3퍼센트에 불과한 셈이다. 그리고 좀 더 세밀하게 종의 수를 추산한 결과, 최소 1000만 종에서 최대 1억 종에 이를 것이라는 평가가 나왔다. 그리고 현재까지 30년 이상 종에 관한 인식이 놀랍게 변한 이후에도 과학적으로 파악 가능한 종이 채 200만 종도 안 되고, 이중 상당수는 여전히 알려지지 않은 것이라는 것 외에는 더 이상 알 수 없는 실정이다.

여기에 종의 보호에 관한 고민이 있다. 해마다 800~1300만 헥타르의 열대우림이 사라지고 있다. 풍부한 종이 서식하는 브라질에서만 150~300만 헥타르의 열대우림이 사라지는 상황에서 우리가 모르는 종이 엄청나게 멸종되고 있다. 많은 종은 분포지역이 아주 좁고 상당수의 종은 몇몇 수종樹種에 특별히 제한되어 있으며 대부분은 매우 희귀한 종이다.

이런 전제에서 열대우림이 대대적으로 사라지는 현상과 더불어 우리가 알지도 못하고 이름을 붙이지도 못한 수많은 종이 불가피하게 멸종되고 있는 것이다. 이제 날마다 또는 해마다 멸종되는 종의 수에 왜 편차가 심한지 그 이유가 명백해졌다. 통계는 어떤 종의 전체 수를 계산의 근거로 삼는가에 달렸다. 200~300만 종으로는 열대림에서 멸종되는 수를 전혀 반영할 수 없을 것이고, 적어도 앞으로 얼마간은 이 수를 2000~3000만 또는 1억 종으로 추산한다면 지나치게 많이 잡은 것이라고 할 수 있다. 열대에 서식하는 종을 포함해 5000만 종 이상으로 잡는 것이 사실에 가까울 것이다.

열대우림이 대대적으로 사라지면서 희귀한 종이 많이 멸종돼

지구의 풍부한 종에 관해 우리가 아는 것이 왜 이리 적은가에 대해서는 대답하기가 쉽다. 이 방면에 관한 연구는 과거에도 그랬고 현재에도 연구 수단이 세분화되면서 '딱정벌레 다리 수'처럼 분명히 드러나는 것만 이끌어내는 방식으로 이루어지고 있기 때문이다.

이와 같은 연구 조건에서라면 지구의 모든 동식물 박물관에서 해마다 새롭게 분류되는 종이 1만여 종에 불과한 현실로 볼 때, 1000년이 지나도 학술적으로 정확하게 분류되는 종은 전체 5000만으로 추산되는 종 가운데에 1000만 종밖에 안 될 것이다. 그리고 이 1000만 종을 분류한다고 해도 앞으로 1000년 간 연구를 계속해야 가능하다는 의미이다. 종은 별처럼 수를 '세는 것'도 아니고 자동적으로 파악되는 것도 아니다.

새로운 종의 발견이 발전에 방해가 되고 투자를 저해할 것이라는 이유를 들어 연구를 억제한다는 의심을 나는 지울 수가 없다. 별은 농업개발 프로젝트나 E10(에탄올 연료)을 위한 바이오알코올을 얻을 수 있는 사탕수수 생산과 전혀 상관이 없지만 딱정벌레는 아무리 희귀종이라고 해도 방해가 될 수 있기 때문이다. 세계적으로 '아직 이용하지 않은' 마지막 자원의 개발을 위해서는 생명의 다양성이 무너지는 것을 모르는 쪽이 나을지도 모른다.

바로 이것이 내가 자연보호에서 멸종 문제를 강조하는 주된 이유이다. 이 문제는 1992년 리우선언(공식명칭은 환경 및 개발에 관한 유엔 회의UNCED, 지구정상회담이라고도 한다-옮긴이) 이래 유엔의 의제가 되었으며 생태계의 다양성을 위한 합의로서 우리 모두가 지켜야 할 의무이기도 하다. 자국의 경지 규격화나 비료의 과다 사용, 습지의 건조화, 양지의 지나친 확충 등으로 다양한 종이 사라지는 것에 무관심한 상황에서, 먼 나라에서 종의 다양한 토대가 무너지는 것에 특별히 관심을 두기는 어려울 것이기 때문이다.

우리는 현재 수입사료에 의존함으로써 우리가 기르는 가축이 열대우림을 갉아먹도록 방치하고 있으며, 종의 다양성을 계속 파괴하여 바이오디젤(Biodiesel, 석화 연료의 소비를 적게 하려고 대체연료를 준비하는 과정에서 등장한 친환경 연료-옮긴이)을 생산하고 있다. 열대곤충은 우리의 관심사가 아니며, 화려한 앵무새는 동물원이나 조류공원에 가면 얼마든지 볼 수 있고, 당분간은 열대의 목재 없이도 아무 문제가 없으니 열대우림이 허허벌판으로 변해도 분노가 일지 않는 것이다. 더구나 그간의 경험으로 볼 때, 이처럼 '폭발력이 강한' 문제는 길어도 10년만 지나면 너무 식상해져서 세인의 관심조차 끌지 못할 것이다.

왜 열대우림에는 종이 풍부한가?

보기 힘든 나비와 난초

열대우림 지대의 식물은 태양열의 힘을 빌려 모든 영양소를 합성하여 동물이 자신을 갉아먹는 것을 막는다. 또 동물이 이런 환경에 맞춰 특별하게 진화하도록 강요하고 있다. 모든 수종은 다양한 방어용 독소를 자체 내에 지니고 있다. 이와 같은 배경에서 자체의 형태나 유충 형태로 나무에서 생존하는 동물과 곤충은 각자 특별한 형태로 진화할 수밖에 없다. 열대우림에 희귀종이 많은 것은 이 때문이다.

강변 저지대 주변의 숲에는 봄이 되면 새가 지저귀고 신록이 싱싱하게 빛난다. 이런 숲에서는 초목의 종을 구분하는 것이 어렵지 않다. 그러면 본격적인 열대우림 지역은 어떠한가? 알 수 없는 수종樹種이 수없이 자라고 습기가 많으며 곰팡내로 가득한 초록의 바다 깊은 곳에서는 하루 종일 새소리도 거의 들을 수 없다. 마음대로 나무 사이를 뛰어다니는 원숭이도 보이지 않고 어쩌다 머리 위로 나비만 날아다닐 뿐이다. 바로 이런 곳에 비교할 수 없을 만큼 엄청나게 많은 종이 서식한다고 하면 누가 믿겠는가? 후덥지근한 공기와 흙 냄새가 코를 찌르는 가운데 눈에 띄는 것은 개미밖에 없다. 이따금 매미가 맴맴 소리를 내고 저녁이나 새벽의 짤막한 틈을 타 개구리가 울 뿐이다. 아니 휘파람을 분다고 하는 편이 맞을 것이다.

아마존의 열대우림 지대를 처음 접하는 방문객들은 대부분 이곳의 모든 것이 약탈당해서 나무만 병풍처럼 늘어서 있는 것이 아닐까라는 의문을 갖는다. 아프리카의 거대한 국립공원이나 동물보호구역에서 환상적인 동물의 생존을 경험한 사람이라면, 또 형형색색의 온갖 조류가 날아다니는 자연을 감상한 사람이라면 아마존의 열대우림 지대를 보고 실망할 것이 틀림없다.

아마존이 인류의 곡창지대가 되지 못한 이유는?

이에 비해 동아프리카의 사바나에서는 2주간의 사파리 여행으로도 350종의 다양한 조류를 볼 수 있다. 350종의 조류라면 유럽 전체 종과 맞먹는 숫자이다. 반면에 아마존 유역은 조류가 1500종으로 동아프리카보다 네 배나 많기 때문에 더 많은 시간을 들여야 이들을 볼 수 있다. 포유류도 아마존에서는 기껏해야 300여 종을 확인할 수 있을 뿐이다.

영국의 자연탐구가 헨리 월터 베이츠Henry Walter Bates는 약 150년 전 나비에 관해 주목할 만한 글을 쓴 적이 있다. 베이츠에 따르면, 리오네그루 강과 아마존 강이 합류하는 마나우스 시 부근 아마존의 중심부 오지에서는 단일종의 나비 열 마리를 보는 것보다 각기 다른 종 열 마리를 보는 것이 더 쉽다고 했다. 이렇게 말하면서 베이츠는 위대한 자연탐구가인 알렉산더 폰 훔볼트Alexander von Humboldt가 18세기에서 19세기로 넘어갈 무렵 남아메리카의 열대에 감탄했을 때 대부분의 종이 희귀종이라는 사실은 깨닫지 못했을 것이라고 덧붙였다.

희귀종이 대부분이라는 것은 짧은 체류기간에 열대우림 지대를 보려는 방문객들에게는 걸림돌이 된다. 이런 숲지대가 중요하다는 사실을 믿고 싶어 하지 않는 개발지상주의자에게도 마찬가지이고, 풍부한 종을 눈으로 확인할 수 없는 연구가들에게도 문제가 된다. 이곳에서 나무는 무성하게 잘 자란다. 이 지역에서는 추운 겨울이나 건기처럼 적절하지 않은 기상조건을 찾아볼 수 없다. 차가운 날씨나 산불 같은 것도 없다. 하지만 개미를 제외하고는(자세히 관찰하면 흰개미도 있다) 동물이 우글거리는 모습을 보기는 힘들다. 흔히 볼 수 있는 것은 개미와 흰개미뿐이다. 유럽의 습지나 공원에서처럼 다양한 조류도 눈에 띄지 않는다. 대집단을 이루는 소형 조류도 잘 보이지 않는다. 유럽에서는 1제곱킬로미터당 습지와 숲속의 공동묘지, 대공원의 수가 아마존 중심부의 열대 우림 지대보다 3~5배는 많다.

알렉산더 폰 훔볼트는 열대림이 **빽빽**이 우거졌다는 점에서 아마존을 인류 최대의 마지막 이용 자원으로 보았다. 숲이 우거진 곳이라면 농작물의 수확량이 풍부할 것이라고 생각한 것인데 그것은 잘못된 생각이었다. 수천 년 전부터 열대우림에 살던 사람들은 이런 유형의 숲에는 수확이 적다는 사실을 이미 잘 알고 있었다. 남아메리카는 고지대이고 밤의 찬 기후 때문에 수확량이 많지 않다. 아마존 유역에서 거주하는 것보다 기온이 낮은 안데스의 고지대에서 감자와 옥수수를 재배하는 것이 더 효과적이다.

잉카족이 고도의 문명을 발전시킨 곳도 기온이 온화한 저지대가 아니라 고지대였다. 스페인인과 포르투갈인이 들어가기 전인 500년 전, 아마존 유역은 2제곱킬로미터당 한 명 정도가 살았는데 이는 사하라 사막 지역보다 낮은 인구밀도이다. 수확량이 적고 이용 기간도 짧았던 아마존 유역의 토양은 과거에도 그리고 최근에까지도 왜 그곳에 사람이 적은지 말해준다.

아마존의 인구가 많지 않은 것은 토질이 척박했기 때문
아마존의 토질은 식물이 필요로 하는 영양소가 몹시 빈약하고 부식토도 많지 않다. 그래서 유럽 전체 크기와 맞먹는 아마존 대부분 지역에는 지속적인 농업이 가능할 만큼 넓은 땅이 없다. 열대성 강우는 짧은 시간 안에 식물의 영양분을 씻어 내리는 데다가 토질의 재순환 기능도 기대할 수 없다. 인디오가 재배하는 식물이 많지 않고 또 이들이 2~3년마다 거주지를 바꾼 데에는 이러한 이유가 있다. 손바닥만한 땅을 개간해봤자 순식간에 숲으로 뒤덮이기 때문이다.

인디오가 개간한 지역이 주로 강변에 몰려 있던 까닭은 숲에서 짐승을 사냥하는 것보다 물고기를 잡아 더 많은 단백질을 섭취할 수 있었기 때문이다. 인디오의 인구가 많지 않은 것도 종족을 늘릴 수 있는 지역이 매우 제한되어 있기 때문이다. 아마존의 환경이 많은 자녀를 기를 만큼 충분한 영양분을 제공하지 않았던 것이다. 이런 배경에서 인디오는 다수의 소집단을 이루며 작은 문화공동체와 작은 언어집단을 형성했다.

인디오의 생존 형태는 동물의 생존 환경이 어떠했을지 추정하는 단서를 제공한다. 아마존 유역에는 엄청나게 다양한 종이 존재하지만 거의 모든 종이 희귀종이라는 사실을 기억해야 한다. 이 말은 종 대부분이 마치 모자이크 타일이나 퍼즐 조각처럼 서로 경계를 이루면서 특정지역에서 작은 군락을 이루며 서식한다는 뜻이다. 아마존 유역의 인디오 부족의 생존 환경도 이와 비슷하다. 남아메리카 고지대에서처럼 한 부족이 이웃 부족을 정복하거나 강력한 부족에 흡수되는 현상이 없었다. 사람과 동물이 이토록 비슷한 생존 조건에서 살았다면 여기에는 어떤 공통의 원인이 분명히 있을 것이다. 수종이 풍부한 이유도 여기서 찾아야 할 것이다.

아마존 유역에서는 단지 1제곱킬로미터에, 곳에 따라서는 단 1헥타르에 500종 이상의 다양한 종이 서식한다. 나무는 대부분 활엽수와 야자수, 담쟁이류(덩굴식물)가 주종을 이루기 때문에 겉으로 볼 때는 비슷해 보이지만 나무 한 그루 한 그루마다 거의 종이 다르다. 이곳은 계절의 변화가 없기 때문에 나무에 나이테가 없다. 그런데도 거의 모든 나무의 재질이 단단하다. 열대의 목재는 경재硬材로서 떡갈나무 목재보다 더 단단하다. 목재는 성장속도가 느릴 때 단단해지기 때문이다.

버드나무나 포플러처럼 빨리 자라는 나무는 재질이 연한 연재軟材이다. 이런 나무는 물이 많고 따뜻한 여름 날씨의 습지에서 잘 자란다. 열대수종은 물이 풍부하고 기후가 따뜻하며 거의 무제한으로 태양 빛을 받는데도 오히려 성장속도는 느려서 재질이 얼음처럼 단단하다. 더디 자라는 이유는 성장에 필요한 영양분이 부족하기 때문이다. 나무가 자라는 토질에 충분한 영양소가 없다는 말이다. 토질의 영양이 너무나 부족하니 땅에서보다 공중에서 공급받는 영양소가 더 많다. 이런 현상은 열대림 나무의 수관樹冠에 착생식물로 서식하는 파인애플과科, 양치식물, 난초류가 땅에 뿌리를 내리지 않고도 가득 자라는 것을 보면 알 수 있다. 미네랄 성분을 포함하여 이들 식물이 필요로 하는 모든 것을 비가 공급하는 것이 틀림없다. 정확히 관찰하면 착생식물의 양은 나뭇잎 전체보다 더 많을 것이다.

토질에 영양분이 부족해 다종의 희귀한 형태로 진화해

바람에 실려오는 영양분은 남대서양 너머로 불어오는 무역풍이 가져다준다. 무역풍은 사하라 사막의 먼지를 아마존 일대까지 날라와서 이곳의 숲에 비료를 주는 역할을 한다. 숲을 형성하는 수관樹冠은 해면체처럼 이 영양분을 빨아들인다. 바닥에 뻗어있는 나무뿌리는 버섯과 섬세한 고리로 연결되어 있으므로 지하수가 끊길 일도 없다. 빗물보다 더 맑은 지하수가 열대우림 지대에 형성된 숲 사이사이에 시냇물을 형성한다.

열대의 더위로 나뭇잎의 순환 속도는 매우 빠르다. 어디에서나 볼 수 있는 버섯—이 때문에 흙냄새가 진동한다—은 떨어져 나간 나뭇잎에서 양분을 흡수하고 이것을 나무가 재활용한다. 빠른 속도로 전개되는 순환 과정에서 영양분은 다시 수관으로 전달된다.

이렇게 폐쇄적인 순환 시스템은 숲이 충분히 폐쇄구조를 유지할 때에만 기능을 발휘한다. 그렇지 않다면 씻겨나가는 양이 보충되는 양을 능가할 것이다. 보충되는 영양분은 강수량에 달려 있다. 비가 너무 적게 내린다면 숲은 말라 죽게 될 것이다. 광범위하게 자행되는 나무 베기는 강수량을 줄이는 결과를 낳는다. 그 이유는 나날이 내리는 소나기와 뇌우가 숲 자체의 증발기능에 따른 것이기 때문이다.

대서양 상공을 건너 영양분을 공급받는 폐쇄구조만으로는 사람과 동물이 이용할 만큼의 여유분이 충분치 않다. 열대우림에 풍부한 자원이 딱 하나 있다면 그것은 태양 에너지이다. 열대우림의 식물, 특히 나무는 태양열의 힘을 빌려 가능한 모든 영양소를 합성하여 동물이 자신을 갉아먹는 것을 막는다. 또 동물이 이런 환경에 맞춰 특별하게 진화하도록 강요하고 있다. 모든 수종은 다양한 방어용 독소를 자체 내에 지니고 있다. 이와 같은 배경에서 자체의 형태나 유충 형태로 나무에서 생존하는 많은 동물과 곤충은 각자 특별한 형태로 진화할 수밖에 없다.

종의 다양성은 풍요가 아니라 결핍 때문이다

종의 다양성이 풍요가 아니라 결핍을 말해준다는 사실은 매우 이채롭다. 무엇보다 종의 다양성은 아직도 알려지지 않은 버섯이 놀랄 정도로 다양하다는 데에서 드러난다. 이에 대한 의문을 해결할 열쇠는 딱정벌레와 곤충이다. 이러한 동물의 존재는 사람에게 매우 중요한 의미를 지닐 수 있는 성분의 합성 작용을 보여준다. '더러운' 곰팡

이에서 추출하는 페니실린이나 오랫동안 말라리아의 최고 치료제로 사용한 퀴닌은 아마존의 기나나무에서 나오는 것이다.

이제 우리는 다양성의 의미를 알게 되었고 다양성과 결핍의 상관관계 그리고 왜 유난히 열대에 종이 다양한지도 이해하게 되었다. 인류가 열대에 정착한 것도 설명된다. 지구 역사상 화산 활동이 최근까지 있었다. 영양분이 풍부한 지역에서는 인구밀도가 높은 국가가 생겼고 또한 지속적인 문화가 발달했다. 동남아시아의 발리 섬과 자바 섬, 중앙아메리카의 지협 지대가 그 예이다.

이와 달리 영양분이 메마르고 노화된 토양에서 아주 느리게 성장하는 열대우림 지대는(동시에 다양한 종을 보존하는) 인류의 지속적인 생존에 적절하지 않으므로 개간의 화를 면했다. 전 세계적으로 이와 같은 생태적인 이유로, 빙하기에 형성되고 수확이 풍부한 토질이 갖춰진 중간지대가 농업에 유리한 지역이 되었다. 또는 산악 골짜기에서 끊임없이 신선한 영양분이 공급되고 아열대성 계절풍이 부는 지역이 농업에 유리한 환경이 되었다. 그러나 이제는 인공 비료와 동력을 갖춘 농기계가 투입되어 모든 상황이 변하고 있다. 지금처럼 약탈로 일관하는 개발 시스템이 얼마나 현상을 유지할 수 있을지는 미래가 알려줄 것이다.

종의 다양성은
어떻게 형성되는가?

6만 종의 어류와 3종의 코끼리

동물의 세계에서 특수한 종은 어떤 경우에든 몸집이 작다. 이들은
작은 몸 덕분에 생존조건을 가장 잘, 가장 빨리 이용할 수 있다.
몸이 크면 속도가 줄어든다. 대신 외부 영향에 대해 덜 민감한 반응을
보인다. 몸이 큰 동물은 다양한 가능성을 활용해야 하며, 몸이 작은
동물은 좀 더 전문적으로 진화해야만 한다.

종의 다양성이 자원의 결핍과 관계가 있다는 것은 분명
하다. 그렇다면 다양한 생명체의 집단에 왜 그토록 종의 수가 다양한
것인가? 몇 가지 수치를 확인해보자. 가장 잘 알려진 것은 조류 종이
다. 조류는 약 1만 종이 있다. 이중 대부분은 열대에 서식하며 남아메
리카의 서북지역에만 1500~1600종 그리고 거의 같은 수가 동남아시
아의 여러 섬에 서식한다. 이에 비해 유럽에는 적은 숫자의 조류가 있
을 뿐이다. 유럽보다 작은 오스트레일리아만 해도 유럽에 비해 두 배
가 넘는 조류 종이 살고 있다. 오스트레일리아 대륙 대부분이 아열대
및 열대 지역에 속하기 때문이다. 이 현상에 어떤 의미가 있는가는 협
소한 코스타리카(대략 독일의 바덴-뷔르템베르크 주 정도의 크기)와 북아

메리카 대륙 전체를 비교해보면 알 수 있다. 좁은 코스타리카에 조류 종이 더 많다. 이탈리아는 독일과 티롤 지방의 알프스를 경계로 인접해 있는데도 독일보다 조류가 더 많다. 이탈리아가 독일보다 조류 종의 수가 많은 것은 독일보다 지리적으로 더 남쪽에 있기 때문이다.

딱정벌레의 종의 수는 수백만, 오직 인류만이 단 하나의 종이다

조류의 예는 나머지 동식물 전체 종에게도 적용된다. 즉, 지리적인 흐름이 남북 양극에서 열대 방향으로 집중하는 경향을 보인다는 말이다. 이것은 자연의 이치상 종의 출현과 생존을 결정한다. 하지만 이것만으로는 종의 다양한 차이를 이해할 수 없다. 포유류 종의 수는 기어 다니는 동물, 즉 도마뱀, 뱀, 거북, 이 밖에 몇몇 작은 집단을 이루는 모든 파충류의 수를 합한 것과 맞먹는다.

어류는 이에 비하면 종의 수가 훨씬 많다. 현재 학술적으로 파악한 어류의 종류는 6만 종이다. 그리고 어류를 포함해 몸속에 척추가 달린 척추동물 전체는 종의 다양성에서 나비의 절반에도 미치지 못한다. 딱정벌레는 종의 수가 수백만에 이르지만 인류는 단 하나의 종이 있을 뿐이다.

종이 풍부한 것이 몸 크기와 관계가 있을 것이라는 생각은 어느 정도는 맞지만 확실한 것은 아니다. 3종이 있는 코끼리는 분명히 인류보다 몸이 크다. 하지만 인류는 단 하나의 종이지만 사람과 몸 크기가 비슷한 다른 포유류는 사람보다 종이 더 많은 것을 어떻게 설명할 것인가. 그 동안은 (알려진) 종의 수와 몸 크기(정확하게 체질량)가 서로 관계가 있는 것으로 생각했다. 그 결과는 비스듬한 종형곡선(鐘形曲線, 평균값, 중앙값 및 최빈치 등의 집중 경향치가 모두 동일한 종 모양의 곡선을 나타내는 분포양상. 정상곡선이라고도 한다-옮긴이)을 보여주는데 한쪽 끝에는 (무거운) 포유류가 분포하고 다른 쪽 끝에는 작고 아주

종의 수로 볼 때 포유류는 적고(맨 왼쪽은 코끼리가 차지) 딱정벌레는 많다

가벼운 미생물이 분포한다. 대부분을 차지하는 것은 딱정벌레이다. 딱정벌레 종을 다시 분류하면 사슴벌레류처럼 '큰 등급'에 속하는 소수의 딱정벌레와 엄청나게 종이 다양한 작은 딱정벌레 사이에 종형곡선이 형성된다. 이러한 분포양상은 나비도 비슷하지만 딱정벌레와는 달리 크기와 관계 있는 것으로 보이는 날개의 넓이는 전혀 무게에 반영되지 않는다.

특수한 종은 대부분 몸집이 작다

동물의 세계에서 특수한 종은 대부분 몸집이 작다는 것은 확실하다. 이들은 작은 몸 덕분에 생존조건을 가장 잘, 그리고 가장 빨리 이용할 수 있다. 몸이 작다는 것은 거의 언제나 짧고 빠른 생존을 의미한다. 몸이 크면 속도가 줄어드는 대신 외부영향에 대해 덜 민감한 반응을 보인다. 가죽이 두껍다는 말은 사람뿐 아니라 동물에게도 속담처럼 통한다. 무엇보다 갑각甲殼이 그렇다.

몸이 큰 동물은 다양한 가능성을 활용해야만 하고, 몸이 작은 동물은 좀 더 전문적으로 진화해야만 한다. 너무 작아서도 안 된다. 몸은 내부구조에서 최소한의 크기를 필요로 하며 또 마음대로 작아질 수도 없다. 하지만 박테리아 같은 단세포 생물은 작은 크기여도 아무 문제가 없다. 박테리아는 크기가 클수록 속도가 느려지므로 몸이 큰 것이 오히려 방해만 될 뿐이다. 미생물의 세계에서는 어쨌든 경쟁자보다 더 빨라야 한다. 작은 몸은 희귀성을 강요하며 큰 몸은 느림을 강요한다. 이 중간 어디쯤인가에 유기체의 종에 따라 능률적인 이동능력과 결합한 이상적인 크기가 있을 것이다.

인류와 말의 특별한 관계는
어디에서 유래하는가?

기사와 소 타기

야생마를 길들이는 과정의 첫 단계에는, 어미젖에 의존하지 않고
완전히 독립할 때가 되었는데도 힘이 없는 어린 말을 길들였을
가능성이 있다. 말은 가족에 대한 애착이 있는 동물이다.
사육하는 사람에게 개별적인 친근감을 보이는 게 말이다.
말을 타본 사람이라면 그것을 안다. 말을 잡고 온순하게 길들이는
기술은 젊은 남자의 자랑거리였다.

말馬의 조상은 원시 야생마이다. 그중 매우 가까운 혈
통관계에 있는 프셰발스키Przewalski 말과 타팬Tar Fan 말이 살아남았다.
말의 모습은 빙하기의 동굴벽화에 여러 가지로 묘사되어 있다. '벨기
에' 종이나 '프리슬란트' 종처럼 육중하고 큰 말이나 '아랍' 종처럼 빠
른 말 또는 셰틀랜드포니 종처럼 작은 말이 모두 조그만 야생마에서
길들여졌다는 사실을 믿고 싶지 않은 사람은 개의 혈통을 들여다보
기 바란다. 어쩌면 늑대는 치와와나 페키니즈처럼 작은 개나 마스티
프처럼 큰 개 모두가 자신의 혈통에서 나왔다는 것을 들으면 절대 그
럴 리 없다고 고개를 흔들지도 모른다. 모든 개가 늑대에서 나온 것처
럼 모든 말의 종이 야생마에서 나온 것은 분명한 사실이다.

야생마는 속도도 빠르고 겁도 많다. 과거에도 그랬는지는 확인할 길이 없다. 다만 야생마와 혈통이 가까운 아프리카 얼룩말을 거대한 야생보호구역으로 들여보내면 겁을 내는 천성이 빠르게 줄어드는 것을 볼 때, 야생마는 원래부터 겁이 많은 것은 결코 아니었을 것이다. 어쨌든 인류의 사냥감이었던 것은 분명하다. 3만여 년 전에 그린 동굴벽화를 보면 야생마를 길들이는 장면이 있다.

말을 절벽 아래로 떨어뜨려서 죽인 화석도 나온다. 또 중앙아시아의 초원에서 야생마를 사냥한 것도 분명하다. 야생마를 사냥하는 중요한 방법 중 하나는 북아메리카 인디언처럼 특정 말이 지쳐서 더 이상 도망칠 수 없을 때까지 추격하는 방식이었을 것이다. 인류는 장거리를 달리는 능력이 말보다 훨씬 뛰어났으니 말이다.

야생마를 길들이는 과정의 첫 단계에는, 어미젖에 의존하지 않고 완전히 독립할 때가 되었는데도 힘이 없는 어린 말을 길들였을 가능성이 있다. 말은 가족에 대한 애착이 있는 동물이다. 사육하는 사람에게 개별적인 친근감을 보이는 게 말이다. 말을 타본 사람이라면 그것을 안다. 말을 잡고 온순하게 길들이는 기술은 젊은 남자의 자랑거리였다. 하지만 사자는 아무리 목숨을 바친다 해도 인류에게 친절을 베풀지는 않을 것이다. 말은 인류가 자신을 해치지 않고 단순히 쫓아온다는 것을 알았을 것이다. 쓰다듬어 주기도 하고, 지친 상태에서 마실 물을 주는 인류에게 믿음도 생겼을 것이다. 인류와 말의 관계는 쉽게 추적할 수 없을 뿐더러 여기서 자세히 논할 수도 없다. 추측하건대 말을 길들이는 과정에서 처음부터 신뢰의 기반이 있었을 것이다. 인류와 어린 야생마가 함께 생존하는 과정에서 말은 사람을 동종同種으로 각인한 것으로 보인다. 유목민은 소금을 유인 수단으로 활용했을지도 모른다. 유목민은 야생마를 길들이고 사육하는 데 성공했고 점차 그 수가 늘어나 큰 무리를 이루었다.

멸종된 중간 과정의 말

수백만 년의 진화 과정을 거치며 원시 야생마가 점차 말로 변했다

말은 가족에 대한 애착이 있는 동물이다

말은 빠른 시간에 기마騎馬 동물이 되었다. 처음에는 아이들이 장난삼아 탔지만 길들여진 다음에는 젊은 남자들이 탔다. 그러면서 인류의 생존에 혁명적인 변화를 몰고 온 기마 문화가 출현했다. 말을 탄 사람은 더 이상 자신의 발에 의존할 필요가 없었다. 말 때문에 초원의 활동 범위도 확장되었다. 이전에는 볼 수 없던 뛰어난 이동 기능이었다. 처음에는 말을 소유한다는 것이 대단한 사치였지만 차츰 대대적인 이동 수단으로서 자리잡았다. 이러한 전개 과정은 자동차가 현대 문명에 이룩한 개가에 비교할 수 있다. 마치 요즘의 기계화 부대처럼 전쟁 수행에 새로운 형태로 등장한 기마 부대는 과거의 싸움을 완전히 바꿔놓았다.

처음에 사람들은 말 탄 사람을 인류와 말의 혼혈종으로 여겼다. 고대 그리스인은 이 모습을 켄타우로스(그리스 신화에 나오는 반인반마半人半馬 형상의 괴물—옮긴이)라고 불렀다. 아스텍족도 스페인 군대의 기병을 보았을 때 무서워서 벌벌 떨었다. 거대한 아스텍 제국은 정복자 에르난 코르테스Hernán Cortés가 이끄는 소규모 기마부대를 막을 수 없었다. 힉소스Hyksos족이 고대세계를 지배한 것이나 이후의 훈족과 14세기 칭기즈칸이 이끄는 몽골족이 세력을 떨친 것도 모두 기마병의 이점을 살린 데서 온 것이다. 초원의 늑대라고 불린 칭기즈칸이 역사상 최대의 제국을 건설한 것도 속도가 빠른 몽골 말 덕분이었다. 현대식 무기와 대포가 등장하면서 기마 부대의 시대는 종말을 고했다. 그동안 전쟁에서 죽은 말만 해도 수백만 마리는 될 것이다.

말은 기동력을 갖추었고 잘 달리는 동물이다. 말이 지속적으로 인류와 대등한 취급을 받았다는 증거는 곳곳에서 드러난다. 말은 혈액 저장소 구실을 하는 비장이 큰 데다가 인내력이 뛰어나기 때문에 속도가 매우 빠를 뿐만 아니라 같은 크기의 동물에 비해 지구력이 뛰어나다. 이외에 인류와 말을 밀접하게 연결해주는 또 다른 능력은, 말이 신체의 여러 부분에서 땀을 흘린다는 점을 들 수 있다. 말은 땀을 흘리고 규칙적으로 '거품'을 낸다. 앞에서 신체의 체온 조절 기능에서 사람이 뛰어난 것은 털이 나지 않은 맨몸을 하고 있기 때문이라고 설명한 바 있는데, 말도 사람처럼 냉각 기능을 갖고 있는 것이다(이와 달리 개는 혀를 주둥이 밖으로 길게 내뻗어 체온 조절을 한다. 개는 주위 온도가 서늘할 때에만 장거리를 달릴 수 있다).

말과 사람은 일종의 공생관계

사람과 말 사이에 형성된 기마 문화는 일종의 공생관계로 표현할 수 있다. 양쪽 모두 이익을 얻었기 때문이다. 말은 사육의 혜택을 받았고 맹수의 습격이나 질병으로부터 보호를 받았다. 기마 민족은 암말의 젖을 먹고 때로는 이 젖을 발효해 알코올성 음료로 마시기도 했다. 또 말에 마구를 채워 이동 수단으로 이용했다. 말의 힘은 지금까지도 자동차를 포함해 동력의 기준이 되는 마력馬力이라는 단위로 표현된다. 마침내 농부들이 짐을 나르는 역축役畜으로 말을 이용하기까지는 오랜 시간이 걸리지 않았다.

말과 소의 사육은 처음부터 큰 차이가 있었다. 사람이 말고기를 먹는 경우는 거의 드물었다. 말을 동료로 생각한 사람들이 말에게 자비를 베푼 것이다. 말을 소유하는 것은 과거부터 오늘날까지 사치에 속했다. 중세의 기사는 말 탄 모습이 대표적인 형상이지만 기사의 시종은 걸어 다녔다. 나폴레옹은 승리를 과시할 때 말을 타고(당연히 백마) 등장했다. 그리고 승마는 지금도 정교한 기술로 남아 있다. 소를 타거나 소를 타고 달리는 것은 단지 여흥의 수단이었을 뿐이다. 사람들은 이렇게 소를 타는 행사와 말을 타고 '거만한 모습'으로 다니는 것에 차이를 두었다.

왜 사람은 특정 동물만
식용으로 키우는가?

밀과 오록스

야생 소, 야생 염소, 야생 양은 대가족 규모의 집단을 이루며 산다.
이들은 풀을 먹고 사는 반추동물이며 수컷을 거세하면 사람에게
위험하지도 않다. 마차를 끄는 온순한 소는 야생 황소를 길들인
것이다. 또한 이 3종의 동물은 계절에 따라 이동하는데 지도자 역할을
하는 동물을 따라간다. 이때 지도자 역할을 사람이 대신할 수 있다.
이들은 수확한 농작물의 찌꺼기는 뭐든지 잘 먹기 때문에 농경문화와
잘 어울렸다.

현재 살아 있는 포유류는 5000종 이상이며 조류는 1만
종이 넘는다. 이중에 사람이 가축으로 사육하는 동물은 20~30종에
지나지 않는다. 소, 돼지, 양, 염소, 닭, 오리 정도가 사람에게 유용한
영양을 공급하는 중요한 가축이고 개와 고양이는 유난히 사랑받는
가축이다. 왜 인류가 가축으로 선택한 종이 이렇게 적을까? 더 많은
동물 종을 가축으로 기르지 않은 까닭은 무엇일까?

먼저 수와 비중에서 가축 목록의 상위에 오를 소를 살펴보자. 현재
동남아시아에서 활용하는 물소를 포함해 가축으로 키우는 소는 15
억 마리나 된다. 무게로 따지면 지구에 사는 인류 70억 명의 두 배가
넘는다.

생체중(살아 있는 생물의 무게-옮긴이)으로 본다면 지구는 소의 행성이라고 할 만하다. 10억 마리에 이르는 돼지도 인류의 무게를 능가한다. 10억 마리에 가까운 양은 무게로 볼 때 인류 다음인 네 번째를 차지하고, 이어 7억 마리의 염소가 그 뒤를 따른다. 가금류는 몸은 작지만 수가 많다. 약 150억 마리의 가금家禽은 인류의 두 배가 넘는다. 가금 사육을 위해서는 엄청난 사료를 소비한다. 가금류를 대량 사육할 때는 단백질 성분이 많은 영양 사료를 쓰고, 사람이 먹을 수 있는 콩이나 곡물을 쓰기도 한다.

식량수요 측면에서 볼 때 전 세계에서 기르는 가축은 인류와 심각한 경쟁관계에 있다고 볼 수 있다. 가축의 식량 수요는 무게를 기준으로 한다면 사람의 세 배가 넘는다. 세계의 지속적인 인구 증가, 식량 수요, 기아 문제로 볼 때 이는 불안한 숫자이다. 이 수치는 수십 년 전부터 부국富國에서 자행되는 지나친 육류 소비를 이제는 세계가 감당할 수 있을 만한 수준으로 조절해야 한다는 것을 의미한다.

가축화가 이루어진 지역은 농경문화의 발생 중심지와 겹친다

지구에 존재하는 근본적으로 이용 가능한 동물 종 중에 왜 소수만 가축화했느냐는 본래의 물음으로 돌아가 보자. 처음부터 인류가 길들이고 사육한 종이 충분해서 더 길들일 필연성이 없었을까? 가축용으로 실험한 동물 종이 처음에 훨씬 더 많았다는 사실로 미루어볼 때 이것은 맞지 않는다. 이런 사실은 고대 이집트에서 나온 정보를 보면 잘 알 수 있다. 흥미로운 점은 가축화를 시도한 곳은 중요한 곡물을 재배한 몇몇 소수지역에 집중되어 있다는 사실이다. 하下 이집트Lower Egypt와 터키 동부, 메소포타미아 사이의 '비옥한 초승달 지대(Fertile Crescent, 미국의 역사가 제임스 헨리 브레스테드Brestead가 발굴한 서아시아의 고대문명 발생지를 고상하고 멋있게 부르는 이름-옮긴이)'가 가장 중요한 가축화의 중심지였으며, 다음으로 동남아시아와 중앙아메리카가 그 뒤를 따랐다. 전 세계의 나머지 지역에서는 유용동물의 전통이 없거나 있어도 협소한 지역적 범위를 벗어나지 못했다.

앞에서 지적한 대로 가축화가 이루어진 지역은 농경 문화 발생 중심지와 겹친다. 따라서 가축화와 농경 문화 사이에 관계가 있는 것이 분명하다. 이들 지역은 땅이 비옥했음에 틀림없다. '비옥한 초승달 지대'라는 말이 이런 사실을 말해준다. 비옥한 지역에는 들짐승도 많다. 이러한 환경이 농경과 동물 사육의 기술을 발명한 인류에게 나쁘게 작용할 리 없었다. 무엇보다 굶주림에 시달릴 일이 없기 때문이다. 사람들은 어린 짐승을 키우고 나아가 계속 사육하는 기술을 터득했다. 고기가 부족했다면 이렇게 하지 않고 즉시 먹어치웠을 것이다. 길들인 짐승은 달아날 수도 있고 맹수에게 잡아먹히거나 도난당할 수도 있다. 무언가 있는 것은 없는 것보다 나은 법이다. 당장 필요하지 않다면 그것으로 실험을 할 수도 있다. 어떤 동물 종이 사육에 적합한지는 그 동물의 생존 방식에 달려 있다.

야생 소, 야생 염소, 야생 양은 농경문화와 잘 어울리는 동물

사자 같은 대형 육식동물은 가축으로 기르기에는 적합하지 않다. 쥐는 저절로 생기니 가축화의 대상이 아니었을 것이다. 쥐는 귀찮은 데다 병을 옮기는 경우도 있기 때문에 오히려 설치류를 잡는 고양이의 필요성을 절실하게 깨달았을 것이다. 이런 동물은 따로 길들일 필요가 없다. 사냥은 자연의 이치이다. 토끼를 키우려면 소형 맹수들로부터 보호해주는 적절한 우리와 많은 인내가 필요하다.

사슴은 적어도 절반 정도는 가축이라고 볼 수 있다. 다만 좁은 우리가 아니라 넓은 숲에서 안전하게 자라게 한 것뿐이다. 북유럽 사람은 사슴을 돈(고액권)처럼 사용했다. 반쯤 길들여진 사슴류에는 순록이 있다. 중세 이래 붉은사슴과 말코손바닥사슴은 사냥에 적합하지 않았다. 이들은 떼지어 다니지 않았고 뿔이 달린 사슴은 위험하기까지 했다. 약 1000년 전까지 존재한 야생동물로 오록스(Aurochs, 지금은 멸종했으며 현재 가축으로 키우는 소가 이것에서 유래되었다고 여겨진다-옮긴이)라고도 불리는 원형 소Urrind가 있다. 현재 집에서 기르는 소는 오록스에서 나온 것이다. 오록스는 처음 중동에서 사육하기 시작했는데 이곳은 마지막 빙하기가 끝난 다음 특히 인류의 생존에 유리한 곳이었다. 이곳에는 야생 염소, 머프론과 가까운 혈통관계에 있는 야생 양도 살았다.

야생 소, 야생 염소, 야생 양, 이 3종은 가축화에 중요한 동물이라는 점에서 일치된 특징을 보인다. 이들은 무리지어 살고 대가족 정도 되는 규모의 집단을 이루며 풀을 먹고 사는 반추동물이다. 그리고 수컷은 번식 기간에만 위험하기 때문에 수컷을 거세하면 이 문제는 간단히 해결할 수 있다. 마차를 끄는 온순한 소는 야생 황소를 길들인 것이다. 이 3종의 동물은 계절에 따라 이동하며 지도자 역할을 하는 동물을 따라다닌다. 이때 지도자 역할을 사람이 대신할 수 있다. 그리고 이들은 수확한 농작물의 찌꺼기는 뭐든지 잘 먹기 때문에 농경문화와 잘 어울린다.

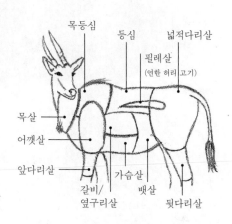

캥거루를 쟁기질에 이용한다고 생각하기는 어렵다. 식물 재배를 위해 들짐승을 사육한다는 것도 지나친 생각이다. 짐승을 사육하려면 크기도 적당해야 한다. 이렇게 보면 가축으로 선택할 수 있는 종은

고기 공급원 역할을 하는 남아프리카 고라니.
고라니를 가축으로 사육하는 시도는 성공하지 못했다

대폭 줄어든다. 이런 이유로 현재 가축화한 몇몇 종만 남게 된 것이
다. 몇몇 종을 더 가축화하려는 시도가 있었지만 성공하지 못했다.
　소와 양, 소와 염소는 사료 선택에서 서로 보완하는 기능을 하기
때문에 가축화에 적당했다. 이렇게 보면 더 이상의 가축을 기를 필요

가 전혀 없다는 것을 알 수 있다. 말을 제외하고 사람과 특별한 관계를 맺고 있는 코끼리와 낙타, 라마, 기니피그도 가축으로 생각해볼 수는 있다.

왜 이들 가축 중에는 아프리카산 대형 동물이 하나도 없을까? 이 점은 수수께끼이다. 이런 물음은 식량 분야에서도 마찬가지 의문으로 남아 있다. 근본적으로 중요하고 널리 재배되는 곡물 중에도 아프리카산은 없기 때문이다. 밀은 고대 이집트인들이 중동에서 받아들인 것이다. 여기서 다시 농경 문화와의 관계가 나타난다. 야생동물에서 유용동물로 전환한 곳은 농경이 행해지고 이에 따라 잉여생산물이 생긴 지역이다. 닭과 집오리도 이런 원칙에 들어맞는 가축이다. 닭이나 오리는 사람이 식량으로 쓰고 남은 잉여 자원이나 영양분이 풍부한 먹이를 공급받을 수 있는 곳에서 가장 잘 자란다. 쌀을 재배하는 아시아 지역이 이에 해당하고 옥수수를 재배하는 중앙아메리카의 칠면조도 같은 예라고 할 수 있다. 현재 다른 유용동물보다 가금류를 위해 사람이 처분할 수 있는 단백질이 많은 편이다.

돼지와 인류는 일찍부터 식량을 두고 경쟁하는 사이였다

멧돼지는 노련하고 나이 든 암퇘지를 우두머리로 두고 대가족을 이루며 산다. 수퇘지는 단독 생활을 하며 사냥꾼들이 특별히 멧돼지의 교미기Rauschzeit라고 따로 부르는 번식기에만 무리와 합류한다. 이런 것으로 볼 때 집에서 돼지 치는 사람은 암퇘지의 역할을 맡고 있다고 볼 수 있다.

돼지와 인류는 일찍부터 식량을 두고 경쟁하는 사이였다. 연구가들에 따르면 사람의 식량을 먹지 않는 염소와 양, 소를 빈번히 도살하고 즐겨 먹는 것과 달리 몇몇 지역에서 돼지고기를 '금기시'하거나 '불순'하게 보는 것은 이런 배경에서 나온 전통이라는 것이다.

어쨌든 돼지는 빠른 시간 안에 인류의 훌륭한 영양 공급원으로, 특히 살과 지방의 공급원으로 자리잡았다. 돼지는 반추동물인 소나 양, 염소보다 살이 많은 가축이다. 열대 아프리카의 흑멧돼지에 비해 유럽의 멧돼지와 집돼지는 성질이 온순하다. 유럽 돼지는 사자나 하이에나의 공격을 걱정할 필요가 없다. 자신들이 곧 도살될 것이라는 사실도 모른다. 돼지의 입장에서는 도살에서 살아남는 돼지가 없으므로 이런 사실을 학습할 수가 없다. 아프리카의 흑멧돼지가 사자를 만났을 때는 살아남을 절반의 가능성은 있지만 도살장으로 끌려가는 돼지에게는 이런 기회마저 없다. 이런 돼지는 인류가 최대의 적이라는 사실 역시 학습할 수 없다.

사람은 어떻게
개와 가까워졌을까?

여섯 마리의 암늑대

빙하시대의 인류는 먹이가 될 만한 대형 동물을 사냥했다.
개의 조상인 늑대는 인류 집단을 따라다니며 사냥의 부산물을 얻었고,
때로는 다른 늑대 무리의 공격을 막아주는 역할을 했다. 이런 식으로
늑대와 인류의 협동 작업이 이루어졌다. 그러면서 차츰 늑대 새끼를
사람이 키우는 일이 빈번해졌다. 어린 늑대는 경계를 풀지 않은 상태로
찌꺼기를 쫓아다니는 야생 늑대보다는 사람에게 더 친밀감을 느꼈다.

『이렇게 사람은 개와 가까워졌다』라는 책은 개를 주제
로 한 것 중에서 가장 많이 읽힌 책이다. 행동연구가이자 노벨상 수
상자인 콘라트 로렌츠가 1949년에 쓴 책이다. 지금 보면 집개의 출현
에 관해 이 책에서 제시한 이론은 시대에 뒤진 것도 있고 부분적으로
는 오류도 발견할 수 있다. 콘라트 로렌츠는 황금자칼도 늑대의 혈통
인데 독자적인 종으로 진화했으며 개와 조상이 같다는 주장을 펼쳤
다. 하지만 분자유전학에 따르면 황금자칼은 늑대의 혈통이 아니다.
분자유전학에 따르면 집에서 기르는 모든 개의 종은 늑대에서 나왔
고 그것은 아시아산 개도 마찬가지이다.
　최근의 분자유전학 연구결과에 따르면 여섯 마리의 암늑대가 모든

개의 조상일 가능성이 대두되고 있다. 다른 증거로 볼 때는 개의 조상인 암늑대가 50마리 가까이 늘어나기도 한다. 어쨌든 개의 조상인 암늑대는 마지막 빙하기가 끝날 무렵, 그러니까 약 1만 5000년 전에 동아시아, 아마 중국의 한복판에 살았던 것으로 보인다. 가능한 시대가 너무 폭넓게 분포되어 있기 때문에 정확한 시점은 유동적인데 이르면 4만 년 전이 될 수도 있다. 새끼를 얻을 목적으로 처음 늑대를 길들인 것은 1만 5400년 전쯤으로 보인다. 이미 가축의 특징을 지닌 것으로 보이는 늑대 뼈의 화석이 나온 시기가 그 무렵이기 때문이다. 그럼에도 이미 약 10만 년 전에 늑대와 인류가 다소 가까운 공동체의 환경에서 생존했다고 생각하는 것은 얼마든지 가능한 추정이다. 이 시기는 우리와 같은 인류 종인 호모 사피엔스가 아프리카에서 유라시아 지역으로 이주한 때이기도 하다.

인류가 남긴 음식 찌꺼기를 따라다니며 인류와 가까워진 늑대

처음 인류와 늑대의 공동생활의 형태는 사람의 음식 찌꺼기를 먹고 사는 떠돌이 개가 많은 중동의 여러 지역과 비슷했을 것이다. 빙하시대의 인류는 대형 사냥감을 찾아 돌아다니다 보니 먹고 남은 음식 찌꺼기가 항상 주변에 있었다. 늑대는 사람처럼 큰 짐승을 사냥할 수 없다. 그리고 수렵과 채취생활을 하며 떠돌아다닌 인류 집단은 부패하기 전에 코끼리를 통째로 먹는 경우가 없으니 주변에 음식 찌꺼기는 언제나 풍부했을 것이다. 빙하시대의 인류는 주로 먹이가 될 만한 대형 동물을 사냥했다. 늑대는 인류 집단을 따라다니며 음식 찌꺼기를 얻어먹는 대신 다른 늑대 무리의 공격으로부터 인류를 막아주었을 것이다. 이런 식으로 늑대와 인류의 협동 작업이 이루어졌다고 생각할 수 있다. 늑대 새끼를 사람이 키우는 일도 점점 빈번해졌다. 이런 환경에서 어린 늑대는 경계를 풀지 않은 상태로 찌꺼기를 쫓아다니는 야생 늑대보다는 사람에게 더 친밀감을 느꼈을 수 있다. 어느 시대, 어느 문화를 막론하고 사람은 어린 들짐승을 즐겨 키웠다. 사람에게는 그런 소질이 있다. 반대로 늑대가 키운 아이가 있다는 말이 나온 것도 이런 배경에서 비롯된 것이다.

인류와 늑대의 관계에 큰 변화가 생긴 것은 1만~1만 5000년 전 마지막 빙하기가 끝날 무렵 부터였다. 이때부터 인류는 중동과 동아시아에 정착하면서 가축을 사육하기 시작했다. 이런 전제에서 모든 개의 조상으로 중국의 어미 늑대를 꼽는 주장은 외부적인 기상 변화나 인류의 생활 양식을 보았을 때 앞뒤가 맞는다.

늑대는 개로 진화하는 과정에서 자신을 인류의 동료로 각인하다

빙하기가 끝날 무렵 유라시아 전체를 통틀어 늑대가 있는 곳의 대형 맹수는 대부분 또는 전체가 멸종했다. 좀 더 따뜻한 남쪽 지역에 사는 늑대는 사냥꾼으로서의 체온 조절 기능이 약하기 때문에 충분한 사냥감을 포획할 수 없었다. 드넓은 초원에서 날렵하게 뛰어다니는 가젤영양을 사냥하는 것은 늑대의 장기가 아니다. 훨씬 더 빠른 치타도 늑대의 능력으로는 감당할 수 없다. 털로 뒤덮인 늑대가 더위 속에서 지속적으로 몰이 사냥을 하면 체온이 빠른 속도로 올라가기 때문이다. 혀를 내미는 냉각 기능으로는 어림도 없다. 그러므로 남쪽 지역에 서식하는 늑대는 단지 짝을 이루어서 작은 동물을 먹고 사는 게 고작이었다. 이들의 신체 구조를 보면 북쪽 지역의 늑대보다 더 마르고 가죽도 더 얇다. 생김새도 썩은 고기를 즐겨 먹거나 그마저 없으면 딱정벌레에 만족하는 몸집이 좀 더 작은 황금자칼과 닮았다.

사냥감이 부족한 지역에 사는 늑대는 굶주릴 수밖에 없었다. 그러나 인류 가까이에 살며 인류가 먹다 남은 찌꺼기에 의존하는 늑대는 궁핍한 시기에 야생에서 사냥하는 늑대보다 형편이 좋았다. 말하자면 이런 늑대에게는 인류에게 사육당하는 개가 되는 것이 유리한 상황이었다. 이런 사정은 지금도 변함없다. 야생에서 서식하는 늑대는 끊임없이 생존 투쟁을 해야 하는 반면, 그들의 후손인 개는 엄청난 수로 늘어나 인류 곁에서 살고 있기 때문이다. 유럽의 개는 4000만 마리가 넘지만 늑대는 2만 마리밖에 안 된다. 누가 더 나은 선택을 한 것인지는 여기서 분명해진다.

개는 특별한 목적으로 사육되었다. 고대 이집트의 그림을 보면 이미 3000년 전에 키가 크고 다리가 길며 털이 짧은 사냥개가 있었다는 것을 알 수 있다. 그리고 당시에도 애완견으로 키운 작은 종이 있었다. 개만큼 인류와 가까운 동물은 없다. 개는 뇌가 진화하는 과정에서 자신을 인류의 동료로 각인했을 것이다. 개와 인류는 침팬지와 인류보다 더 잘 소통할 수 있다. 300개의 단어를 알아듣는 개도 있다. 시각장애인을 안전하고 올바르게 안내하는 뛰어난 능력을 지닌 개도 있다.

우연히 생겼다고 하기에는
너무나 복잡한 눈

달팽이의 보랏빛

파리 눈의 우월한 기능 덕분에 우리는 손으로 파리를 잡으려고 할 때
애를 먹는다. 우리가 아무리 빠른 속도를 내도 파리에게는 느린
동작이기 때문이다. 파리는 주변 환경을 마치 파노라마처럼 파악하기
때문에 마지막 순간에 우리 손을 벗어나는 것이다. 하지만 파리의
눈은 사람의 눈과 비교할 때 사물의 세밀한 부분을 보는 능력은
훨씬 떨어진다.

숲에서 시계를 하나 발견했다고 치자. 시계를 보고 무
슨 생각을 하겠는가? 시계 스스로 그 복잡한 부속을 조립해서 저절
로 자연 속에서 생겨난 것이라고는 누구도 생각하지 않을 것이다. 시
계공이 제작한 것을 누군가 떨어뜨린 것이라고 생각할 것이다. 바로
이것이 1802년 영국의 신학자이자 철학자인 윌리엄 페일리William Paley
가 현재 모습 그대로의 생생한 자연을 신이 창조한 것이라고 주장한
근거의 핵심이다.

오늘날에도 눈처럼 복잡하고 신비로운 기능을 담당하는 조직이 '우
연히' 생겨날 수 있으리라고 상상하는 사람은 거의 없다. 그러나 진화
생물학의 관점은 전혀 다르며 실제로 관심을 갖고 살펴보면 누구나

진화생물학의 견해를 확신할 수 있다. 그러려면 대략 60~120배로 확대해서 볼 수 있는 강력한 확대경이 필요하다. 망원경처럼 두 눈으로 볼 수 있는 이른바 쌍안경이 가장 좋다. 이런 장비를 갖춘다면 우리는 눈의 세계로 탐험을 시작할 수 있다. 여기서 우리는 엄청나게 많은 사실을 알게 된다.

처음으로 관찰할 것은 바위 밑 깨끗한 물에서 볼 수 있는 편형동물(플라나리아)이다. 납작한 모습을 한 편형동물은 우아한 동작으로 바닥을 기어다닌다. 이것을 물이 담긴 작은 쟁반에 넣고 확대경으로 살펴보자. 거무스레하고 몸통과 별로 구별되지 않는 머리(뒷부분은 언제나 특별한 모양이 없이 약간 뭉툭하다)를 100배로 확대해보면 앞쪽에 수많은 작은 점이 보인다. 옆에서 빛을 비추면 빛을 피해 어두운 쪽으로 기어가려고 한다. 이 점들은 사실상 아주 단순한 형태의 눈으로, 엄격히 말하면 빛에 반응하는 색소의 집합에 지나지 않는다.

한쪽에 있는 '눈들'이 다른 쪽의 눈들보다 강한 자극을 받으면 편형동물은 방향을 바꿔 양쪽에 받는 빛의 양이 같아지도록 하거나 머리 앞쪽의 빛을 최소화한다. 편형동물은 빛을 막아주는 바위 사이의 하천 바닥에서 어두운 곳을 찾는다.

우윳빛 몸통에 각진 형태로 퇴화한 머리를 가진 다른 종은 몸통 중앙의 앞쪽 좌우에 단지 두 개의 눈을 달고 있는데 우리가 보기에는 '올바른 위치'에 있는 것으로 보인다. 이 눈을 확대해서 보면 편형동물이 우리 눈을 마주보는 것 같은 인상을 받는데, 이 벌레의 눈이 컵 모양을 하고 비스듬히 밖으로 튀어나왔기 때문이다. 이런 모양 때문에 관찰자는 이들이 '교활한 얼굴 표정'을 짓고 있다고 오해하기도 한다. 언제나 똑같이 단순한 구조의 편형동물에 지나지 않지만 이들은 어느 방향에서 빛이 나오는지 순식간에 알아챈다. 다만 다른 것은 보지 못하고 오직 빛만 인식할 뿐이다. 편형동물의 눈에는 대폭 축소되고 뒤집힌 형상을 망막이나 이와 비슷한 조직에 투사할 수 있는 수정체가 없기 때문이다.

눈의 진화 과정에서 빛의 작용에 반응하는 색소가 형성돼

이것은 단순한 구조의 눈이지만 가장 단순한 형태는 아니다. 가장 단순한 형태를 관찰하려면 확대율이 훨씬 높은 현미경이 있어야 한다. 유글레나Euglena라고 불리는 편모충 같은 생명체를 볼 때 쓰는 현미경이다. 이와 같은 생물체는 동물이나 식물로 명확하게 분류할 수도 없는 것들이다. 편모충은 어느 정도 힘차게 움직이는 편모의 도움으로 헤엄치며 단 한 개의 긴 세포로 구성되어 있다. 편모충은 편모의 동작으로 빛을 향해 방향을 튼다. 작은 암적색의 '점 눈'이 빛을 인식하는데, 그것은 사람의 시각색소와 비슷하게 빛에 민감한 생체 내 색소Pigment로 이루어졌다.

생체 내 색소는 여러 가지가 있지만 우리를 갈색으로 보이게 하는 피부 속 멜라닌 색소처럼 대부분은 반응이 느리다. 이와 달리 시각색소 로돕신Rhodopsin은 반응이 매우 빠르고 빛의 작용이 멈추면 본래 상태로 돌아간다. 그렇지 않으면 빛에 민감한 색소가 금세 줄어들거나 없어질 수 있으므로 처음으로 돌아가는 것이 중요하다.

눈이 진화하는 처음 단계에서 빛의 작용에 반응하는 색소가 형성된다. 제대로 모양을 갖춘 동물, 다시 말해 수많은 세포와 조직으로 구성되고 신경체계를 갖춘 동물의 경우에는 빛의 작용이 전기 자극으로 전환된다. 이 자극을 사람의 뇌가 가공해서 '형상'을 만들어내는데 우리는 이것을 '눈으로 본 것'이라고 착각한다. 빛에 민감한 색소 덩어리와 완전히 제대로 모양을 갖춘 눈 사이에 매우 다양한 능력과 복잡한 조직을 갖춘 눈의 세계가 놓여 있다고 할 수 있다.

무엇보다 달팽이의 시각기관은 아주 단순하다. 이 기관은 단지 잔

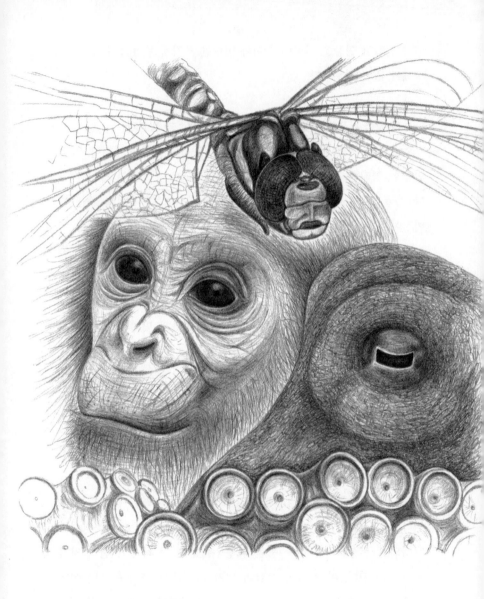

눈이라고 다 같은 눈이 아니다. 잠자리는 복잡한 눈을 갖고 있고 원숭이와 오징어는
사람처럼 '카메라 같은 눈'을 갖고 있다

모양의 색소와 그 밑의 세포층으로 구성되어 있다. 세포층은 단순하게도 뇌기능을 하는 중추신경계에서 아주 단순한 연결부로 전기 자극을 전달한다. 색소 잔에서 유리처럼 투명한 젤라틴 성분의 액체가 모인 다음 수정체 기능을 한다. 이 수정체는 빛의 굴절이라는 순수한 물리적 작용으로 단순한 형상을 만들어내는데, 고대에 렌즈 없이 사용한 바늘구멍 사진기에 비하면 훨씬 나은 것이다. 동시에 수정체의 외막을 통해 이 막이 강한 노출로 수축하느냐 수축하지 않느냐에 따라 자체의 '조리개' 효과가 발생한다.

우리 눈의 수정체는 모든 포유류와 마찬가지로 외막과 그 속에 있는 내막으로 구성된다. 수정체에는 순수한 각막이 있지만 이 각질(케라틴)은 완전히 투명한 반면, 외막을 이루는 각막 속에서는 색소가 쌓여 비늘처럼 흐려질 수 있다. 외막의 '혈통'에 따라 각막에 변화가 생기는 예가 적지 않고 이런 증상은 나이가 들면서 점점 빈번해진다.

반면에 오징어의 눈은 성질이 다르다. 이렇게 먹물을 품는 동물은 달팽이와 같은 계통이기 때문에 '먹물 달팽이'라고 부르는 것이 더 정확한 표현이다. 오징어의 수정체는 피하 조직에서 진화한 것이다. 오징어의 수정체는 개별기관이 모여 조직된 것이 아니므로 흐림 현상이 생길 가능성은 훨씬 적지만 동시에 운동 기능은 떨어진다. 이와 달리 사람의 수정체는 가까운 것을 볼 때는 근육 팽창으로, 먼 것을 볼 때는 근육 이완으로 적응한다.

변하지 않는 것은 시각색소와 세포, 즉 신경자극을 유도하는 시세포 등 섬세한 조직으로 이루어진 막의 기본 구조이다. 생체 내 색소를 담당하는 시세포와 더불어 포유류의 시각 조직이 반대로 자리잡은 것은 진화 과정에서 발생한 많은 불합리성 가운데 하나를 보여준다. 이 불합리성은 처음에는 안쪽으로 주름 잡힌 훨씬 단순한 잔 모양의 눈에서 출발했다가 이후 이리저리 자리를 '조정한' 데서 기인한 것이다. 일단 자리를 잡은 뒤에 되돌릴 수 없는 이유는 언제나 기존 구조에서만 그 조건의 기능이 진화할 수 있기 때문이다. 오징어의 눈과 포유류의 눈이 겉으로 볼 때는 매우 비슷하거나 똑같아 보이지만 구조가 진화한 역사는 분명히 다르다.

다면체로 이루어진 파리의 눈은 움직임을 파악하는 능력이 뛰어나

곤충의 눈처럼 전혀 다른 구성 원칙을 지닌 눈이 형성된 역사는 훨씬 분명하게 추적할 수 있다. 파리의 눈을 적당한 크기로 확대해서 관찰하면 이 점을 즉시 확인할 수 있다. 파리의 눈은 다수의 작은 다면체 눈으로 이루어져 있는데, 이 다면체는 반구半球와 쐐기를 합쳐 놓은 형태이다. 다면체는 하나하나가 '점의 형상'을 만들고 많은 눈이 모여 마치 오프셋 인쇄를 할 때처럼 하나의 망판 형상으로 종합된다.

이렇게 복잡한 구조의 눈은 사람의 눈보다 움직임과 속도를 파악하는 능력이 뛰어나다. 파리 눈의 우월한 기능 덕분에 우리는 손으로 파리를 잡으려고 할 때 애를 먹는다. 우리가 아무리 빨리 움직여도 파리에게는 느린 동작으로 보이기 때문이다. 파리는 주변환경을 마치 파노라마처럼 파악하기 때문에 마지막 순간에 우리 손을 벗어나는 것이다. 하지만 파리의 눈은 사람의 눈과 비교할 때 사물의 세밀한 부분을 보는 능력은 훨씬 떨어진다.

사람은 밝고 뚜렷한 형상을 잘 본다. 이 형상이 흐릿해지기 시작하면 안과를 가보라는 신호이다. 반면 곤충은 흐릿한 형상을 잘 본다. 이들은 사람에 비해서는 공간의 깊이를 보는 능력이 떨어지지만 대신 빠른 속도로 날아도 유리창처럼 인공적인 시설이 아니면 부딪히지 않는다.

곤충의 눈에 형성된 망판 형상은 흑백 명도만 구분하는 것이 아니라 사람의 눈과 현격한 차이가 있지만 색깔도 감지한다. 곤충이 인지하는 색의 스펙트럼은 사람이 보지 못하는 자외선의 영역으로 옮겨 간다. 곤충은 붉은 양귀비꽃처럼 아름다운 진홍색을 보지 못한다. 많은 포유류가 적록색맹인 것과 마찬가지이다. 곤충의 세계는 다채로운 색깔로 펼쳐져 있지 않다. 그 까닭은 사람의 눈이 '망막 추상체錐狀體' 집단에 속해 색깔에 민감한 색소세포를 지니는 독특한 유형이기 때문이다. 이와 달리 곤충의 '망막 간상체桿狀體'는 명도를 구분하는 데 적합하다. 적록색맹 포유류는 명도를 잘 구분하는 능력을 갖고 있다. 이들에게 밤은 어두운 것이 아니라 낮보다 검은색이 더 진할 뿐이다.

눈은 시행착오 끝에 다양한 진화의 과정을 거쳤다

우리는 포유류와 인류의 진화 과정에서 눈이 어떻게 성장해왔는지 알고 있다. 인류와 척추동물의 눈에서 주요 조직은 외막과 신경관이다. 따라서 신학자와 철학자로서 윌리엄 페일리가 주장하듯 자연은 맹목적인 시계공 구실을 하는 것이 결코 아니다. 눈은 지극히 단순한 형태에서 출발해 현재까지 이어졌다. 눈은 다양한 진화의 단계를 거쳤으며 최근의 연구 결과로 입증되었듯이 구조에 있어 그때마다 유전적인 방식에 따라 '낡은 프로그램'을 이용해왔다. 유전적인 프로그램은 아직도 자체 내에 과거의 약점을 지니고 있어서 사람에게 적록색맹이 나타나듯 계속해서 과오를 반복한다.

눈은 신비로운 기관이지만 상상할 수 없을 만큼 오랫동안 시행착오를 거듭한 기관의 하나이기도 하다. 누구나 더 밝은 눈을 원할 것이다. 약한 시력을 보완하려는 시도에서 나온 안경이 자연의 '최고의 성공작'이고 '천재적인 창조주'의 놀라운 작품이라고 서둘러 결론짓는 것을 경계해야 한다. 왜냐하면 눈은 그 자체로 자연의 놀라운 창조물이기 때문이다.

진화는 역행하기도 하는가?

고래와 바다

고래의 소통 능력이나 방향 탐지 능력은 어류를 능가할 뿐만 아니라 어떤 포유류보다도 뛰어나다. 고래는 연속적인 광선처럼 발산하는 고주파의 음파로 물속의 환경을 탐지한다. 또 고래는 박쥐와 비슷하게 주위 환경을 음향 이미지로 받아들인다. 고래는 과거로 역행한 것이 아니라 오히려 커다란 장점을 가져다준 특별한 진화의 표징으로 보는 게 옳다. 바다야말로 장기적으로 최대의 먹이가 있는 생존 공간이기 때문이다.

　　진화는 뒤로 돌아가는 법이 없다. '결함도 진화 과정의 한 부분'이라고 주장하는 예에 해당하는 것이 바로 우리의 눈이다. 우리 눈에 보이지 않는 사각지대가 있는 까닭은 망막의 뒤쪽에서라면 훨씬 편리하게 유도될 수 있는 신경섬유가 여기서는 뭉친 상태로 빗겨가기 때문이다. 이 밖에도 눈의 문제점은 많다. 그렇다면 이전 상태로 되돌아가 더 나은 발전을 하도록 진화를 한 단계 이전으로 돌릴 수는 없을까. 육지동물이 물로 되돌아가 물고기 형태로 생존함으로써 진화의 '역행'도 가능하다는 것을 보여주는 예로 고래가 있지 않느냐고 물어보는 사람도 있다. 하지만 현실에서는 이처럼 역행적 움직임으로 보이는 것도 어느 경우든 지극히 진화적인 전개 과정이라는 것을

우리는 알아야 한다.

일상적으로는 '고래어Walfisch'라는 표현을 사용하기는 하지만 고래 Wal는 실제로 다시 물고기가 된 것이 아니다. 고래는 여전히 포유류인데 물고기 형태로 진화한 것뿐이다. 고래는 매우 뛰어난 소통체계를 지닌 동물이며 이들 집단 중 가장 큰 흰긴수염고래를 포함해 현존하는 동물 중 가장 크다. 고래가 어떻게 해서 그리고 왜 하필 많은 물고기가 있는 바다에서 살게 되었는지 묻기 전에 그 특징을 살펴보자.

고래는 육상에서 살던 포유류에서 유래한다

고래와 돌고래는 따뜻한 피를 지녔고 공기호흡을 하며 어미 몸속에서 새끼가 자라는 포유류이다. 고래의 새끼는 태어난 이후 어미젖을 먹고 자란다. 고래는 고도로 진화한 탁월한 능력의 뇌가 있으며 복잡한 사회적 행동을 하고 종종 인상적인 조산助産 활동을 하기도 한다. 고래의 암컷들은 어미 뱃속에서 꼬리지느러미부터 나온 새끼가 최초의 호흡을 위해 수면으로 올라가도록 합심해서 도와준다.

고래는 육상에서 살던 포유류에서 유래한다. 이것은 팔과 손에 해당하는 앞다리 뼈의 구조나 골반 뼈에 남아 있는 뒷다리 뼈의 흔적을 보면 알 수 있다. 수중생활에 적응하기 위해 고래의 네 다리의 외형은 물고기 형태로 변했다. 하지만 꼬리지느러미의 형태가 수직인 어류와 달리 고래는 수평이다. 덕분에 고래는 수중에서 빠른 속도로 상승과 하강을 할 수 있다. 상어나 고래상어는 이렇게 하지 못한다. 상어는 몸 구조가 측면 이동을 하도록 되어 있다. 상어의 꼬리지느러미가 좌우의 방향키 구실을 한다면 고래의 꼬리지느러미는 승강키 구실을 한다. 고래와 돌고래가 물고기를 사냥할 때 상어보다 성공률이 높은 것은 이런 형태 때문이다.

고래가 어느 깊이에서든 물고기를 효과적으로 쫓아다니는 데에는 또 다른 이유가 있다. 고래는 따뜻한 피 덕분에 차가운 물속에서도 자유자재로 움직일 수 있다. '고래지방Blubber'이라고 불리는 고래의 두꺼운 피하지방층은 깊은 곳으로 잠수하거나 북극이나 남극 바다처럼 차가운 곳에서 먹이를 찾을 때 추위를 차단해준다. 이런 까닭으로 돌고래나 고래는 어류의 조잡한 복제품이 아니라 한 단계 높은 버전이라고 말하는 것이다.

고래의 소통 능력이나 방향 탐지 능력은 어류를 능가할 뿐만 아니라 어떤 포유류보다도 뛰어나다. 고래는 연속적인 광선처럼 발산하는 고주파의 음파로 물속의 환경을 탐지한다. 또 고래는 박쥐와 비슷하게 주위 환경을 음향 이미지로 받아들인다. 초음파의 힘이 너무 강하면 위치를 탐지한 물고기는 음압 때문에 찢겨나갈 수도 있다. 일종의 초음파 대포로 죽는 셈이다. 대부분의 고래는 저마다 다른 노래로 상대를 인식하는 것으로 알려져 있다. 물속에서는 공기 중에서보다 음향이 더 잘 전파되므로 큰 고래라면 수천 킬로미터 떨어진 곳에서도 서로 교신할 수 있을 것이다.

바다 포유류는 매우 혁신적인 진화의 성공을 의미한다

고래의 '물고기 형태'는 육지의 척추동물이 과거로 역행한 것이 아니라 오히려 커다란 장점을 가져다준 특별한 진화의 표징으로 보는 게 옳다. 바다야말로 장기적으로 최대의 먹이가 있는 생존 공간이기 때문이다. 아득히 먼 고래의 조상이 이 생존 공간을 개척한 것은 대륙의 대부분이 얕은 바다로 뒤덮여 있던 약 5000만 년 전부터였다. 이 얕은 바다에서 엄청나게 풍요로운 생활이 전개되었다. 해안이나 강변에서 살던 네 발 달린 동물은 물속에 들어가 물고기나 수중식물을 먹이로 이용하는 것이 점점 매력적인 일이 되었다.

고래의 화석을 보면 맹수 비슷한 네 발 달린 동물에서 목이 긴 물

육상동물에서 고래가 되기까지의 긴 진화 과정은 화석으로 알 수 있다

고기 사냥꾼을 거쳐 수백만 년 동안 물고기 형태를 갖추기까지의 과정을 알 수 있다. 고래와 비슷하게 진화한 동물로는 바닷새를 꼽을 수 있다. 바닷새는 점점 완벽하게 헤엄치고 잠수하게 되었지만 날아다녀야 하는 조류의 특성상 무거워지면 안 되었기에 크기는 그대로 유지했다. 몸무게는 20킬로그램이 상한선이었다. 이 정도 무게는 작은 고래나 돌고래에게는 하한선이다. 그렇지 않아도 크기 탓에 날지 못하던 돌고래와 고래의 조상은 120톤의 무게가 나가는 최대 동물인 흰긴수염고래에 이르기까지 계속 이런 조건에서 진화를 거듭했다. 바다는 고래의 크기도 얼마든지 감당한다. 아마 육지에서라면 흰긴수염고래는 제 스스로 숨이 막혀 죽고 말았을 것이다.

남극해와 북극해를 중심으로 한류 지역이 형성되어서 매력적인 새 먹이자원이 추가로 발생했는데 그것은 끝없이 퍼져 있는 크릴새우 같은 갑각류였다. 이런 갑각류를 잡는 데 고래는 여러 가지 면에서 전문가적인 특징을 갖추었다. 이를테면 입천장의 주름에는 어살 모양의 뿔판이 자랐고 수염은 물에서 작은 동물을 걸러내는 구실을 하였다. 고래상어나 돌묵상어처럼 큰 상어도 크릴새우를 먹이로 먹는다. 상어는 어류 중에서는 가장 큰 동물이다.

물고기 형태로 생존하는 바다 포유류는 바닷새와 마찬가지로 역행적 진화가 아니라 매우 혁신적인 진화를 했고 그 과정은 성공적이었다. 이들은 조류와 포유류의 몸이 지닌 장점을 바다에서의 활동 가능성과 결합한 것이며 바다에서 최고 능률을 달성한 것이다.

줄무늬가 있는 말은
어떻게 출현했는가?

얼룩말과 체체파리

체체파리가 사바나에서 풀을 뜯는 얼룩말에게 다가가 앉으려고
할 때면 줄무늬가 쳐진 얼룩말의 몸은 시각적으로 해체되어
체체파리에게 어떠한 신호도 보내지 않는다. 줄무늬 형태는
체체파리를 막는데 완벽하지는 않아도 어느 정도 방어 장치가 된다.
이처럼 얼룩무늬는 파리 앞에서 위장하기 위해서 있는 것이지
사자를 막아주는 것이 아니다.

『그르지멕의 동물의 삶』이라는 책에서 저자는 얼룩말
의 줄무늬는 천적인 사자 앞에서 위장하기 위해서 존재하는 것이라
고 주장했다. 베른하르트 그르지멕은 정말 이렇게 믿은 것일까? 그르
지멕은 아들 미하엘과 함께 지프를 타고 동부 아프리카를 돌아다니
며 영화 〈세렝게티를 살려야 한다〉를 촬영할 때 자동차는 물론이고
촬영을 위해 사용한 경비행기 '오리'에까지 얼룩말 무늬를 칠했다. 그
때문인지 촬영 당시 사자는 자동차를 공격하지 않았다. 물론 경비행
기도 공격하지 않았다. 그런데 교통 시스템에서 '횡단보도' 표시는 위
장이 아니라 오히려 횡단하는 보행자에게 '주의'라고 알리는 신호
가 아닌가(독일어로 횡단보도는 '얼룩말 무늬Zebrastreifen'라고 한다-옮긴이).

얼룩말은 우기의 녹색 배경이나 건기의 갈색 배경일 때는 오히려 줄무늬가 선명하게 드러난다. 얼룩말은 사자의 주된 사냥감이므로 줄무늬는 분명히 좋은 방어 장치는 아니다. 그러나 사자는 주로 밤에 사냥하며 밤에 '모든 고양이는 회색이다(어둠 속에서는 모든 것이 똑같다는 의미의 속담-옮긴이)'라는 말이 있듯이 줄무늬가 있건 없건 얼룩말의 생존에는 그다지 영향력이 없는 것처럼 보인다. 그러면 줄무늬는 도대체 무엇을 위해서 또는 무엇을 막으려고 생긴 것일까?

얼룩말은 줄무늬 형태로 서로를 알아본다고 설명하는 사람도 있다. 그럴듯한 말이기는 하지만 우리 눈에는 줄무늬가 도움이 된다기보다는 혼란만 가중하는 것처럼 보인다. 그리고 집에서 키우는 말은 줄무늬가 없어도 서로 알아보니 이 말은 맞지 않다. 게다가 아프리카 남단에는 머리와 엉덩이 일부분에만 줄이 쳐진 얼룩말도 있었다. 그것도 흑과 백으로 뚜렷이 대비되는 것이 아니라 갈색 바탕에 거무스레한 무늬만 대강 쳐진 모습이다. 이 얼룩말을 콰가라고 부르는데 남아프리카로 이주한 보어인의 귀에 얼룩말이 콰아콰아 하고 울음소리를 내는 것으로 들렸기 때문에 붙여진 이름이다.

콰가는 오랜 세월 아프리카 남단에서 살았지만 지금은 한 마리도 남아 있지 않다. 20세기로 접어들 무렵 보어인이 모두 잡아버렸기 때문이다. 보어인은 이 얼룩말이 가축과 먹이를 다투는 경쟁관계에 있다고 생각하여 사냥놀이를 하며 쏘아 죽였다(보어인은 대부분 이 고기를 먹지 않았다). 콰가는 줄무늬가 많지 않은 순종 얼룩말이다. 콰가의 존재는 얼룩말이 서로를 인식하는 데 줄무늬가 필요하지 않다는 증거를 제공한다. 그럼에도 얼룩말답지 않은 이 얼룩말의 존재에 줄무늬를 이해하는 열쇠가 담겨 있다는 것은 흥미로운 일이다.

얼룩말은 줄무늬로 서로를 알아보는 것일까?

184

얼룩말에는 3종이 있는데 동부와 남부 아프리카에 넓게 퍼져 사는 사바나얼룩말과 남부 아프리카의 몇몇 지역에만 서식하는 산얼룩말 그리고 머리 모양이 당나귀를 닮은 그레비얼룩말이 그것이다. 그레비 얼룩말은 에티오피아 남부에서 케냐 북부에 이르는 동아프리카 북쪽에 서식한다. 북아프리카에는 그레비얼룩말 외에도 누비아말과 소말리아-야생나귀 등의 말이 더 있다. 그레비얼룩말은 줄무늬 간격이 좁은 반면, 야생나귀 2종은 다리에 2~3개의 줄이 쳐진 것을 빼면 줄무늬가 없다. 이 밖에 이곳에 사는 모든 말과 당나귀에는 줄무늬가 없다. 줄무늬가 쳐진 말은 사하라 사막 남단에서 콩고 분지의 열대우림 지역을 둘러싼 동부 아프리카를 거쳐 남부 아프리카와 서부의 앙골라까지 뻗어 있는 대초승달 지대에 주로 살고 있다.

아프리카 남단에 살던 얼룩말 콰가의 가죽을 보면 줄무늬가 본래부터 있었다는 것을 알 수 있다. 얼룩말이 퍼지게 된 것은 줄무늬와 어떤 관계가 있을까? 무엇보다 콩고 분지를 둘러싼 초승달 모양의 지대에서만 작용하는 원인을 찾아야 한다. 줄무늬 표시로 얼룩말이 서로 개별적으로 알아본다는 주장과 마찬가지로 사자가 줄무늬를 생기게 한 원인이라는 것도 고려의 대상이 되지 않는다. 사자는 빙하기에도 있었고 2000여 년 전까지는 아시아의 넓은 지역과 유럽 동남부에도 살았다. 하지만 이들 지역의 야생마는 줄무늬가 없었으며 지금도 마찬가지이다. 그리고 남부 아프리카의 콰가는 처음부터 줄무늬가 있었다고는 하지만 이 지역에서 줄무늬는 분명히 더 이상 필요가 없다.

먼저 두 가지 관점을 강조하고 싶다. 하나는 집에서 기르던 말이 야생화한 아메리카에서처럼 어디에서도 줄무늬 모양이 다시 나타난 적은 한 번도 없다는 점이다. 하지만 아주 먼 옛날에는 이런 형태가 널리 퍼져 있었던 것으로 보인다. 남부 스페인에는 말가죽에 얼룩말 표시가 있는 그림이 있다. 그런데 프랑스의 동굴벽화에는 줄쳐진 말이 보이지 않는다. 시간이 지나면서 얼룩말 유형의 전파 지역이 축소되었기 때문이다.

그리고 말은 오늘날과는 다른 방식으로 전파되었다. 말은 북아메리카의 초원에 살던 말과 비슷한 조상에서 나왔다. 아주 먼 옛날에 말은 유럽에서도 살았다. 독일 다름슈타트의 메셀 무덤에서는 토끼 크기만 한 원시 말의 화석이 발견되기도 했다. 여기서 가운데 발가락의 발톱, 즉 하나의 말굽으로 달리는 오늘날의 말로 진화하기까지는 수백만 년의 세월이 걸렸다.

빙하기가 시작되기 전에 말은 널리 퍼졌다. 원시 야생마는 요란한 말굽 소리를 내며 북아메리카의 초원 위를 달렸다. '인디언 버펄로'라고 불리는 아메리카들소는 300만~500만 년 전에는 없었다. 빙하기가 시작되었을 때 해수면은 100미터 이상 낮아졌다. 알래스카와 동북아시아가 육지로 연결되어 있을 때이다. 이곳은 얼어붙지 않았으므로 야생마는 이 통로를 타고 아시아 쪽으로 가거나 서북 유럽에서 시베리아까지 길게 얼어붙은 지각地殼을 피해 남쪽으로 이동했다. 야생마는 아시아의 새로운 생존 조건에 적응했다. 다양한 종의 당나귀가 출현하고 얼룩말이 나타난 것은 야생마가 먼저 아프리카로 흘러 들어간 이후의 일이다. 따라서 아시아 전체와 유럽에는 얼룩무늬 형태로 진화할 원인이 존재하지 않는다.

이제 얼룩말의 원조에 관한 단서에 가까이 접근했다. 말을 기르고 타본 사람이라면 달리다 정지할 때 말이 얼마나 민감한 반응을 보이는지 안다. 유난히 큰 말파리를 독일에서는 말 브레이크Pferdebremse라고 부르기도 한다. 평화롭게 달리던 말이 급정거해야 할 상황과 맞닥뜨릴 때는 갑자기 미친 듯이 반응한다. 그런데 아프리카에는—사하라 사막 이남의 아프리카에만—말파리보다 더 지독한 체체파리가 산다. 체체파리는 말가죽을 뚫고 말파리처럼 피를 빨아들인다. 체체파리는 유럽산 말에 나쁜 결과를 초래했다. 유럽 혈통으로 아프리카에 들어온 말은 체체파리가 서식하는 지역 밖에서만 생존할 수 있었다.

체체파리는 침을 통해 사람에게 매우 위험한 수면병의 병원체를 옮기고, 말과 소를 비롯한 다른 동물에게도 트리파노소마 병원체를 옮겨 이른바 나가나병에 걸리게 한다. 체체파리는 사하라 사막 이남의 아프리카에 서식하지만 남쪽 끝에서는 발견되지 않는다.

이제 거의 얼룩말에 얽힌 수수께끼를 풀 때가 되었다. 먼저 얼룩말과 체체파리가 어떤 관계에 있는지 알아야 한다. 영국의 수의학자 제프리 보게Jeffrey Waage는 20~30년 전 이 문제에 매달렸다. 당시 연구는 아프리카의 가축을 병들게 하면서도 이곳의 야생 소는 걸리지 않는 나가나병의 병원체 숙주 노릇을 하는 야생동물의 범위가 어디까지인지 조사하기 위한 것이었다.

연구 결과 코끼리와 사자를 비롯해 작은 가젤영양까지 모든 야생동물이 나가나병의 병원체를 몸에 지닌 것으로 밝혀졌다. 다만 얼룩말만 이것이 없거나 있어도 아주 적었다. 오랫동안 아프리카의 야생동물이 트리파노소마에 면역되어 있는 것은 알았지만 얼룩말의 몸속에는 이것이 너무 적다는 사실은 알려지지 않았다.

제프리 보게는 모조품으로 실험을 했다. 그는 각각 검은색과 흰색, 회색 그리고 흑백의 줄이 쳐진 상자를 야생동물의 크기로 만들어 사바나 위에 세워 두고 날아와 앉는 체체파리의 수를 세었다. 그러자 밝게 비치는 지평선을 배경으로 검은색에 가장 많은 체체파리가 몰렸다. 얼룩말 무늬에는 거의 한 마리도 앉지 않았다.

체체파리의 눈은 얼룩말의 줄무늬를 인식하지 못한다

이유는 파리 눈의 구조에 있다. 파리 눈은 하나하나의 눈이 수천 개가 뭉쳐 있는 형태이다. 파리는 이런 눈으로 인류보다 훨씬 빠른 속도로 움직이는 물체를 포착한다(체체파리를 손으로 잡는 것이 어려운 것은 바로 이런 이유 때문이다). 그 대신 대상의 정확한 형태는 포착하지 못하며 그나마 날아갈 때 비로소 제대로 볼 뿐이다. 체체파리가 사바나에서 풀을 뜯는 얼룩말에게 다가가 앉으려고 할 때면 줄무늬가 쳐진 얼룩말의 몸은 시각적으로 해체되어 어떠한 신호도 보내지 않는다. 이와 달리 그 옆에서 같이 풀을 뜯고 있는 누는 그 진한 형태가 확연히 드러나므로 체체파리는 누의 몸에 앉아 피를 빤다.

그렇다면 누와 영양, 가젤영양도 얼룩말처럼 줄무늬를 쳐서 체체파리나 다른 귀찮은 곤충을 막아야 하는 것이 아닌가? 물론이다. 이 동물들도 엉덩이나 얼굴 등 유난히 민감한 부위에 줄무늬를 달고 있다. 다만 이들은 면역이 되어 있기 때문에 감염을 막을 필요가 없을 뿐이다. 이 동물들은 체체파리나 이 파리가 옮기는 질병과 상호작용을 거치면서 아프리카의 야생동물로 출현한 것이다. 이와 달리 얼룩말은 빙하기가 시작된 이후에 비로소 아프리카로 들어왔기 때문에 체체파리에 대한 면역력이 없는 것이다.

이 밖에도 얼룩말은 나가나병에 유난히 잘 걸리는 특성이 또 있다. 말 특유의 소화기능 때문이다. '사과 모양의 말똥'과 쇠똥을 비교하면 즉시 그 차이를 알 수 있다. 소는 말보다 훨씬 강도 높은 소화를 한다. 하지만 말은 지푸라기나 씨를 통째로 내보내기 때문에 배설물 둘레로 참새가 몰려든다.

말은 이른바 직장발효동물(대부분의 소화가 대장에서 이루어지는 동물로 말과 토끼가 여기에 속한다-옮긴이)이다. 말은 먹이를 많이 먹고 빨리 소화하는 대신 불완전한 소화를 한다. 소나 영양, 그리고 가젤영양은

체체파리 앞에서 위장 효과를 내기 위한 얼룩말의 줄무늬

소화 속도는 느리지만 완전한 소화를 한다. 이들은 반추동물이기 때문이다. 반추동물은 이미 먹은 것을 첫 번째 위에서 토해내어 완전히 씹고 새로 삼킨 다음 연결된 위의 다른 방으로 보낸다. 이 때문에 쇠똥은 걸쭉해 보인다. 이렇게 철저한 소화 과정을 거치면서 반추동물은 추가로 비장을 해독 기관으로 이용한다. 나가나병의 병원체가 들어와도 잘 버티는 것은 바로 이 때문이다. 그러나 말은 그렇지 못하다. 말의 비장은 사람과 마찬가지로 혈액저장소 구실을 한다. 하지만 비장이 이런 덕분에 말에게는 달릴 수 있는 능력이 생겼고, 사람에게는 이상적인 기마동물이 될 수 있었다.

얼룩무늬는 사자가 아니라 파리 앞에서 위장하기 위한 장치일 뿐

얼룩말의 줄무늬 형태는 체체파리를 막는데 완벽하지는 않아도 어느 정도 방어 장치가 되었다. 얼룩무늬는 파리 앞에서 위장하기 위한 것이지 사자를 막아주는 것이 아니었다. 그러니 이 지역에 사는 얼룩말은 당연히 태어날 때부터 얼룩무늬가 있어야 한다. 가라말(털빛이 새카만 말-옮긴이)로 태어나 시간이 지나면서 흰색이 나는 백마와는 달리, 얼룩말 망아지는 처음부터 얼룩말 모양으로 태어난다. 어미 뱃속에서 자랄 때 줄무늬가 일찍 형성될수록 그만큼 줄의 폭도 넓어진다. 당나귀처럼 생긴 그레비얼룩말은 줄무늬의 폭이 좁다. 배는 완전히 흰색이다. 동북 아프리카에 그레비얼룩말이 전파된 지역은 말이 빙하기에 아프리카로 옮겨올 때 통과한 지역과 가깝다. 말은 각기 수십만 년의 간격을 두고 세 차례에 걸쳐 이동했다. 얼룩말이 3종이 된 까닭은 바로 이 때문이다. 마지막에 이주한 종이 그레비얼룩말이다.

최초로 이주한 종은 남부 아프리카 일대에 넓게 분포한 얼룩말이다. 이 얼룩말은 폭이 넓은 검은색 줄이 쳐져 있는데, 줄무늬 사이로 많은 아종亞種의 줄이 보이며 이른바 섀도스트라이프(서로 다르게 꼰

실로 짠 직물의 무늬로 빛이 비치는 방향에 따라 직물의 무늬가 보였다 안 보였다 한다-옮긴이)가 나 있는 때도 있다. 전체적으로는 이런 줄의 배합이 잘 어울린다. 얼룩말의 줄무늬는 체체파리를 막는 효과를 발휘한다. 체체파리에게 필요한 고온다습한 생존 조건은 뚜렷이 나타났다가 다시 오랜 건기 동안에는 이러한 환경이 줄어드는 변화가 나타났다. 체체파리의 서식지역이 들쑥날쑥했으므로 그에 따라 얼룩말의 형태도 콰가가 멸종된 남부 아프리카에서 한때는 지중해까지 퍼지기도 했다.

사하라 사막이 형성된 이후 파리는 아프리카의 광범위한 지역으로 몰려왔다. 그것은 얼룩말이 출현한 경로와 같다. 얼룩말의 몸에 줄무늬가 난 것은 위장을 하기 위해서였고 이것은 그르지멕 부자父子가 발견했다. 대상을 다르게 생각하긴 했지만 위장이라는 발상 자체는 맞다. 이들이 자동차를 타고 얼룩말 영화를 촬영할 때 그들은 체체파리에 시달리지 않은 것은 분명하다.

왜 곤충 집단은 이동을 하는가?

작은멋쟁이나비와 떼를 지어 이동하는 메뚜기

작은멋쟁이나비는 겨울이 없는 열대의 변경에서, 뚜렷한 건기에
출현한 종이다. 작은멋쟁이나비는 어떤 성장단계에서도 건기를 견디지
못하고 강우지역을 찾아 나선다. 강수량이 평균을 웃돌 때는 종의
개체수가 급격하게 불어난다. 그러면 작은멋쟁이나비는 먹이와 생존
공간을 찾아 이동한다. 이동할 때가 봄이면 간간히 북쪽으로 부는
바람을 이용한다. 이 바람을 타고 건조현상이 심하지 않은 지역으로
옮겨가는 것이다.

최근 몇 년간 초여름이면 작은멋쟁이나비가 엄청나게
떼를 지어 나타나곤 했다. 작은멋쟁이나비는 체체파리와 달리 특정
지역에 서식할 뿐만 아니라 전 세계를 돌아다닐 때도 있다. 갈색 점이
박힌 이 나비는 뮌헨의 중앙역 부근을 날아다니는가 하면 가을바람
에 휘날리는 나뭇잎처럼 고속도로 위를 날기도 한다. 떼를 지어 이동
하는 작은멋쟁이나비는 2003년 6월과 2009년 5월에 가장 큰 집단을
이루었다. 2003년 알프스를 넘어와 이자르 강 계곡을 따라 북쪽으로
이동하면서 뮌헨을 지나갔는데 이때 시내에 흩어져 있던 숲은 작은
멋쟁이나비로 온통 뒤덮여 나뭇잎이 보이지 않을 정도였다. 규모로 보
아 개체 수가 2000만 마리는 넘었던 것 같다. 북쪽이나 북서쪽 이동

경로에서 작은멋쟁이나비가 선호하는 강의 골짜기가 더 있는 것을 감안하면 1억 마리는 넘었을 것이다.

이 나비가 집단으로 이동할 때는 마치 미리 쳐놓은 줄을 따라가는 것처럼 보인다. 주로 지상 1~2미터 위에서 나는데, 방해물이 나타나면 돌아가지 않고 방해물 위로 넘어간다. 작은멋쟁이나비가 날아갈 때면 퍼덕이는 앞날개가 사람의 뺨에 닿아 묘한 느낌을 줄 때도 있다.

5000킬로미터를 이동하는 작은멋쟁이나비

이 나비는 멀리서 날아온다. 대부분은 아프리카에서 오는데 사하라 사막 이남에서 올 때도 많다. 이때는 먼저 끝없이 펼쳐진 듯한 사막지대를 통과한 다음, 잠시 해안가에서 휴식을 취하고 지중해를 넘는다. 이어 알프스 기슭에 이르면 다시 잠시 동안 쉬면서 대기하다가 날씨가 따뜻해지면 알프스를 넘는다. 이때 작은멋쟁이나비는 알프스에서 북쪽으로 흐르는 하천을 따라 북상한다. 알프스 북쪽 부근에서 이동비행을 끝내는 나비의 수는 적은 편이다. 대부분 계속해서 북쪽이나 북동쪽으로 날아간다. 발트 해 주변지역까지 이동하는 나비가 많고 아이슬란드까지 날아가는 나비도 적지 않다. 전체 이동거리로 보면 그 거리가 4000~5000킬로미터에 달한다.

나비들이 도착하는 곳은 낯선 곳이다. 암컷은 목적지에 닿으면 엉겅퀴나 다른 식물에 앉아 알을 낳는다. 알을 낳을 식물을 고르는 조건은 그다지 까다롭지 않다. 뾰족한 털에 붙은 유충은 기상조건에 따라 성장속도가 다르며, 번데기가 되었다가 여러 주가 지나면 고치를 빠져나와 새로운 세대의 나비가 된다. 그리고 지중해 쪽으로 방향을 잡은 다음 계속 아프리카를 향해 귀환 비행을 시작한다.

그토록 연약해 보이는 나비가 이토록 먼 거리를 날다니! 영국에서는 이 나비를 '연지 바른 여인Painted Lady'이라고 부른다. 밑 날개에 연한 파스텔 색조로 선명한 점이 찍혀 있기 때문이다. 작은멋쟁이나비의 생존방식을 모른 채 겉모습만 보면, 이 나비가 세계일주에 버금갈 만큼 먼 거리를 이동한다는 것을 상상조차 하지 못할 것이다. 실제로 작은멋쟁이나비는 거의 탈진할 때까지 날개를 사용한다. 수일에서 수 주일 걸리는 이동(작은멋쟁이나비는 풍속風速에 따라 하루에 80~200킬로미터를 이동한다)을 끝내고 나면, 힘이 다 빠져서 날개가 '떨어져 나갈 것'처럼 보인다고 나비 전문가들은 말한다. 작은멋쟁이나비는 왜 이토록 고생을 하는 것일까? 그리고 집단 이동은 왜 점점 빈번해지는 것일까?

동면하지 않는 나비에게는 고온다습한 기후가 필요해

작은멋쟁이나비는 독일에 서식하는 대부분의 토착종처럼 나비의 형태, 번데기의 형태 또는 알이나 유충의 형태로는 겨울잠을 자지 않는다. 동면 없이 한 세대에서 다음 세대로 계속 이어진다. 작은멋쟁이나비는 겨울이 없는 열대의 변경에서, 뚜렷한 건기에 출현한 종이다. 작은멋쟁이나비는 어떤 성장 단계에서도 건기를 견디지 못한다. 그래서 건기를 피해 강우 지역을 찾아나선다.

사헬 지역(사하라 사막 남부와 수단의 사바나 지역 사이에 위치한 초목지대-옮긴이)이라고 불리는 사하라 사막 이남은 강우 지역의 분포가 불규칙하다. 어떤 해에는 비가 조금 내리거나 전혀 내리지 않고, 어떤 해에는 많은 비가 내리기도 한다. 이에 따라 비에 의존하는 작은멋쟁이나비와 다른 곤충의 생존 조건도 불안정할 수밖에 없다. 강수량이 평균을 웃돌 때는 종의 개체수가 급격하게 불어난다. 그러면 작은멋쟁이나비는 먹이와 생존 공간을 찾아 이동하는 것이다. 이동할 때가 봄이면 간간히 북쪽으로 부는 바람을 이용한다. 바람을 타고 건조 현상이 심하지 않은 지역으로 옮겨가는 것이다.

집단이 크지 않을 때면 지중해까지 이동한다. 개체 수가 급격히 늘어났을 때는 북쪽을 향해 알프스를 넘어 시베리아 남부까지 이어질 때도 있다. 특히 대서양의 영향권보다 여름철 기상이 믿을 만한 동북 유럽에서 새로운 세대로 성장하는 예가 많다. 이들은 먼 거리를 이동하며 아프리카로 돌아가 새로운 생존의 순환을 시작할 것이다.

이들의 목적지는 고온다습한 여름 기후 지역이다. 먹이가 되는 식물이 이런 환경에서만 잘 자라기 때문이다. 알맞게 부는 바람도 도움이 된다. 편리한 바람은 특정한 기상 조건에서 분다. 이들이 불규칙하게 중부 유럽으로 가는 것은 사헬 지역의 강우 상태 때문이다. 수십 년 동안 이곳의 강수량은 너무 적었다. 사람과 가축은 이 기간에 갈증과 굶주림에 시달렸다. 그러다가 1990년대 들어 강수량이 늘어나는 주기가 찾아오기 시작했다. 이후 개체 수가 늘어난 작은멋쟁이나비는 집단이동으로 대응했다.

2003년처럼 강수량이 유난히 많다면 메뚜기떼도 경우에 따라 그 수가 엄청나게 불어날 수 있다. 당시 수백만 마리의 메뚜기떼는 사하라 사막 남부를 출발해 바다를 건너 카나리아 제도까지 이르렀고, 12월에는 아조레스 제도에서 부는 바람을 타고 포르투갈까지 가기도 했다. 이때 이베리아 반도가 메뚜기에게 불리한 기상조건이었던 것은 다행이었다. 메뚜기떼의 침입은 눈에 띄는 피해가 없어도 그 자체로 죽음의 재앙을 불러오기 때문이다.

오래 전 중부 유럽에도 주기적으로 메뚜기떼가 침입해 실제로 거의 모든 농작물을 갉아먹었던 적이 있다. 흔히 소빙기라고 불리는 추운 시기였다. 이때의 여름 기후는 습하고 추웠는데, 그 영향으로 러시아 남부와 흑해의 초원지대에서는 강수량이 급격하게 불어나 메뚜기가 폭발적으로 늘어났다. 메뚜기떼가 마치 모래폭풍처럼 해를 가렸다는 것으로 보아 수십억 마리에 달했을 것으로 추산된다. 이 대집단이 북서쪽으로 방향을 잡고 중부 유럽으로 날아온 것이다. 마지막으로 대집단의 메뚜기떼가 침입한 것은 1747~1749년이었다. 1873~1875년에는 브란덴부르크 지역이 메뚜기떼로 엄청난 피해를 입었다.

왜 어떤 새는 이동하고
어떤 새는 이동하지 않는가?

짝이 없는 되새와 유연한 들종다리

겨울에는 곤충과 열매가 거의 없기 때문에 이것만 먹고 사는 새는
남쪽으로 이동할 수밖에 없다. 이런 조류는 날씨와 관계없이
늦여름이나 초가을이 되면 신체 내부에 저장된 시간 프로그램에 따라
이동하기 시작한다. 그리고 내부 프로그램이 충분한 환경이라는 것을
알려줄 때까지 비행한다. 목적지에 도착해 겨울을 난 뒤 일정한
때가 되면 다시 북쪽으로 긴 거리를 이동한다. 철새는 이런 식으로
자체의 달력 기능을 지니고 있다.

우리가 규칙적으로 기다리는 이동 동물도 있다. 아직
여름이 멀었다는 것을 알려주는 제비와 아름다운 노래를 들려주는
뻐꾸기, 요즘도 눈에 띄는 나이팅게일, 이밖에 봄의 전령 구실을 하는
또 다른 철새들이 여기에 속한다. 이때가 되면 일년 내내 사람이 생
활하는 주변에 살면서 거기에서 나는 먹이에 의존해 겨울을 나는 새
들은 뒷전으로 물러앉는다.

박새와 지빠귀, 방울새, 참새는 봄이 되면 주목을 받지 못한다. 언
론은 첫 황새가 돌아왔음을 알린다. 그러나 황새 못지 않게 날씬한
큰 해오라기는 보도할 가치가 없다고 생각한다. 큰 해오라기가 눈과
추위를 버티고 용감하게 겨울을 났어도 말이다. 왜 어떤 새는 한곳에

서 성공적으로 겨울을 나는데 어떤 새는 이동하는 것일까?

수컷 되새는 겨울이면 혼자 남고 암컷은 이동한다

간단히 말해 남쪽으로 이동하는 새는 겨울에 너무 추워서이다. 학술적으로 코엘렙스Coellebs라는 종명種名을 지닌 되새를 예로 들어보자. 가톨릭 사제들의 독신이 무슨 의미인지 아는 사람은 이 단어가 부인 없이 혼자 사는 홀아비 생활을 의미한다는 것을 알 것이다. 수컷 되새는 겨울이면 암컷 없이 혼자 산다. 수컷이 홀아비로 겨울 추위를 버티는 동안 암컷은 겨울을 나기 위해 따뜻한 남쪽으로 날아가기 때문이다. 나이가 든 소수의 암컷만 수컷 곁에 머물 뿐이다. 누군가는 '눈물 나는 이야기'라고 말할지 모르겠다. 하지만 인류적인 관점을 들먹이거나 감정적인 판단을 할 때가 아니다.

'가련한 수컷 되새'는 생각만큼 형편이 나쁘지 않기 때문이다. 이런 사실은 암컷이 돌아올 때면 드러난다. 특히 겨울이 그리 길지 않고 혹독한 추위가 없었다면 수컷이 넘쳐나기 때문이다. 암컷 되새는 주로 지중해 주변에서 겨울 둥지를 찾기 위해 이동하는데, 이것은 알프스 이북에서 겨울을 나는 것보다 결코 더 안전하다고 할 수 없다. 그럼에도 암컷이 이곳에 머물지 않고 왜 이동하는가 하는 문제는 암컷의 특성과 관계가 있다.

본래 둥지로 돌아온 직후 암컷은 알을 낳는다. 수컷은 암컷의 노고에 보답하기 위해 정성을 다해 울음소리를 낸다. 겨우내 사람들의 생활주변에서 곡물을 먹이로 섭취한 수컷은 에너지가 넘친다. 새끼를 가진 암컷은 수컷보다 더 많은 에너지가 필요하다. 암컷의 몸은 알의 신속한 성장을 위해 단백질이 필요하며, 그것도 많은 단백질이 있어야 한다. 다 자란 알의 무게는 어미 몸의 3분의 1이나 되고 그 이상 되는 조류도 적지 않다.

되새는 주로 곤충으로 단백질을 공급한다. 하지만 곤충은 겨울에는 구하기 어렵다. 겨울에 먹는 씨앗 속에는 녹말과 지방 형태의 에너지가 들어 있는데 수컷은 이것을 먹고 길고 추운 겨울밤을 버틴다. 물론 수컷도 새끼를 키우는 일에 참여하기는 하지만 번식에서 오는 부담을 떠맡는 쪽은 암컷이다. 암컷은 수컷이 노래하는 데 소비하는 에너지를 비축했다가 겨울 둥지에 갔다 오는 데 써야 하기 때문이다. 암컷의 이동은 수컷의 노래보다 더 많은 에너지를 소비하지만 양질의 단백질을 보존하고 늘리는 데는 훨씬 유리하다. 겨울 서식지에는 곤충이 살고 있고 곤충으로 풍부한 단백질을 공급받을 수 있기 때문이다. 그러나 나이 든 암컷은 저장된 에너지가 많기 때문에 이동하지 않고 겨울을 나는 것이다.

알을 낳는 암컷은 보다 많은 단백질 공급을 위해 이동하는 것

지빠귀를 보면 더 분명하게 드러난다. 지빠귀도 암컷은 대부분 곤충을 찾아 남쪽으로 이동하고 수컷은 남는다. 겨울에 눈이 많지 않고 추위가 심하지 않을 때에는 이동하는 암컷이 줄어드는데, 검은색의 수컷과 달리 암컷의 깃털은 갈색이므로 쉽게 알 수 있다.

기민하게 위장하는 박새 같은 조류는 겨울에 동면중인 거미나 나비의 알을 찾는다. 박새의 위는 해바라기씨나 다른 곡식에 적응되어 있다. 비록 이런 종류의 먹이에 단백질이 많은 것은 아니지만 조그만 박새가 부화를 위해 저장할 만큼의 양은 충분하다.

다른 종은 겨울이 되면 먹이도 부족하고 적응하지도 못한다. 이런 새는 거의 예외 없이 곤충과 열매에 의존하는 종이다. 겨울에는 곤충과 열매가 거의 없기 때문에 이런 조류는 남쪽으로 이동할 수밖에 없다. 오직 곤충만 먹고 사는 새는 멀리 갈 때에는 열대 아프리카 깊숙이 들어간다. 이런 조류는 날씨와 관계없이 늦여름이나 초가을이 되면 신체 내부에 저장된 시간 프로그램에 따라 이동하기 시작한다. 그리고 내부 프로그램이 충분한 환경이라는 것을 알려줄 때까지 비행을 계속한다. 그리고 목적지에 도착해 겨울을 난 뒤 일정한 때가 되면 다시 겨울 둥지를 향해 북쪽으로 긴 거리를 이동한다. 철새는 이런 식으로 자체의 달력 기능을 지니고 있다.

먼 거리를 이동하는 집단과 그대로 남아 있는 집단 사이에 매우 유연하게 대응하는 조류가 있긴 하다. 찌르레기와 들종다리 같은 종이다. 이런 새들은 단순히 기상상태가 어떻게 변할지 기다린다. 가을이 되면 이곳저곳 날아다니며 땅이 얼어붙지 않거나 잠시 동안만 어는 따뜻한 지역을 찾아 이동하는데 땅이 풀리자마자 다시 본래의 둥지로 돌아온다.

철새가 돌아오는 것은 이상적인 부화 지역을 차지하기 위해서

철새의 모습은 겨울이 끝나가거나 계절이 바뀌고 있음을 알려주는 자연의 신호이다. 철새가 이동 중에 온화한 기단(氣團, 넓은 지역에 걸쳐 있는, 수평 방향으로 거의 같은 성질을 지닌 공기 덩어리-옮긴이)을 만나는 때도 흔하므로, 언제나 정확히 맞춰 도착하는 것은 아니다. 하지만 겨울이 일찍 물러나 철새가 제때에 돌아오지 않으면 그들은 막대한 손실을 입을 수도 있다. 가장 먼저 돌아오는 철새가 가장 이상적인 부화 지역을 차지할 수 있기 때문이다. 나중에 돌아오는 새는 다른 새가 차지하고 남은 것에 만족해야 한다. 이런 일은 인류세계에서도 자주 일어나는 일이다.

황새는 어떤가? 황새도 겨울이면 곤충을 잡아먹는 조류이다. 황새의 크기로 보아 곤충의 크기도 커야 하고 또 양이 충분해야 한다. 때문에 황새는 메뚜기가 많이 서식하는 아프리카의 사바나로 들어간다. 활강솜씨가 뛰어난 황새는 가을이면 산맥을 따라 온난 상승기류를 이용하므로 언뜻 보면 불필요하게 긴 길을 돌아 아프리카로 가는 것처럼 보인다. 이른 봄이 되면 황새는 다시 이 상승기류를 타고 돌아온다. 이렇게 긴 이동거리는 당연히 보람이 있다. 황새가 4~5개의 알을 낳아 부화하고 수개월 간 새끼를 키우려면 많은 영양분과 에너지를 저장해야 하므로 몸 상태가 이상적일 때 도착해야 하는 것이다.

　왜가리와 날씬하고 큰 해오라기도 겨울을 나는 나름의 방법을 갖고 있다. 이들은 겨울 둥지를 찾아 멀리 이동하는 수고를 피해 들쥐를 잡아먹으면서 목을 움츠린 채 겨울을 견디고, 몸 상태가 좋아지기를 기다려 알을 부화한다. 이들은 부화를 시작할 때는 물고기가 필요하므로 분포지역이 크게 제한될 수밖에 없다. 이 새들이 물고기를 잡을 때 방해꾼—예를 들어 낚시꾼—이 없는 곳이 부화에 가장 이상적인 곳이다.

왜 새는 겨울 둥지에
머무르지 않는가?

개개비의 장거리 비행

새가 여름이면 북쪽으로 돌아오는 것은 열대보다는 북쪽의 숲과 들에
먹이가 더 풍부하기 때문이다. 새끼들이 자라는 데 필요한 작은
곤충이 이곳에는 널려 있다. 그 다음은 낮의 길이와 관계가 있다.
열대에서는 일년 내내 12시간씩 나뉘는 낮과 밤의 길이에 변화가 거의
없다. 또한 열대 내륙은 기상변동이 빈번해서 먹이를 찾을 시간이
평균 10시간 정도밖에 되지 않는다. 폭포수 같은 폭우가 쏟아질 때도
많아서 먹이를 찾기 어려운 상황이다.

수억 마리의 철새는 봄이 되면 겨울 둥지를 떠나 다시
북쪽으로 이동한다. 새는 겨울에 필요한 먹이를 찾을 수 없기 때문에
남쪽으로 이동한다. 몇몇 종은 그동안 지중해 주변에서 겨울을 나기
도 한다. 단거리 이동 철새는 장거리를 이동하는 조류와 달리 멕시코
만이나 북아프리카의 거대한 사막지대인 사하라 사막을 넘어가지 않
는다.

열대에서 겨울을 나는 새는 계절이 바뀌었을 때 왜 열대에 계속 머
물지 않는 것일까? 우선 열대보다 북쪽에 먹을 것이 많다는 사실을
들 수 있다. 여름이면 북쪽의 숲과 들은 열대보다 먹이가 훨씬 풍부
하다. 새끼들이 자라는 데 필요한 작은 곤충이 어디에나 널려 있다.

그 다음은 낮의 길이와 관계가 있다. 열대에서는 일년 내내 12시간 씩 나뉘는 낮과 밤의 길이에 변화가 거의 없다. 새벽과 저녁 시간도 짧다. 해가 지면 갑자기 밤이 된다. 아침도 갑자기 찾아온다. 어스름한 새벽과 저녁 나절은 명금류(鳴禽類, 고운 소리로 지저귀는 참새, 꾀꼬리 따위-옮긴이)가 노래를 부르는 시간대이다. 밝은 시간대에는 먹이를 찾아야 하므로 노래할 시간이 없다. 열대 내륙은 기상 변동이 빈번해서 먹이를 찾을 시간이 평균 10시간 정도밖에 되지 않는다. 폭포수 같은 폭우가 쏟아질 때도 많다. 무섭게 내리는 호우는 흔히 해가 높이 뜬 이후에 찾아온다. 유충이나 곤충은 대부분 이 시간대에 활동하지만 억센 빗발 속에서는 찾아나서기가 어렵다.

열대 여름은 기상이변이 심해 먹이를 찾아나서기 어렵다

하지만 북쪽의 초여름은 양상이 다르다. 낮은 점점 길어져 6월이면 14~16시간으로 늘어나고 때로는 20시간까지 빛이 비쳐 부화하기에 이상적인 조건이 된다. 북쪽으로 갈수록 햇볕이 많아져서, 툰드라 지대에서 낮 시간은 가장 길다. 극권極圈에서는 수주간 어둠이 찾아오지 않을 때도 있다. 이곳에서 부화하는 새는 먹이를 찾는데 두 배 이상의 시간을 쓸 수 있다. 그리고 스스로 먹이를 찾아나선 새끼를 돌보는 데도 유리하다. 먹이사냥을 배우는 오리와 짧은다리도요, 뻭뻭도요의 새끼는 시간이 많아서 틈틈이 어미 품을 찾아 잠을 잘 수도 있다. 새끼들은 성장속도가 빠르고 열대에서보다 빨리 자란다. 반면에 열대에서는 활동할 시간도 짧고 무엇보다 먹이가 풍족하지 않다.

또 열대에는 특수하게 진화한 곤충도 많다. 새들은 식물을 먹을 때 유독물질도 같이 받아들인다. 따라서 열대의 곤충은 조류에게 좋은 먹이가 되지 못한다. 둥지에서 자라는 새끼도 열대 밖의 지역, 특히 북쪽 숲에 서식하는 아종亞種보다 성장속도가 느린 종이 많다. 북쪽의 조류는 알도 3~4배나 많이 낳는다.

게다가 열대에는 부화를 방해하는 적이 많다. 새알을 전문적으로 노리는 나무독뱀도 있고 새 둥지를 약탈하는 수많은 포유류, 어미 새를 사냥하는 맹금류猛禽流도 있다. 그러나 북쪽의 부화지역에는 적의 압박이 심하지 않다. 이와 같은 환경에서는 모든 조류가 동시에 부화를 하고 동시에 새끼를 키우기 때문에 일시적으로 개체 수가 과잉 상태에 달하기도 한다.

조류는 좋은 먹잇감을 찾아 전세계를 날아다녀

조류의 최대 장점은 비행 능력에 있다. 비행은 에너지 소모 측면에서는 많은 비용이 들기는 하지만 이상적인 생존 조건을 찾을 수 있다는 점에서 훌륭한 기회를 제공한다. 찌르레기만한 작은 크기에 길고 흰 부리가 달린 붉은갯도요는 부화 시기가 지난 다음, 먹이가 풍부한 북해의 평평한 해안지대, 이른바 사주沙州가 있는 바다로 날아간다. 그곳에서 먹이를 배불리 먹고 서아프리카나 인도양으로 날아갈 에너지를 비축하기 위해서이다. 세이셸 군도의 야자수 밑에서는 동아프리카의 해안에서 볼 수 있는 종과 같은 붉은갯도요를 흔히 볼 수 있다. 이들뿐 아니라 북쪽 멀리에서 온 섭금류(황새, 백로, 왜가리 따위-옮긴이)도 보인다. 이런 조류는 인류와 마찬가지로 세계를 돌아다니는 종으로서 북극지방에서 열대로 날아갔다가 이듬해 봄이면 다시 돌아오는 이동을 반복하면서도 어렵지 않게 환경에 적응한다.

장거리 이동의 이점을 살리며 작은 곤충을 먹고 사는 새는 명금류만이 아니다. 툰드라에는 곤충이 풍부할 뿐 아니라 유독성분이 있는 곤충이 없다. 물속에서 자라는 곤충의 유충은 독성이나 방어 물질이 없는 먹이를 먹기 때문이다(이런 이유로 사람도 모든 민물고기를 먹을 수 있지만 산호초를 먹는 물고기는 일부 제외된다).

무엇보다 엄청나게 많은 수의 수생곤충이 호수와 하천가에서 성장하기 때문에 조류의 생활은 이런 곳으로 밀집된다. 이 밖에 밀도 높은 조류의 서식지대는 중부 유럽의 호숫가에 있는 갈대숲이다. 넓이가 100제곱미터 정도 되는 갈대숲이면 몇 마리의 개개비(휘파람샛과의 작은 새-옮긴이)가 성공적인 부화를 하기에 충분하다. 때로 개개비는 10제곱미터의 좁은 갈대밭에서 부화를 하는 경우도 있다. 개개비의 부화 지역에 관심을 쏟는 조류는 우리 모두 잘 아는 종으로, 갈수록 울음소리를 듣기 어려운 뻐꾸기가 대표적이다.

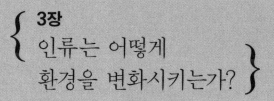

{ **3장**
인류는 어떻게
환경을 변화시키는가? }

이 유명한 조류는
왜 점점 보기 어려운 것인가?

더러운 환경을 좋아하는 뻐꾸기

갈대숲은 깨끗하고 아름다워졌지만 그 때문에 새들의 먹잇감은
줄어들었다. 뻐꾸기의 생존 터전도 사라졌다. 뻐꾸기가 사라진
것은 환경의 변화와 관계가 있다. 우리는 하천을 평가할 때 오직
사람과 관련된 기준만 적용한다. 학술적인 조사의 목적은 물고기나
새, 조개, 잠자리, 작은 게의 생존 환경을 위한 것이 아니라 사람이
미역을 감을 수 있는 수준을 확보하기 위한 것에 그칠 때가 많다.

요즘은 독일에서 뻐꾸기를 보거나 울음소리를 듣기가
쉽지 않다. 뻐꾸기 울음소리는 만물이 소생하는 봄이 왔다는 것을
알린다. 그럼에도 이 울음소리를 마냥 반길 수 없는 것은 뻐꾸기가
불쌍한 작은 새에게 기생寄生부화하는 조류이기 때문이다. '뻐꾸기 아
이'라는 말은 어린 뻐꾸기만 뜻하는 것이 아니다. 다른 새의 둥지에
낳은 '뻐꾸기 알'처럼 여자가 밖에서 바람을 피워서 낳은 아이를 뜻하
기도 하다. 윤리적인 면에서 보자면 뻐꾸기가 사라지고 있는 것은 어
쩌면 축하할 일인지도 모른다.

독일에서는 오랫동안 뻐꾸기가 길조吉鳥로 알려져 왔다. 농촌에서는
첫 뻐꾸기 울음소리를 들으면 몇 번 우는지 정확하게 세어야 한다는

이야기가 전해지고 있다. 뻐꾸기가 우는 횟수로 품삯을 셈하던 관습 때문이다. 하지만 이 말은 머리 좋은 농부들이 머슴이나 하녀를 일찍 깨워 더 많은 일을 시키려고 지어낸 말일 뿐이다. 4월 중순이나 말경 뻐꾸기가 아프리카의 겨울 서식지에서 돌아올 때쯤이면 농촌에는 할 일이 매우 많다. 뻐꾸기는 이른 아침에 자주 울고 또 가장 오래 우는 새이기 때문에 거의 하루 종일 울음소리를 들을 수 있다.

뻐꾸기와 관련해서는 이밖에도 여러 가지 이야기가 전해진다. 사람들은 품삯을 담보로 돈을 날렸을 때 "뻐꾸기가 물어갔다"라는 말을 한다. 또 뻐꾸기는 농촌이나 도시를 막론하고 흔한 새였기 때문에 뻐꾸기 새끼가 가을이 되면 새매로 변해 저를 키워준 양어미를 잡아먹는다는 이야기도 생겼다. 아주 그럴듯하게 새매와 비교하는 것을 보면 사람들이 뻐꾸기의 습성을 제대로 알고 있는 것이 분명하다. 알에서 나온 뻐꾸기 새끼가 양어미의 알이나 새끼를 둥지 밖으로 밀어내는 것을 사람들은 허투루 보지 않았던 것이다. 이처럼 사람들의 생활에 다양한 이야기를 전해준 정겨운 새 뻐꾸기를 지금은 왜 보기 힘든 것일까? 그 사이에 자연환경은 매우 정화되었는데도 말이다.

뻐꾸기는 짧은 시간에 십여 개의 알을 다른 새의 둥지에 낳아

뻐꾸기는 명금류의 둥지를 기생부화에 이용하고, 그것도 매우 알 맞은 상태에 알을 낳는다. 뻐꾸기 암컷은 양어미가 언제 알을 낳는지 정확하게 관찰한다. 양어미는 작은부리울새가 될 수도 있고 바위종다리나 할미새, 개개비가 될 수도 있다. 암컷 뻐꾸기의 머릿속에는 자신이 태어나 보살핌을 받으며 자란 양어미의 종이 각인되어 있어서 대개는 자신의 태어난 새의 둥지를 찾는다. 여기서는 '개개비의 둥지에서 자란 뻐꾸기'라고 가정해보자. 이 암컷 뻐꾸기는 개개비가 갈대숲에서 어떤 과정을 거쳐 부화하는지 관찰한다. 이 일은 아주 신중하게 진행해야 한다. 양어미가 될 개개비가 뻐꾸기를 발견하면 '적의를 품고' 즉시 쫓아낼 것이기 때문이다. 수컷 뻐꾸기의 경우는 더 쉽게 눈에 띄기 때문에 교란작전이 동원되기도 한다.

암컷 뻐꾸기는 둥지 주인이 수컷 뻐꾸기를 쫓아내는 동안 몰래 둥지에 접근한다. 둥지에 이미 알이 2~3개 있을 때 자신의 알을 재빠르게 낳아 이곳에 몰래 섞어놓는 것이 가장 좋다. 암컷은 둥지 주인의 알 하나를 밖으로 밀어내고 그곳에 자신의 알을 낳는다. 그렇지 않고 둥지가 비어 있을 때 알을 낳으면 둥지 주인은 낯선 알이라는 것을 금세 알아차릴 것이다. 뻐꾸기가 제때 알 낳는 시기를 놓치면 주인 새의 알은 너무 일찍 알에서 나오고 뻐꾸기 알은 늦게 나와서 시달림을 당할 수도 있다. 양어미 새가 이상한 낌새를 눈치 채거나 둥지를 노리는 동물이 주인 새의 알과 뻐꾸기 알을 물어가면 실패로 돌아간다. 이처럼 기생부화는 쉬운 일이 아니다.

뻐꾸기는 짧은 시간 안에 십여 개의 알을 낳는데 그 알 하나하나를 맡길 적당한 둥지를 찾아야 한다. 이 말은 양어미가 될 새의 둥지가 쉽게 찾을 수 있는 곳에 있어야 한다는 뜻이다. 암컷 뻐꾸기 한 마리가 십여 개의 둥지를 관찰하는 것은 조류학자가 관찰하는 것보다 더 어려운 일일 수 있다. 새알을 노리는 동물을 망원경으로 지켜볼 수도 없고 둥지마다 표시를 하는 기술을 사용할 수도 없기 때문이다.

여러 개의 작은부리울새의 둥지를 찾으려면 많은 시간이 걸리므로 인내가 있어야 하고 또 행운도 따라야 한다. 그리고 무엇보다 작은부리울새가 많아야 한다. 그에 반해 개개비는 하천변 서식지의 갈대숲마다 따로따로 둥지가 있어서 찾기 쉽다. 경우에 따라서는 개개비 서식지를 찾을 때 1킬로미터만 확인해도 충분할 때가 있다.

하천변에 둥지를 짓는 개개비는 영양분이 좋은 먹이를 쉽게 찾아

이런 까닭으로 개개비는 전부터 뻐꾸기에게 바람직한 둥지를 제공해왔다. 개개비의 생활공간인 갈대숲의 구조는 매우 단순하다. 갈대 사이에 엮어 만든 개개비의 둥지는 대개 수면에서 1~1.5미터 위에 있기 때문에 쉽게 찾을 수 있고, 갈대숲이 빽빽하다면 숨기는 것도 어렵지 않다. 이 밖에도 개개비에게는 결정적인 장점이 있다. 기상조건이 나빠져도 개개비의 먹이는 떨어지지 않는다. 비가 오면 수생곤충이 떼로 몰려나오기 때문이다. 모두가 맛있고 독성분도 없는 곤충이다. 본래 뻐꾸기 어미는 털이 달리고 독이 있는 유충을 먹는다. 하지만 새끼에게는 독이 있는 모충毛蟲을 먹일 수 없을 것이다. 이렇게 보면 뻐꾸기는 어쩔 수 없이 명금류의 부화에 기생해야 하는 것인지도 모른다. 자신보다 명금류가 뻐꾸기 새끼에게 더 필요한 먹이를 갖다주니 말이다.

수생곤충은 하천의 형태와 수온에 따라 5월 말~6월 중순에 나온다. 4월 중순~4월 말에 겨울 서식지에서 돌아오는 뻐꾸기라면 양어미가 될 새의 둥지구조를 살피고, 알 낳을 곳을 찾을 시간이 충분하다. 작은부리올새는 뻐꾸기가 돌아올 무렵이면 이미 최초의 부화 준비를 다 갖춘 상태여서 개개비 다음으로 선택되는 경우가 많다.

그러면 우리의 자연환경이 깨끗해졌는데도 예전보다 뻐꾸기를 보기 힘든 이유는 무엇일까? 그 증거를 어떻게 제시할 것인가?

갈대숲은 앞에서 말한 대로 물에서 곤충 먹잇감이 나오므로 개개비의 번식을 가능하게 했다. 곤충이 많이 먹는 것은, 사람을 무는 모기처럼 생겼지만 물지는 않는 깔따구류이다(학명은 키로노미드 Chironomid). 깔따구류는 하천의 오염도를 측정하는 구실을 한다. 깔따구 유충은 유기물 쓰레기와 잔존물로 뒤덮인 하천의 진흙 바다 표면에 산다. 하천이 심각하게 오염된 곳이라면 다 자란 성충 깔따구는 몸집이 크고(조류가 볼 때는 아주 탐스러운), 유충은 빨간 혈색소가 몸에 들어 있다. 이것은 사람의 혈색소인 헤모글로빈과 아주 유사하며 산소가 희박한 공간에서 필수적인 호흡 공기를 체내에 공급하는 기능을 한다.

잔존 유기물로 심각하게 오염된 하천일수록 빨간 깔따구 유충에게는 풍요로운 환경이기 때문에 깔따구류는 왕성하게 번식한다. 깔따구류가 하천 부근에서 떼를 지어 날아다닐 때는 마치 연기구름이 치솟는 것처럼 보이기도 하며, 윙윙거리는 날갯짓으로 어떤 종인지 금세 파악할 수 있다. 먹이가 풍부할 때는 다른 곤충 종도 급격하게 불어난다. 개개비는 이런 환경에서 엄청나게 번식하며 뻐꾸기에게도 이상적인 조건을 제공한 것이다.

잔존 유기물은 몇 가지 원인에서 나온다. 하나는 자연의 법칙에 따라 떨어진 나뭇잎이나 하천 부근 식물성 물질에서 형성된 것이다. 두 번째는 습지 저지대에서 방목하는 가축에게 나오는 배설물인데, 여기에는 소화되고 남은 식물성 물질에 박테리아가 들어 있다. 쇠똥 하나에도 풍부한 물질이 들어 있어 그 자체로 미생물의 세계가 형성된다. 세 번째는 사람이 버리는 하수와 오수이다. 수십 년 전까지만 해도 하천은 정화되지 않았기 때문에 이런 물질은 하천의 비료 역할을 했다.

사람의 하수와 가축의 배설물을 하천의 주된 오염원으로 보는 데에는 충분한 근거가 있다. 그동안 정화 시설이 설치되고 정화 기술 역시 발달했으므로 현재 사람에게서 나오는 오수는 거의 완벽할 정도로 정화된 상태이다. 하천은 더 이상 오염되지 않는다. 지난 30~40년간 가축 사육도 방목에서 사육장으로 공간이 바뀌었다. 가축 배설물도 사육 시설의 청소 과정을 거쳐 거름으로 바뀌었다. 호숫가나 하천 변에서 방목하는 소는 매우 드물거나 완전히 사라졌다. 이런 변화

와 더불어 잔존 유기물의 원천도 사라졌다. 남아 있는 것은 자연법칙에 따라 형성되는 나뭇잎과 식물성 물질뿐이다. 더구나 하천 부근도 90퍼센트 이상 개간되고 농업용지로 바뀌어서 과거의 자연환경과는 판이하게 달라졌다. 하천도 직선수로로 바꿔서 자연에서 나오는 잔존 유기물은 빠른 속도로 흘러간다. 그 결과 깨끗해진 하천에는 물고기의 먹잇감이 과거보다 훨씬 줄어들게 된 것이다.

하천이 깨끗해지면서 개개비의 먹잇감도 사라져

갈대숲은 깨끗하고 아름다워졌지만 그 때문에 새들은 먹잇감이 줄어들었다. 갈대숲에서는 바람만 불어올 뿐 개개비의 울음소리는 더 이상 들을 수 없게 되었다. 뻐꾸기의 생존 터전도 더불어 사라졌다. 이처럼 뻐꾸기가 사라진 것은 환경의 변화와 관계가 있다. 그런데 우리는 하천을 평가할 때는 오직 사람과 관련된 기준만 적용한다. 학술적인 조사의 목적은 물고기나 새, 조개, 잠자리, 작은 게의 생존 환경을 위한 것이 아니라 사람이 미역을 감을 수 있는 수준(물론 이것이 옛날의 환경으로 돌아가는 측면이 있기는 하지만)을 확보하기 위한 것으로 생각하는 경향이 있다. 이런 이유 때문에 지난 수십 년 동안 많은 수생동물이 위기에 처하게 되었다. 이들에게서 생존 환경과 먹이 자원을 박탈한 것이다.

하천 정화를 위해 수십억 유로의 예산이 투입되었지만 이것은 겨우 인류의 오수를 처리하는 데 쓰였을 뿐이다. 유용동물을 기르면서 나오는 유기물 쓰레기는 이에 비해 세 배나 되는데도 여전히 정화되지 않은 채 들과 하천으로 쏟아져 나온다. 여기에 많은 예산을 들이

양어미인 연못개개비가 어린 뻐꾸기에게 작고 맛난 곤충을 먹인다

는 것이 가치가 있을까? 이 얘기를 들으면 뻐꾸기가 울 것이다('뻐꾸기가 운다'는 말은 '어리석은 짓'이라는 뜻이 있다-옮긴이). 뻐꾸기 보기가 힘들어진 진짜 이유는 농업 기술의 발전으로 작은 곤충이 사라지고 농약살포로 먹잇감이 다 죽어나갔기 때문이다. 우리가 나쁘게만 해석하던 뻐꾸기 울음소리를 이제는 다시 해석해야 할 것이다. 뻐꾸기 소리를 들을 수 있는 곳이 자연에 더 좋은 곳이 아닐까. 양어미 노릇을 하는 새로서는 사람이 자연환경을 변하게 한 결과보다 차라리 뻐꾸기에게 시달림을 당하는 쪽이 더 낫다고 생각할 것이다.

인류가 없다면
세상은 어떻게 될까?

원시림 속의 폐허

인류가 사라진다면 중부 유럽의 숲이 몇십 년 안에 퍼져 나가 다음 세기에는 모든 것이 숲으로 뒤덮일 수 있다. 사람이 살지 않는 집이 빠른 속도로 폐허로 변한다는 것은 누구나 아는 사실이다. 도시도 마찬가지이다. 들판도 지금의 모습을 유지하기 힘들 것이고 하천도 인공으로 만든 바닥이 모습을 드러내기 시작할 것이다. 온갖 식물이나 나무뿌리가 아스팔트의 갈라진 틈으로 솟아날 것이다. 인류나 인류의 문명과 결합된 모든 동식물과 미생물도 함께 사라질 것이다.다.

　　지구에는 60억이 넘는 사람이 살고 있는데, 머지않아 70억에 이를 것으로 보인다. 인구조사로 인류집단의 수를 세는 것은 별 의미가 없다. 사람은 끊임없이 새로 태어나기 때문이다. 1970년대 이래 인구폭발이라는 말은 표어처럼 사용되고 있다. 인류는 주택과 공장, 도로 같은 시설로 지구를 메우고 있다. 또한 육지의 3분의 1 가량이 필요한 식량을 생산하는 시설로 이용된다.

　　새로운 경작지를 얻기 위해, 그리고 가축의 방목지와 사료 생산을 위해서는 더 많은 숲을 베어낼 수밖에 없다. 열대우림도 더 이상 현상 유지를 할 수 없을 정도로 위기에 직면한 상태이다. 인류는 지구 최대의 삼림지대인 북쪽의 타이가도 위험한 수준으로 갉아먹고 있다.

인류의 손에 변화되지 않았다는 의미에서의 야생 상태의 자연은 오늘날 찾아보기 어렵다. 얼음으로 뒤덮인 극지에서도 인류는 흔적을 남기고 있다. 인류가 하룻밤 사이에 사라진다면 과연 어떤 일이 벌어질까? 도시마다 사람의 자취가 끊긴다면 어떻게 될까? 모든 자연이 인간의 손을 벗어나서 스스로 자정 능력을 갖게 된다면 어떤 일이 벌어질까? 그래도 자연은 정상적인 기능을 발휘할 수 있을까?

몰락한 문명의 예는 어디에서나 찾을 수 있다

자연은 인류를 필요로 하지 않지만 인류에게는 자연이 필요하다. 인류가 개발한 온갖 기술은 자연을 좀 더 효과적으로 이용하는 수단일 뿐이다. 기술로 자연을 대체할 수는 없다. 사람은 숨 쉬는 공기가 필요하고 첨가를 하든 하지 않든 마실 물과 먹을 식량이 있어야 한다. '인류라는 대기업'을 제대로 가동하기 위해서는 자연에서 에너지를 뽑아 써야 한다.

반면에 생명체는 인류가 개발을 하기 전에도 오랫동안 생존과 번영을 누렸다. 현재 인류가 지구의 정복자라고 주장하는 것과 같은 형태로 파충류는 인류의 역사보다 100배 이상이나 긴 1억 년 동안, 물과 육지 그리고 공중을 지배했다. 몇몇 종은, 특히 엄청난 크기를 자랑하는 공룡은 지배적인 생존방식으로 이름을 남겼다. 인류가 스스로 정복자라고 떠벌이는 이면에는, '공룡의 왕'인 티라노사우루스 렉스처럼 어떤 생물도 이길 수 없을 만큼 거대한 폭력을 휘두르고 싶은 심리가 기저에 깔려 있을지도 모른다.

어쨌든 인류는 '더 높이, 더 크게' 되기를 원하며, 이런 현상은 과대망상으로 이어지기도 한다. 이와 같은 과대망상은 인류가 없으면 아무 일도 되지 않을 것이라는 생각과 이어진다. 이것은 엄청난 착각이다. 생명과 세계의 순환을 손아귀에 잡으려고 하는 인류처럼 잘난 체하는 존재가 없는 것이 자연에게는 오히려 나을 것이다. 아무리 인류의 장점을 생각한다고 해도 없는 편이 모두를 위해서는 더 좋을 것이다. 인류의 우월 의식은 새로운 것도 아니고 독창적인 것도 아니다. 성서 시대에도 "저들이 하느님처럼 되려고 한다"는 말이 있었던 것처럼, 신의 위치로 올라서려고 하는 우월 의식은 어느 시대에나 있었다.

고대 그리스인들은 이런 우월감을 오만불손이라는 뜻으로 히브리스Hybris라고 불렀다. 그때 이후로 2500년이 지나는 동안 인류는 아무런 교훈도 얻지 못한 채 이제는 지구 전체의 기후마저 통제하려고 하고 있다. 인류의 뿌리 깊은 과시욕의 기저에는 어쩌면 모든 것이 최선으로 진행된 것은 아니며, 불의나 불가피한 재앙이 인류에게 억울한 낙인을 찍었다는 의식이 깔려 있는지도 모른다.

우월감의 문제는 언제나 종교와 철학의 분야이다. 우리는 가능하면 이런 적나라한 문제에 눈과 귀를 닫으려고 한다. 우리는 인류가 죽을 수밖에 없는 존재라는 것을 안다. 어느 누구도 예외가 없으며 생물학적으로 볼 때 인류 종도 소멸과 탄생이라는 순환의 틀을 벗어날 수 없다. 지금까지 어떤 고등생물의 종도 소멸을 피하지 못했다. 지속적으로 존재하는 것은 지극히 작고 가장 단순한 형태의 생명체라고 할 수 있는 미생물밖에 없다. 모든 미생물이 소멸을 피하는 것은 아니지만 아주 많은 미생물 종이 생존을 이어간다. 모든 고등생물은 우수한 조직의 장점을 누리는 대신 필멸이라는 운명을 피하지 못한다. 소멸은 아주 복잡하고 비용이 많이 드는 존재로서의 특징이다. 인류세계와 인류의 정치경제적인 구조에서 볼 때 이것은 우리에게 낯익은 생물학적 증거이다. 그럼에도 인류는 이런 사실을 인정하려고 하지 않는다. 인류는 언제까지나 생존할 것처럼 행동하는 경향이 있다.

인류의 문명과 결합된 모든 동식물과 미생물도 사라질 것이다

마야문명이 몰락한 이후 멕시코 유카탄 반도의 원시림은 무서운 속도로 사원 건축물을 뒤덮어 100~200년 후, 거의 흔적을 찾을 수 없게 건물을 파괴시켰다. 비슷한 현상은 동남아시아의 밀림 속에 있는 앙코르와트나 지금의 페루에 해당하는 남아메리카 서해안의 나스카 문명에서도 벌어졌다. 독일 땅에서 사라진 켈트족의 거주지는 첨단장비가 동원된 항공사진으로 겨우 찾을 수 있을 뿐이다.

몰락한 문명, 더 정확히 말해 '멸망한' 문명의 사례는 거의 모든 대륙에서 찾아볼 수 있다. 로마제국이 4세기에 무너졌을 때 로마 사람들은 이것을 문명의 종말로 받아들였다. 찬란했던 지중해 세계의 모습이 2000년 후에 어떤 모습을 하게 될지 당시 사람들은 상상할 수 없었을 것이다. 몰락이라는 것은 진화 중인 모든 생물이 멸종되듯이 문명의 속성이다.

이런 점에서 본다면 미래의 이상을 발전시키려고 애쓸 것이 아니라 과거에 일어난 사건을 보고 앞으로 나아갈 방향을 모색하는 것이 더 바람직하지 않을까. 과거는 인류가 쌓아놓은 업적이 순식간에 사라진다는 사실을 말해준다. 사막 기후라는 보존 효과를 누린 이집트의 피라미드처럼 특수한 상황에서만 시간의 수레바퀴는 느리게 돌아간다. 고온다습한 환경에서는 모든 것이 너무도 빨리 폐허로 변하고 만다. 여름이 지나간 다음 부식토가 쌓이는 현상과 비슷하다.

인류가 사라진다면 다음 세기에는 중부 유럽이 숲으로 뒤덮일지도 모른다. 사람이 살지 않는 집이 빠른 속도로 폐허로 변한다는 것은 누구나 아는 사실이다. 도시도 마찬가지이다. 들판도 지금의 모습을 유지하기 힘들 것이고 하천도 인공으로 만든 바닥이 모습을 드러내기 시작할 것이다. 온갖 식물이나 나무뿌리가 아스팔트의 갈라진 틈으로 솟아날 것이다. 이런 현상은 지금도 목격할 수 있다. 겨울에 길바닥이 얼어서 터진 곳은 나무의 성장에는 유리한 환경이 되기 때문이다. 전선은 내구성이 있는 전신주로 연결되었기 때문에 오래 남을지도 모른다. 그러나 전력을 공급하는 본래의 기능은 상실한 채 과거의 유물로 세월 속에 방치될 것이다. 이것은 역사에 관심이 있는 다른 생명체에게는 수수께끼가 될 것이다.

인류나 인류의 문명과 결합된 모든 동식물과 미생물도 사라질 것이다. 그리고 인류에게 핍박받은 생명체가 승자가 되어 새로운 자유를 누리게 될 것이다. 어쨌든 지구에서의 생존은 지금과는 전혀 다른 모습으로 변할 것이다. 그렇다고 더 나쁜 것은 아니다. 자연은 평가를 하지 않기 때문이다.

지구의 기온은
지나치게 더워질 것인가?

햇볕에 목마른 산토끼와 불쌍한 북극곰

지난 20년간 진행된 방식으로 열대우림이 계속 사라진다고 해도 어떤 형태로든 기후 변화 때문에 멸종되는 생물은 없을 것이다. 그러나 인류의 오수보다 세 배나 오염도가 높은 비료의 과다 사용을 지금처럼 계속 묵인한다면 단 한 종의 동식물도 살아남지 못할 것이다.

지구온난화는 오늘날 커다란 화두이다. 사람뿐만 아니라 동물과 식물에도 나쁜 결과를 초래할 것이기 때문이다. 결국에는 북극곰뿐만 아니라 모든 생물 종의 40퍼센트까지 멸종될 것이라는 것이 일반적인 평가이다. 어떤 생물을 멸종 목록에 올려야 할까? 자연보호는 아직도 유지할 가치가 있는가?

수십 년 전부터 온기를 필요로 하는 종이 점점 줄어들거나 완전히 사라진 것이 사실이다. 공식적으로 '위기에 처한 종의 적색 목록'에 오른 동식물을 제대로 연구하고 멸종 위기에 직면한 생명체의 생존에 무엇이 필요한지 정확한 정보를 접한 사람이라면 이런 사실을 알 수 있을 것이다.

근본적인 현상은 다음과 같다. 햇볕을 많이 받는 건조한 불모지에서 자라는 식물은 그런 생존 환경이 사라지는 탓에 줄어들고 있다. 그런 환경에서는 기름지고 거름이 충분한 초원에서보다 훨씬 다양한 곤충과 작은 생물 종이 살았다. 야생벌은 햇볕이 들고 빨리 더워지는 장소가 필요하며 귀뚜라미와 메뚜기, 딱정벌레, 빈대도 마찬가지이다. 도마뱀은 따뜻한 곳에서 먹이를 찾거나 알을 낳고 '부화할 수' 있는 햇볕을 찾는다. 독일의 토종 나비 대부분도 이런 환경에서 생존하고 다양한 개미 종도 당연히 이런 곳에서 서식한다.

지나치게 비료성분이 많은 초원에서 무릎 높이로 무성하게 풀이 자라면 식물이 많은 수분을 발산하게 되므로 지표면은 빠르게 냉각하고 축축해진다. 무릎 높이로 풀이 자라는 5월에 풀밭에 앉아본 사람이라면 이것을 느낄 것이다. 지난 30년 이상 들과 농경지에는 지나치게 많은 비료가 뿌려졌다. 그 결과 봄이 되면 각종 풀이 무성하게 자란다. 따뜻한 곳을 필요로 하는 작은 동물에게는 지나칠 정도로 빠른 속도이다. 빛과 온기를 필요로 하는 민감한 식물도, 민들레처럼 비료성분이 많은 곳에서 잘 자라는 소수 식물 종의 번식력에 눌려 마찬가지로 제대로 자라지 못한다.

오늘날 가장 따뜻한 곳은 야생의 자연이 아니라 도시이다

이런 현상은 식물뿐만 아니라 동물에게도 해당한다. 들종다리가 급격히 줄어드는 바람에 아침에 들판에 나가도 우리는 지저귀는 들종다리의 노래를 들을 수 없다. 현재 자고(메추라기 비슷한 꿩과의 새-옮긴이)는 어디에서도 찾아볼 수 없다. 산토끼 역시 지속적으로 축축한 상태에서 무성하게 자라는 풀밭을 좋아하지 않는다. 과거 동남아시아의 초원에서 들여온 산토끼는 풀이 많지 않은 초원과 들판이 이상적인 생존환경이었다. 어린 토끼는 봄에 날씨가 너무 습하면 생존율이 감소한다. 이런 환경은 번식률이 높은 동물로 자주 인용되는 토끼에게 전혀 유익하지 않다. 사냥을 나가면 토끼는 덤으로 잡던 사냥꾼들이 "그때가 좋았다"는 말을 할 정도로 현재 토끼는 줄어들었다.

독일에서 농경지는 전체 토지의 절반 이상을 차지한다. 산과 들에 서식하는 거의 모든 동물의 수가 줄어들거나 개체 수가 정체상태이다. 들과 초원은 서늘한 그늘을 만들어주는 큰 나무가 없어서 따뜻할 것 같지만 실제로 이곳은 따뜻하지 않다. 빌딩으로 뒤덮인 도시보다 오히려 야생의 초원의 기온이 두드러지게 낮다. 오늘날 가장 따뜻한 곳은 야생의 자연이 아니라 바로 도시이다. 도시의 기온은 주변의 자연보다 평균 2~3도가 높다. 그렇다면 도시에서 생존하는 동식물은 이런 환경에 어떤 반응을 보일까? 많은 경우 너무 유리한 환경이라서 해당 동식물에게는 도시의 존재가 대형 구명보트 같은 역할을 한다.

식물학자 베르너 코놀트는 뉘른베르크의 시내에서 야생상태로 자라는 토착성 식물 종이 같은 면적의 교외보다 두 배나 많다는 것을 확인했다. 이러한 증거는 수년간 뮌헨의 도시 주변과 농업용지를 비교한 결과, 야행성인 나방 종에게서도 두드러지게 나타난다.

숲이 무성해질수록 기온은 내려가고 동식물은 번성하지 못한다

도시와 주거지역이 없다면 온기가 필요한 동식물 종은 이제 거의 찾을 수 없을 것이다. 이제는 숲이 더 이상 피난처 구실을 하지 못하기 때문이다. 인류의 산림계획은 지난 수십 년간 빽빽한 숲을 조성하는 방향으로 진행되었다. 사람들은 나무가 빽빽하지 않은 숲은 시대에 맞지 않는 관리 형태로 생각한다. 그런 숲은 자연조건을 훼손하는 것으로 여긴다. 그러나 이것은 인류의 관점이 아닐까. 숲에 사는 동물과 수없이 많은 식물 종은 이것을 찬성하지 않을지도 모른다.

숲이 무성해진 이후 자체적으로 추운 기온이 형성되고 햇볕이 드는 지역이 대폭 축소될 때까지, 나무가 조밀하지 않은 땅에서 사는 동식물은 오랫동안 크게 번성했다. 실제로 이후 수십 년간 기온이 2~3도 상승한다면 야생상태에서 생존하는 동식물에게는 유리할 것이다.

현재의 추세가 어떤지는 지중해 지역을 여행하면 알 수 있다. 독일보다 기후가 훨씬 따뜻한 이곳에서는 각종 크기와 형태, 색깔을 지닌 곤충이 수도 없이 공중을 날아다닌다. 다양한 크기의 숲에서는 꽃향기가 바람에 휘날린다. 가는 곳마다 지저귀는 새소리가 끊이지 않고 특히 나이팅게일이 흔하다. 쉴 새 없이 나비가 날아다니고 온갖 종류의 도마뱀도 볼 수 있다. 온난한 지역에서 종의 수가 풍부해지는 것은 지극히 일반적인 현상이며, 극지방으로 갈수록 종의 수는 줄어든다. 차가운 기온에서는 소수의 특수한 종만 살아남는다. 북극곰이 이런 경우라고 할 수 있다. 하지만 북극곰이 추위와 얼음 속에서 생존할 뿐만 아니라 물범 같은 기각류를 먹고 산다는 사실을 잊으면 안된다. 인류는 기각류가 너무 많은 물고기를 잡아먹는다는 이유로 수십 만 마리를 쏘아 죽였기 때문에 북극곰의 생존도 위협받고 있다.

또한 옛날보다는 덜하지만 북극곰은 인류의 사냥감이 되고 있다 (지금은 사냥이 금지되어 지난 50년간 북극곰의 개체 수는 급격히 늘어났다. 현재 북극곰의 수는 100년 전보다 더 많다). 그리고 '토착민'에게는 예외규정을 둔 현재의 무의미한 사냥금지 규정이 폐지되지 않는 한 북극곰은 계속 죽음을 면치 못할 것이다. 그 이유는 이누이트족(에스키모) 같은 이른바 '토착민'은 본래 유럽인인 바이킹족 이후 서그린란드로 이주한 종족인데, 이들은 뾰족한 뼈로 만든 전통적인 작살이 아니라 현대적인 속사총으로 사냥한 지 오래되었기 때문이다. 현대적인 무기로 사냥하는 사람에게는 다른 종에게 적용하는 것과 마찬가지로 사냥종에 제한을 두어야 할 것이다.

불쌍한 북극곰의 눈물을 잊지 않는다면 어디에서, 어떤 이유로 북극곰이 위기에 처했는지 의문을 제기하는 것이 옳다. 종의 감소에서 우리 인류가 취해야 할 태도는 바로 이런 것이다. 지구온난화가 전체 생물 종의 3분의 2 이상을 멸종시킬 것이라는 가상의 컴퓨터 모형에서 나온 결론을 주장하는 사람들은 자연보호가 때로는 명백한 효과를 불러오지 못할 때도 있다는 사실을 받아들여야 한다. 그리고 이런 일이 벌어진다고 해도 100년 후에나 효과가 나타날 현상을 걱정하는 대신 지금 당장 여기서 벌어지는 다른 문제에 매달려야 할 것이다.

지난 20년간 진행된 방식으로 열대우림이 계속 사라진다고 해도 어떤 형태로든 기후 변화 때문에 멸종되는 생물은 없을 것이다. 반대로 인류의 오수보다 세 배나 오염도가 높은 비료의 과다 사용을 지금처럼 계속 묵인한다면 단 한 종의 동식물도 살아남지 못할 것이라는 사실에 직면할 것이다.

도시에 있는 야생동물은 위험한가?

도시 여우와 농촌 여우

도시에서 '개인이 기르는' 여우에게 맛난 음식을 먹이는 일은 결코 나쁜 것이 아니다. 작은 다방조충이 정원이나 도시의 공원으로 퍼지는 것을 여우가 막을 수 있기 때문이다. 길거리를 쏘다니는 고양이에게 캔에 담긴 사료를 주면, 고양이가 쥐를 잡아먹어서 각종 기생충에 감염될 위험이 대폭 줄어드는 것과 같은 이치이다. 기생충의 번식이 억제되는 곳에서는 가축이든 야생동물이든 감염을 피할 수가 있다.

베를린 한복판에 여우가 출몰하는 모습은 이제 놀라운 일이 아니다. 많은 동물이 도시에서 즐거운 생활을 누리고 있으며 그 수도 점점 늘어나는 추세이다. 호화롭게 꾸민 테라스에서 여우가 한가롭게 햇볕을 쬐기도 하고, 정원에 설치된 그네식 흔들의자를 사람과 같이 쓰는 일도 있다. '여우를 키우는' 동네 주점이 늘고 있고 그곳에서 다정한 눈빛으로 쳐다보는 여우에게 소시지 조각을 던져주는 손님도 있다. 새롭게 등장한 이런 풍속에 어떤 위험성은 없을까? 예를 들면 야생동물이 아주 위험한 기생충인 작은 다방조충을 개나 사람에게 옮기지 않을까 걱정하는 사람도 있다.

실제로 야생동물도 사람과 마찬가지로 기생충 없이 튼튼한 경우는 드물다. 개나 고양이 같은 가축은 정기적으로 기생충 구제를 해주어야 하며, 고양이는 톡소플라스마증을 옮길 수 있다. 이런 예는 얼마든지 있다. 일정한 조건에서 사람에게 전염되는 동물의 질병이 많다는 말이다. 독감이나 페스트, 그 밖의 질병을 가축이 옮길 수 있다. 돼지나 가금은 독감 바이러스를 사람에게 전염시킬 수 있고 쥐는 페스트를 옮긴다. 그렇다고 모든 동물이 위험한 것은 결코 아니다.

광견병 예방으로 여우의 도시 접근이 급속도로 늘어

우리 인류는 질병을 유발할 수 있는 세균과 바이러스에 지속적으로 노출되어 있다. 물론 사람의 면역체계를 무력화하는 것은 많지 않지만 몇몇 경우에는 특별한 주의가 필요하다. 그중 하나가 작은 다방조충이다. 다방조충이 주목을 받는 까닭은 예전에 사람들에게 많은 피해를 주었기 때문이다.

그래서 다방조충의 주요 매개동물인 여우에 대해서는 집중적인 퇴치노력을 하였다. 사냥꾼들은 여우를 사냥할 때 덫으로 잡거나 독극물이 든 미끼를 사용했다. 여우는 사냥꾼이 잡으려고 하는 작은 동물의 천적이며, 여우가 이런 동물을 마구 잡아먹는다고 생각했기 때문이다. 여우를 퇴치하려는 것에는 광견병이라고 하는 또 다른 이유도 있었다. 광견병은 사람의 목숨을 위협할 정도로 위험한 병으로 이 무서운 바이러스를 매개하는 것은 주로 여우이다. 밝은 대낮에 여우가 모습을 드러내거나 사람에게 접근할 때는 조심하지 않으면 안 된다. 광견병에 걸린 여우는 겁이 없을 뿐만 아니라 병이 좀 더 진행된 상태에서는 '미친 듯이' 달려들어 물기 때문이다. 이때 상처 속으로 침이 들어오면 개나 사람은 광견병에 전염된다. 노루와 소도 피해를 입을 수 있다.

광견병 바이러스에 대한 예방이 가능해진 이후에는 예방접종을 한

닭을 곳곳에 나눠주기도 했고 지역에 따라서는 소형 비행기로 이것을 뿌리기도 했다. 이 닭을 먹은 여우는 면역이 되었고 예방접종이 큰 성과를 올리면서 여우를 퇴치하려는 노력도 줄어들었다. 여우가 면역되어 주요 매개체의 고리가 끊어졌기 때문에 몇 년 지나지 않아 독일에서는 광견병이 거의 근절되다시피 했다. 덕분에 여우의 개체 수는 급격하게 늘어났다.

도시 여우는 음식 찌꺼기를 먹으며 도시 생활에 적응해

이제는 여우가 '눈에 띄는' 일이 점점 늘고 있다. 낮에 여우가 달리는 모습을 보는 건 흔해졌고 여우는 고양이처럼 쥐를 잡기도 한다. 언제부터인가 여우는 주택가 정원이나 공원에도 모습을 드러내고 있다. 이런 곳에는 숲이나 들에서처럼 쥐와 산토끼만 있는 것이 아니라 탐스럽고 다양한 사람의 음식 찌꺼기가 있다. 사람이 무심코 버린 음식 쓰레기나 음식이 저장된 쓰레기통에서 풍겨 나오는 매혹적인 냄새가 여우의 코를 자극했다.

광견병이 퇴치된 지 채 10년도 지나지 않아 여우는 도시생활의 이점을 깨달았다. 영리한 여우는 자신이 달려들지 않으면 자동차도 아무 일 없이 지나간다는 것을 알아차렸다. 여우는 빠른 속도로 학습하고 많은 것을 기억하며 거의 언제나 올바른 판단을 하는 동물이다. 도시에서는 개를 데리고 나온 사람들도 야생에서처럼 여우를 뒤쫓는 사냥개와 사냥꾼이 아니다. 도시의 개들은 사냥개보다 더 상냥하며 어쩌면 여우의 동료가 될 수도 있다. 도시의 정원에서는 어떠한 방해도 받지 않고 마음 놓고 새끼를 낳아 키울 수도 있다. 게다가 새끼를 키우는 여우는 맛난 먹잇감을 얻어먹을 수도 있다. 다시 말해서 사람과 마찬가지로 여우가 도시에서 사는 것은 이점이 많다.

이미 1990년대부터 이 작은 개과의 동물은 수십 년 전 영국의 여러 도시에 정착했다. 영국에는 광견병이 없었기 때문에 사람들은 여우가 도시에 사는 것을 허용했다. 영국에서는 광견병이 위험하지 않았고 또 도시에 여우가 서식하는 것이 다채로운 멋을 제공했기에 가능한 일이었다. 빠른 시간 안에 여우에게는 많은 친구가 생겼다. 도시에서의 생존은 숲에 사는 것보다 더 안전했고 매력이 넘쳤다. 여우는 끝없이 도망 다니는 대신 마음 놓고 이곳저곳을 기웃거릴 수 있게 되었다.

사냥으로 잡은 여우에게서 작은 다방조충이 확인되는 비보가 전해지기까지는 그랬다. '작은' 다방조충은 안전하지 않으며 '아종'인 큰 다방조충에 비해 사람에게 훨씬 위험하다. 자신도 모르는 가운데 알이 인체로 들어와 간으로 침입하면 간이 부어오르며 간암과 비슷한 증상이 나타난다. 사람을 사망에 이르게 하는 작은 다방조충은 독일에는 많지 않지만 완전히 사라진 것은 아니었다. 위험경보가 발령되었고 대대적인 조사가 이루어졌다.

그 결과 위험한 사실과 안전한 사실이 동시에 드러났다. 위험하다는 것은 야생에 서식하는 여우가 상당 부분 작은 다방조충에 감염되었다는 사실이다. 많은 지역에서는 감염 비율이 70퍼센트에 이르렀다. 안전하다는 것은 도시에서 대대적으로 이루어진 조사결과였다. 예를 들어 뮌헨에서 조사한 경우에는 도시 근교에 있는 단 한 마리의 여우도 다방조충에 감염되지 않은 것으로 드러났다. 뮌헨 남쪽의 숲에 서식하는 여우는 다방조충에 감염된 경우가 많아 특별한 주의가 필요했지만 도시의 여우는 안전했다.

이 수수께끼는 소형 무전기를 부착한 여우의 행동양식을 관찰한 뒤 풀렸다. 전파신호를 통해 확인한 결과, 도시에 있는 여우들은 서로 엄격한 경계를 지으며 거주한다는 것을 알았다. 도시 여우의 경우 다른 여우의 지역을 침범하거나 '통과하는' 일이 한 번도 없었다. 그리고 도시 여우는 주로 사람이 버린 음식 찌꺼기를 먹고 살기 때문에 야생이라면 주요 매개체 역할을 할 쥐에게 감염되는 일도 없었다.

이런 점에서 도시에서 '개인이 기르는' 여우에게 맛난 음식을 먹이는 일은 결코 나쁜 것이 아니다. 이렇게 함으로써 여우가 작은 다방조충을 정원이나 도시의 공원으로 퍼뜨리는 것을 막을 수 있다. 길거리를 쏘다니는 고양이에게 캔에 담긴 사료를 주면, 고양이가 쥐를 잡아먹어서 각종 기생충에 감염될 위험이 대폭 줄어드는 것과 같다. 이것은 정기적인 기생충 구제를 반대하는 것이 아니라 오히려 반드시 필요한 일일지도 모른다. 기생충의 번식이 억제되는 곳에서는 가축이든 야생동물이든 감염을 피할 수가 있다.

이렇게 보면 무심코 버린 음식 쓰레기에도 좋은 측면이 있다고 말할 수 있다. 아니면 여우를 다시 도시에서 쫓아내야 할까? 그러면 여우도 아쉬울 것이고 사람도 다시 야생의 작은 다방조충에 노출될 가능성이 있을 것이다.

왜 멧돼지는
도시에 출몰하는가?

집돼지와 멧돼지

멧돼지는 도토리와 너도밤나무 열매를 먹고 산다. 숲속에 지천으로
깔린 이 열매는 돼지 비육에 좋아서 '멧돼지 먹이'라고 불리고 있다.
떡갈나무와 너도밤나무가 있는 숲은 멧돼지 숲이었다. 하지만 열매가
언제나 풍족한 것은 아니었다. 엄청난 도토리와 너도밤나무 열매를
먹어치우는 200~300킬로그램이나 나가는 멧돼지를 생각할 때
평균적으로 이런 먹이는 넉넉지 않았다.

　　베를린에는 수천 마리의 멧돼지가 살고 있다. 다른 대
도시에서도 숫자가 늘고 있다. 영리한 여우와 마찬가지로 멧돼지도
도로교통에 적응해서 빨간불에만(운전자에게) 길을 건너가고 새끼들
도 떼를 지어 몰려 다닌다. 1980년대 이후 멧돼지 사살건수도 급증해
바이에른에서는 1년에 5000건이던 것이 5만 건 이상으로 늘어났다.
　베를린의 경우 해마다 수천 마리씩 사살하는데도 개체 수는 줄어
들지 않고 있다. 오히려 멧돼지는 계속 늘어나고 있다. 어미가 도로변
또는 예전에는 마구 파 뒤집어놓은 정원에서 새끼에게 젖을 먹이는
광경을 보는 것은 이제 낯설지 않다. 한적한 고속도로에서도 멧돼지
의 모습을 흔히 볼 수 있다.

사람과 맞닥뜨리면 멧돼지는 대응하기가 어려울 것이다. 다 자란 멧돼지를 봤을 때 사람들의 반응이 제각각이기 때문이다. 흥분해서 비명을 지르는 사람도 있고 큰 소리로 쫓아내려는가 하면 호기심을 가지고 접근하는 사람도 있다. 맛난 먹이를 갖다 주는 사람도 있고, 도시에서는 드물지만 잡아 죽이는 사람도 있다. 살아남은 멧돼지는 사냥꾼의 냄새를 기막히게 맡아서 사람에게 적대감을 보일 수도 있고(소수의 경우) 호의적인 반응을 보이기도 한다(대부분). 개는 멧돼지에게 거추장스러운 존재이다. 어미는 새끼를 보호해야 하기 때문에 공격적인 개라면 멧돼지가 고분고분할 리가 없다. 이 모든 여건에도 불구하고 멧돼지가 도시에서 사는 것은 숲에서보다 여러 가지로 이점이 있기 때문에 자꾸 도시에 출몰하는 것이다.

멧돼지의 먹이가 숲에서 점점 사라져

옛날에는 사정이 달랐다. 사람들은 멧돼지의 후손인 집돼지의 몸에 요란하게 장미색을 칠하거나 점을 찍어서 무거운 몸에 느릿느릿 걷는 암돼지를 몰고 숲으로 들어갔다. 유혹을 뿌리칠 수 없는 수컷 멧돼지가 암컷 집돼지와 교미하면 암컷은 번식도 잘하고 가슴이 좁은 새끼를 낳았다. 튼튼하게 잘 자라는 돼지를 얻는 방법이었다.

이런 일은 돼지 치는 사람에게는 힘든 일이었다. 반은 집돼지고 반은 멧돼지인 혼혈 종은 몹시 날쌘데다 야생에서 멋대로 휘젓고 다니던 습성이 남아 있었다. 이런 돼지를 야생의 멧돼지와 격리하기 위해서 훈련받은 개를 이용했다. 어쨌든 오랜 세월에 걸쳐 멧돼지를 집돼지로 길들이는 일은 계속되었다.

그동안 멧돼지를 의도적으로 사냥해서 개체 수가 대폭 줄어들었고 집돼지와 멧돼지를 분리하는 일은 수백 년간 성공을 거두었다. 그러면서 돼지는 차츰 사육장에 정착했다. 이 과정에서 돼지는 더 크고 지방이 많은 체질로 변했다.

멧돼지는 숲에 오랫동안 널려 있는 도토리와 너도밤나무 열매를 먹고 산다. 숲속에 지천으로 깔린 이 열매는 돼지 비육에 좋아서 '멧돼지 먹이'라고 불리고 있다. 떡갈나무와 너도밤나무가 있는 숲은 멧돼지 숲이었다. 하지만 열매가 언제나 풍족한 것은 아니었다. 엄청난 도토리와 너도밤나무 열매를 먹어치우는 200~300킬로그램이나 나가는 멧돼지를 생각할 때 평균적으로 이런 먹이는 넉넉지 않다.

이런 상태에서 1970년대 이래 옥수수 재배가 널리 퍼지면서 멧돼지에게는 여름부터 늦가을까지 마음껏 놀고먹을 수 있는 터전이 생겨났다. 사냥꾼을 피해 숨기에도 좋아서 옥수수밭은 멧돼지가 아주 좋아하는 곳이 되었다. 그러면서 번식력이 강하고 영리한 멧돼지와 사냥꾼 사이에 싸움이 시작되었다. 결국은 멧돼지가 승리를 차지했다. 현재 중부 유럽의 멧돼지 서식지는 지금까지의 그 어느 곳보다 이상적인 환경으로 변했고 멧돼지의 개체 수도 엄청나게 늘었다. 옥수수밭이 확대되면서 20세기 중반에 비해 열 배는 늘어났다. 사냥도 멧돼지에게는 이롭게 작용했다. 사냥으로 해마다 많은 개체 수가 줄어들었지만 여기서 살아남은 멧돼지는 겨울에도 먹이가 떨어지지 않으니 아무 염려 없이 겨울을 날 수 있게 된 것이다. 그래서 이듬해 봄이면 멧돼지 새끼들은 활발하게 도시의 이점을 찾아다닐 수 있게 된 것이다.

왜 도시는
새로운 서식지가 되었는가?

매와 비둘기

수십 년 전부터 농경지에 비료가 과다하게 사용되면서 농촌에서는
종의 풍요가 크게 제한을 받았다. 반면 도시는 동물에게 쫓길 염려가
없는 평화로운 환경을 제공하기 시작했다. 도시민들은 집중적인
농업이 이루어지고 간혹 개인적인 호기심으로 동식물을 대하는
농촌과는 달리, 풍족한 동식물의 종이 서식하는 것을 즐거워했다.
도시에 사는 보라매나 새매에게도 도시는 유쾌한 환경이 되었다.
자신들을 쫓아다니며 괴롭히는 상대가 없고, 좁은 공간에 야생의
숲에서보다 더 많은 새가 살기 때문에 먹잇감도 풍족했기 때문이다.

요즘은 뭔가 나쁜 일만 생기면 동물이 뉴스의 머리기사
를 장식한다. '멧돼지 때문에 재규어의 기반이 무너진다'라든가 '채소
에 들어 있는 독거미' 같은 표현이 그런 예이다. 그러나 동물이 평화
롭게 도시에 정착한다는 사실은 사람들이 모르고 있다. 교통 혼잡 속
에서 하늘을 올려다보면 때때로 지붕 위에서 매가 비둘기를 사냥하
는 모습을 볼 수 있다. 전문가들은 쾰른 대성당 꼭대기에 야생 매가
사는 것을 안다. 매는 땅 위에서 북적대며 사는 사람에게는 관심을
두지 않는다. 매의 눈은 비둘기에 고정되어 있다. 몇 차례 날갯짓으로
도 비둘기를 쉽게 잡을 수 있도록 철저하게 준비해야 하기 때문이다.
고층건물은 암벽 등반가들이 올라올 수 있는 외딴 절벽에 있는 둥지

보다 매에게는 더 안전하다. 매의 알을 꺼내려고 쾰른 대성당 꼭대기로 올라갈 사람은 아무도 없을 것이니 말이다.

도시생활이 편리한 것은 보라매나 새매에게도 마찬가지이다. 도시에서 이들이 활동하는 곳에는 자신들을 쫓아다니며 괴롭힐 상대가 없어서 안전하기 때문이다. 도시에서는 좁은 공간이지만 야생의 숲에서보다 더 많은 새가 살기 때문에 먹잇감도 풍족하다. 베를린에는 시민 한 사람당 적어도 새 한 마리가 살 정도이며 뮌헨이나 쾰른, 프랑크푸르트, 드레스텐도 마찬가지이다. 수백만 시민이 사는 도시는 수백만 마리의 새가 사는 도시라고 보면 된다. 부화가 끝나고 새끼가 날아다니면 그 수는 더 늘어난다. 비둘기나 참새, 지빠귀, 까마귀처럼 우리가 어디에서나 흔히 보는 조류만 있는 것이 아니다. 베를린은 '나이팅게일의 수도'라고 불러도 전혀 이상할 것이 없다. 초여름이면 시내 곳곳에서 수천 마리나 되는 나이팅게일의 노랫소리가 들린다. 특히 함부르크에는 바닷새 때문에 조류가 많다. 독일 한자동맹의 북부 7대 도시(브레멘, 함부르크, 뤼베크 등을 일컫는 말-옮긴이)와 베를린만큼 다양한 조류가 서식하는 곳도 없다. 독일 땅에서 부화하는 조류 종의 3분의 2에 해당하는 종이 이들 대도시 지역에서 발견되고 있다.

도시의 종은 풍족해지고 농촌의 종은 빈약해지고 있다

도시 규모가 크고 조류의 생존 환경이 풍족할수록 더 많은 새가 서식한다. 이 반대의 경우를 표현한다면 '빈약한 농촌!'이라는 말이 어울릴 것이다. 농촌에는 종달새 노랫소리가 사라졌으며 자고나 메추라기도 농촌을 떠났다. 현재 농촌에서는 많은 조류가 희귀종으로 분류된다. 조류세계에 무슨 문제가 일어난 것일까? 전혀 아니다. 수많은 나비와 딱정벌레, 다채롭게 잘 자라는 꽃 등 온갖 동식물이 여전히 번성하는 것을 보면 알 수 있다. 그러나 어쨌든 도시는 점점 종이 풍

점점 많은 동물 종이 집중적인 농업이 이루어지는 농촌을 떠나
살기 편한 도시로 몰리고 있다

족해지고 반대로 농촌은 종이 빈약해지고 있다.

고려해야 할 몇 가지 측면이 있다. 사람이 직접 거주하는 지역, 즉 도시와 농촌 그리고 산업지역은 대략 전체 국토의 10퍼센트를 차지한다. 많은 환경운동가들은 도시가 농촌을 갉아먹고 있다고 불만을 표출한다. 하지만 자연보호구역은 전체로 볼 때 2퍼센트, 그러니까 도시면적의 5분의 1이 안 된다. 이에 비해 군사제한구역이나 군사훈련장은 자연보호구역의 두 배가 넘는다. 그런데 하필 전쟁 연습을 하는 좁은 공간에 가장 다양한 생물 종이 서식하며, 가장 보기 드문 희귀종이 그곳에 사는 경우가 많다. 군사훈련장이 종 보호의 일번지가 된 셈이다. 그 다음으로 많은 종이 서식하는 곳이 대도시이고 세 번째가 자연보호구역이다. 자연보호구역은 대부분 비좁고 개발 위기에 직면한 곳이 많기 때문에 종의 다양성을 위해서는 좋은 환경이 아니다.

농촌의 과다한 비료 사용은 생물 종이 떠나는 한 원인

인공 조림으로 형성된 숲은 중간 지대에 속한다. 농업 지역은 대부분의 생물 종에 대하여 양심의 가책을 느껴야 마땅하다. 농업 지역은 독일 국토의 절반이 넘는 55퍼센트를 차지하고 있다. 농업 지역과 도시를 비교하면 종의 풍요와 빈곤을 야기하는 본질적인 문제가 무엇인지 분명하게 드러난다. 종의 풍요와 빈곤을 유발하는 가장 큰 원인은 구조적인 문제이다. 도시는 구조가 잘 짜인 반면, 농촌은 '말끔히 청소'가 되었고 농업 기술의 도입으로 획일화되어 가고 있다. 두 번째 문제는 수십 년 전부터 농경지에 비료가 과다하게 사용되고 있다는 점이다. 이런 요인으로 종의 풍요는 크게 제한을 받게 된 것이다. 지나친 비료 사용을 견딜 수 있는 동식물은 소수에 지나지 않는다. 반면에 도시에서는 이런 문제가 전혀 없다.

세 번째는 야생에 서식하는 대형 동물이 끊임없이 사냥에 시달리면서 겁이 많아졌다는 점을 들 수 있다. 반면에 도시는 동물에게 쫓길 염려가 없는 평화로운 환경을 제공한다. 도시민들은 집중적인 농업이 이루어지고 간혹 개인적인 호기심으로 동식물을 대하는 농촌과는 달리, 풍족한 동식물의 종이 서식하는 것을 즐거워하고 있다. 관용도 베풀 줄 안다. 자동차의 홍수 속에서 큰 피해를 당할 수 있는 담비가 멸종되지 않도록 온갖 수단을 동원한다. 새에게 먹이를 주는 데 관심을 기울이고, 집집마다 정원에 온갖 꽃이 피어나 곤충도 많아졌다. 또 대도시의 밀림이라는 말이 어울릴 정도로 무성한 숲이 형성되고 있다. 이러니 동물의 입장에서는 도시의 숲에 산다는 것은 무척 즐거운 일이 된 것이다.

토착 동식물에
외래종이 섞여도 상관없는가?

까다로운 선옹초와 욕심 없는 민들레

'올바른 자연 상태'라는 것은 과거에도 없었고 지금도 존재하지
않는다. 자연은 본질적으로 변화무쌍하다. 자연은 은연중에 서서히
변화하며 때로는 빠르게 변화한다. 특히 인류가 개입했을 때 그 속도가
빨라진다. 19세기 동식물의 세계는 결코 '토착적인 자연'을 대표하지
않았다. 당시의 동식물은 그 이전 시대에 외부에서 들어오거나
의도적으로 반입된 것이며 특히 들과 숲을 관리한 데 따른 결과였다.

"침입종이 우리를 위협한다!" "외래종이 많다." "외래종
이 토착종을 몰아내고 널리 퍼져 엄청난 문제를 일으킨다." "외래종
을 퇴치하는 데에는 많은 자금이 필요하다." "일단 자리 잡은 외래종
을 몰아내기는 쉽지 않다!" 이런 구호를 뉴스 첫머리에서 많이 보았
을 것이다.

국내로 들어와 널리 퍼진 동물과 식물을 우려하는 말이다. 이때 유
난히 '눈에 띄는' 종은 '침입'한 것으로 표현한다. 전 세계적으로 외래
종은 생태계의 다양한 구조를 침해하는 주요 위협요인으로 간주한
다. '외래종'과의 전쟁은 정당한 것인가? 아니면 늘 그렇듯이 과장된
것인가? '외래종'을 둘러싼 논란에는 사회정치적으로 매우 민감한 문

240

제가 숨어 있다. 이미 어휘 선택에서 드러나고 있다.

각종 매체에서는 외래종이 퍼지는 현상을 마치 암세포가 침투해서 전이되는 것처럼 심각하게 묘사한다. 이런 식의 표현이나 '토착종=좋은 것', '외래종=나쁜 것'이라는 이분법은 우리가 오래 전부터 익히 들어온 말이다. 사람들은 외래종이 떼로 몰려와 우리의 아름다운 자연을 훼손하니 반드시 '퇴치'해야 한다고 생각한다. 그러나 이러한 생각은 과거의 기준으로는 말도 안 되는 것이다. 외래종이 '이 땅의 소속'이 아니라는 이유로 사람들은 외래종의 생존권을 인정하지 않는다. 외래종과의 전쟁이라는 현상의 배후에는 세 가지 기본적인 오해가 실려 있다.

외래종이 포함되지 않은 '올바른 자연 상태'는 한 번도 없었다

첫째, '올바른 자연 상태'라는 것은 과거에도 없었고 지금도 존재하지 않는다. 자연은 본질적으로 변화무쌍한 것이다. 자연은 은연중에 서서히 변화하며 때로는 빠르게 변화한다. 특히 인류가 개입했을 때 그 속도가 빨라진다. 19세기 동식물의 세계는 결코 '토착적인 자연'이 아니었다. 당시의 동식물은 그 이전 시대에 외부에서 들어오거나 의도적으로 반입된 것이며 특히 들과 숲을 관리한 데 따른 결과였다. 토지는 지나친 경작으로 과다하게 이용되었다. 그 결과 유용식물을 위한 영양소가 부족해졌고 수확량도 줄었다. 흉년이 들어 기아로 시달리는 사람들이 허다해졌다.

이러한 결핍 상태에서도 혜택을 누리는 식물 종이 있긴 하다. 성장 조건이 까다롭지 않고 유난히 건조한 환경에서 잘 자라는 식물이 이에 해당한다. 이런 식물 종과 연결되는 동물 종 역시 많은데 특히 곤충과 조류가 이에 해당된다. 하지만 또 많은 종은 집중적인 사냥감이 되면서 전반적으로 멸종상태에 이르기도 했다.

화학비료가 등장하고 제2차 세계대전 이후 다수확 유용식물 품종이 나오면서 상황은 근본적으로 변했다. 결핍의 환경에서 10년도 지나지 않아, 특히 1970년대 들어서면서 풍요의 현상이 나타났다. 그러나 특정한 몇몇 품종으로 풍요가 제한되면서 종의 다양성은 사라졌다. 사냥의 화를 면한 포유류와 대형조류가 다시 눈에 띄기 시작했다.

현재의 자연 상태는 처음으로 동식물의 분포와 개체 수를 조사하던 19세기와는 차이가 많이 난다. 그러므로 '새로운 종'은 이렇게 근본적으로 변화한 토대를 바탕으로 판단해야만 한다.

소수 종이 급격하게 퍼지는 것은 비료의 과다 사용 때문

둘째, 소수의 몇몇 식물 종이 급속하게 퍼지고 무성하게 자라는 주된 원인은 이 종의 '공격적'인 성향 때문이 아니라 비료의 과다 사용 때문이다. 1970년대 이래로 독일의 토양은 수확으로 빠져나가는 것 이상으로 식물의 영양소가 잔존해 있다. 그 결과 자연의 순환현상이 이상적으로 작동하지 않게 되었다. 이미 1990년대 초부터 목초지와 농지에는 연간평균으로 볼 때 헥타르당 100킬로그램으로 지나치게 많은 질소가 뿌려지고 있다. 집약농업이 이루어지는 많은 지역에서는 과잉 수확량이 두 배 이상에 달한다. 그 결과 척박하면서도 밝은 빛이 비치는 성장 환경에 적응된 많은 식물 종이 희귀해지거나 완전히 사라졌다.

이제는 다채로운 꽃이 만발한 초원이나 그 위로 날아다니는 다양한 종의 나비를 볼 수 없다. 초원은 어디를 가나 녹색 일변도로 변했다. 그나마 초원에서 제대로 된 색을 볼 수 있다면 일년에 단 한 차례, 민들레가 만발할 때뿐이다. 농경지 주변에서 흔하게 자라는 잡초도 생산성 확대로 피해를 입었다. 유럽연합의 농경센터에서는 이런 식물 종의 멸종을 막기 위해 수십억 유로의 보조금을 들여 농약과 비료를 사용하지 않는 '농경지 주변 자연보존구역 프로그램'을 실행하고 있다. 하지만 이 식물 종 역시 수백 년간 곡괭이나 기계를 사용해 농지 정리를 하면서 퇴치해온 과거에 '침입한 종'이다. 예를 들면 하늘색의 수레국화나 화려한 붉은빛의 양귀비, 선옹초, 향기풀, 야생팬지, 개꽃 들이 이런 식물 종에 속한다.

외래종이 모두 나쁜 것은 아니다

요즘의 침입 종에게 온상 구실을 하는 것은 비료의 과다 사용이다. 이들 외래종은 5월이면 낟알에서 싹이 터 여름에 높이 자라는 옥수수와 비교해볼 수 있다. 비료가 많이 뿌려진 토양이라면 옥수수는 3미터 이상 자란다. 그동안 독일에서는 면적으로 볼 때 옥수수 경작지가 밀 경작지에 근접했거나 이미 추월한 것으로 보인다. 옥수수의 성장을 위해 사용하는 비료성분은 상당 부분 '그대로 남아' 지하수나 시냇물로 흘러들고, 주변 둑이나 인접한 경작지로 옮겨간다. 이 비료성분 덕분에 침입 종으로 비난받는 봉선화가 자라고 햇살 아래에서는 맨살에 닿으면 화상처럼 강한 통증을 일으키는 자이언트 호그위드가 자라며 동남아시아산 여뀌가 무성한 숲을 이룬다.

이들 침입 종이 계속 영양분을 공급받는 것은 자동차와 신형 기술의 난방 시스템 탓이기도 하다. 고속으로 주행하는 자동차에서, 그리고 난방 시스템에서 배출되는 질소는 '공기에서 나오는 비료' 역할을 하면서 전국의 토지를 뒤덮었다. 이렇게 공기 중에 발생하는 질소는 연간 헥타르당 30~60킬로그램에 달한다. 이 정도 양이면 20세기 초만 해도 농경지에 뿌려지는 최대 수량에 맞먹는다. 유난히 골칫거리인 자이언트 호그위드가 무성하게 자라는 것은 바로 이 때문이다. 자이언트 호그위드는 꿀을 많이 함유해 19세기 말에 양봉장에서 키우던 종이었는데, 1970년대까지 거의 100년 동안은 눈에 띄지 않았다.

성장을 위한 영양분이 너무 적은 탓이었다. 그러나 지금은 고속도로 주변이 유리한 성장환경을 제공하고 있는 탓에 무성한 번식력을 자랑한다.

'침입자' 낙인이 찍힌 다른 동식물의 경우도 모두 이와 비슷하다. 의도한 것은 아니지만 사람 때문에 유난히 유리한 생존 조건이 마련된 셈이다. 의도가 아니라 그 자체로서의 여건이 이들의 생존을 돕는 것이다. 어느 시대든지 또 어떤 동물이든지 사람이 집 안팎에서 제공하는 가능성을 이용하는 것은 마찬가지이다.

모든 문제는 사람에게서 나온다

셋째, '외래종'이라고 해서 모두 나쁜 것이 아니다. 신종'이 의심을 받는 까닭은 그것에 관해 제대로 알지 못하기 때문이다. 과거에 신종으로 들어온 것도 시간이 지나면서 동화되고 토착화하면서 보호종의 혜택을 누린다. 산토끼와 들종다리, 자고가 이에 속하며 이제는 보기 힘들어진 후투티나 숲을 벌채하지 않았다면, 또 국토의 절반 이상을 농경지와 목초지로 바꾸지 않았다면, 중부 유럽의 삼림에 없을지 모르는 많은 종도 마찬가지이다. 가축이 없다면 주택가에 사는 제비도 없을 것이고 하얀 황새나 참새도 없을 것이다.

아프리카에서 겨울을 나는 수백만 마리의 제비가 이제는 상당수가 희귀해진 그곳의 제비 종에게 어떤 영향을 주고 있는지 우리는 관심을 기울이지 않는다. '우리의' 제비만 귀하게 여기기 때문이다. 우리가 '새로운 종'에 관해 오랜 시간을 두고 충분히 익숙해질 때 우리는 동식물로서의 이 종을 좀 더 냉정하게 관찰할 수 있다. 그런 연후에 우리는 미리 예단하고 때로는 부풀린 선입관을 허물 수 있을 것이고, 어쩌면 몇몇 '신종'을 (공격적인) 침입자로 만든 원인을 바꿀 수 있을 것이다.

사람이 정착하면서 가지고 들어간 동식물 때문에 여러 섬에서 벌어진 종의 위기는 우리와 별 관계가 없을지 모른다. 유럽인이 가지고 간 종 때문에 여러 섬의 자연이 황폐해질 수 있다는 것은 맞는 말이다. 하지만 본질적인 문제는 동물과 식물이 아니라 사람에게서 나오는 것이다. 외딴섬에 사람이 들어가면 섬의 자연은 불가피하게 변할 수밖에 없다. 인류가 들어가는 순간 낙원 같은 환경은 깨진다. 이런 일은 과거에도 있었다. 예를 들어 마오리족이 뉴질랜드 섬에 들어가 살면서 보기 드문 타조류로서 늠름한 자태를 뽐내던 모아가 짧은 시간에 멸종되었으며, 폴리네시아인이 하와이 섬에 들어갔을 때도 같은 현상이 일어났다. 가장 큰 변화는 인류가 아메리카에 들어가면서 발생했다. 동식물의 환경이 어떤 방향에서, 어느 범위로 변화할 것인지는 인류의 행동에 달렸다. 그리고 이 '행동'이 언제나 필수적인 것은 결코 아니다.

동물을 동화시켜도 되는가?

무지개송어와 스웨덴 비버

다윈이 말한 '자연선택'은 유기체를 환경에 적응시킨다. 많은
생명체에게 이것은 죽느냐 아니면 자신을 변화시키느냐 하는 압박을
의미한다. 또 다른 생명체에게는 새로운 환경이 새로운 기회의 장이
된다. 순수혈통을 고집하는 것은 사육자에게나 필요한 것이다. 사육할
때도 고도로 길들여진 가축과 유용동물에게 고통스러운 멍에를
지우는 순수혈통이 항상 '좋은' 것은 결코 아니다.

　자연 속에는 종의 증가와 감소 현상만 있는 것이 아니
라 자연보호가나 사냥꾼, 자연 친화적인 사람들이 적극적으로 자연
에 간섭하면서 벌어지는 일도 흔하다. 그들은 자연을 집단별로 따로
정리해서 전체적인 자연을 정원처럼 가꾸려고 하는 것은 아닌지 나
는 가끔 의심스러울 때가 있다.
　사냥꾼 중에는 지금도 여전히 꿩을 풀어주었다가 다시 총으로 잡
는 사람들이 있다. 낚시꾼도 무지개송어나 뱀장어 같은 어류를 풀어
놓았다가 다시 잡고 있다. 자연보호가들은 무지개송어나 뱀장어가
북아메리카산이고 도나우 강에서는 발견되지 않는다는 이유로 토착
종으로 보지 않는다. 자연 친화적인 사람들은 벽타기도마뱀을 이전에

는 서식하지 않던 장소에 풀어놓고 이 작은 도마뱀이 튼튼하게 자라는 것을 보고 즐거워하기도 한다.

주거지역 밖의 자연 속에도 예쁘게 피는 꽃을 인공적으로 조성한 곳도 많다. 이런 일은 과거에도 흔했고 현재에도 빈번하기 때문에 식물학자들은 전문용어로 '신종 이식'이라는 표현을 쓴다. 이 때문에 갈란투스가 본래 어디에, 얼마나 서식했는지 확인할 길은 없다.

독일의 많은 자연보호가들은 독일에 비버를 들여올 때도 많은 논란을 일으켰다. 그들은 '스웨덴의 비버'가 아니라 '엘베 강의 비버'를 독일에 적응시켜야 한다고 주장했다. 1970년대부터 바이에른과 오스트리아에서는 당시 동독의 데사우와 막데부르크 사이 엘베 강변에 주로 서식하던 '엘베 강의 비버'를 다시 들여오려고 했다. 그러나 비버가 생존하는 동독의 여건과 환경은 바이에른이나 오스트리아와는 달랐다. 이런 사정으로 자연보호가들은 스웨덴의 비버를 들여올 수밖에 없었다. 당시 스웨덴의 비버는 도로변에 집을 짓고 사는 문제로 생존 공간에서 쫓겨날 처지에 있었다. '엘베 강의 비버'만 들여와야 한다는 생각이 지나친 까닭은 어떤 생물이 멸종된 지역에 다시 유전적으로 똑같은 종을 들여놓는다 해도 이전 상태를 회복할 수 없기 때문이다. 이전에 서식하던 종을 그곳에 살게 하려면 어디에선가 동물을 데려와야 한다.

동식물의 '순혈주의'가 꼭 필요한 것인가

스웨덴의 비버는 '가짜' 비버가 아니라 '카스토르 피버Castor Fiber'라는 학명을 가진 유라시아 비버의 '대표적'인 순종이다. '게르만 계통'의 이 비버가 '독일적'인 혈통이 부족하다는 이유로 많은 사람을 자극한 것은 단순히 순혈주의적인 표현뿐만 아니라 자연에 관한 근본적인 오해 때문에 빚어진 현상이다. 그러면 비버는 본래 어떻게 출현했는가? 이 비버는 '카스토르 카나덴시스Castor Canadensis'라는 학명을 지닌 북아메리카의 비버와 구분되는 종이다. 당연히 마지막 빙하기가 끝난 이후 종간의 교류 가능성은 있을 수 없기에 그쪽의 피는 섞이지 않았다.

순수혈통을 고집하는 것은 사육자에게나 필요한 것이다. 그리고 사육할 때도 고도로 길들여진 가축과 유용동물에게 고통스러운 멍에를 지우는 순수혈통이 항상 '좋은' 것은 결코 아니다. 사육하고 있는 동물을 다시 야생으로 돌려보낸다면 대부분 살아남기 어려울 것이기 때문이다.

비버에게는 혈통의 문제가 존재하지 않았다. 스웨덴의 비버는 바이에른과 오스트리아의 하천에 있는 원시적인 비버의 생존 공간에 빨리 적응했다. 그래서 재적응을 시킨 지 40년이 지난 현재, 멸종되기 이전인 지난 500년간의 어느 때보다 알프스 이북에 더 많은 개체 수가 서식하고 있다.

바이에른의 겨울 서식지에 풀어놓은 첫해에 스웨덴의 비버는 바이에른의 겨울이 훨씬 온화하다는 것을 알아차렸으며 즉시 불필요한 활동을 중단했다. 이 비버는 자연보호구역과 경작지에 살고 있으며 이곳은 사람들에게 방해받지 않는 환경이다. 대홍수가 일어나 쓸어내릴 때까지는 뮌헨 한복판에 있는 이자르 강변에도 집을 짓고 살았다.

엘베 강의 비버는 비록 '하천 비버' 종이기는 하지만 동독 시절에는 내륙의 호숫가에서도 살았다. 그리고 서식지역을 확대하면서 폴란드의 비버와도 접촉했다. 분수계分水界를 넘어 도나우 강줄기에 도달했기 때문인데 이 기회를 통해 바이에른-스웨덴 계통의 비버와도 접촉하게 되었다.

라인 강 상류에서는 언젠가 중부 유럽에 정착한 비버가 론 강의 비버와 접촉해 스스로의 경계를 정할 것인지 그 여부를 결정할 때가 올 것이다. 여기에는 좀 더 복잡한 문제가 숨어 있다. 생물체가 사는 공간에는 자연도태가 영향을 미친다. 다윈이 말한 자연선택은 유기체를 생존환경에 적응시킨다. 더 정확하게 말하면 생명체는 주위환경에 적응한다. 많은 생명체에게 이것은 죽느냐 아니면 자신을 변화시키느냐 하는 압박을 의미한다. 또 다른 생명체에게 새로운 환경은 새로운 기회를 제공하기도 한다. 포유류와 더불어 높은 체온으로 환경에 종속되지 않은 채 비교적 많은 자유를 누리는 조류 같은 동물은 새로운 환경으로 압박을 받기보다는 대부분 기회를 더 많이 얻는다.

새로운 환경은 새로운 기회를 제공한다

비버는 단단한 몸을 가진 대형 동물이다. 비버는 북쪽 스칸디나비아나 러시아의 추위에서부터 지중해 연안의 여름 더위까지 잘 견디어낼 뿐 아니라 저지대의 강변이나 고산지대의 계곡을 가리지 않고 외적인 생존 조건에 적응하는 능력이 뛰어나다. 여기서 비버에게는 환경에 대한 고도의 자율성을 누릴 가능성이 주어진다. 지역에 따라 다양한 생존 조건은 체질량의 변화로 대응할 수도 있고, 동시에 먹이의 선택으로 대응할 수도 있다.

이러한 사례는 보헤미아의 군주 콜로레도 만스펠트가 1905년 알래스카로 사냥을 다녀온 여행단에게서 선물로 받은 사향쥐를 자신의 도브리쉬 영지에 풀어놓은 예에도 해당한다. 세 마리의 암컷과 두 마리의 수컷은 너무 쉽게 적응했다. 몇십 년 지나지 않아 사향쥐는 유럽 대부분의 지역에 서식하게 되었다. 이때 겨울 기간에 지배를 받는 북아메리카의 사향쥐와 몸 크기가 구분되는 지역적인 차이가 발생했다. 불과 반세기 만에 자연선택은 사향쥐를 유럽의 조건에 적응하게 한 것이다. 사향쥐는 성공적으로 동화되었으며 한동안 심한 퇴치 운동이 일어났는데도 끄떡없이 그 수가 늘어났고 토착종인 물쥐보다 해롭지 않다는 사실이 판명되기도 했다.

왜 우리는 비버를 좋아하는가?

영리한 비버와 큰 들쥐

비버는 수 미터 높이로 집을 짓는데 이때 자신이 옮길 수 있는 크기로 목재를 잘라 쓴다. 비버가 둑을 쌓는 것은 하천이나 시내 수위가 너무 낮을 때뿐이다. 비버가 둑을 쌓으면 작은 호수가 형성된다. 비버가 만든 호수에서는 연한 재질의 나무가 계속 자라기 때문에 이 껍질을 겨울철 먹이로 이용할 수가 있다. 이처럼 비버는 시냇물이나 작은 호수의 수자원을 한눈에 관리하는 능력이 있다.

비버는 곰이나 늑대보다 더 대중에게 수용되고 환영받는다. 비버를 둘러싼 이런 비밀은 어디에서 연유한 것인가? 비버는 나무를 쓰러뜨리거나 시냇물이나 도랑, 강 지류에 둑을 막아서 커다란 피해를 유발하지 않는가? 또 농부가 애써 키운 사탕무를 갉아먹는 것은 아닌가?

비버는 처음부터 사람들에게 좋은 이미지로 다가왔다. 가족을 이루고 '부지런하게' 살며 보들보들한 모피를 지닌 비버는 다정하고 땅딸막한 모습 때문에 어린 아이들의 이야기 소재로도 즐겨 사용되었다. 평평한 꼬리로 몸을 지탱하고 일어설 때는 동정심을 불러일으키기도 한다. 비버는 동화 속에서 언제나 호의적인 모습으로 등장하며

19세기 인디언 낭만주의의 '꼬마 인디언' 같은 이미지를 풍긴다. 비버가 뉴욕시의 문장紋章에 들어갔으며 북아메리카의 북부를 개척할 때 아메리카들소보다 더 많이 기여했다는 사실을 아는 사람은 독일에는 거의 없다. 비버가 원한 것은 아니지만 당시 사람들은 비버 모피로 모자를 만들어 쓰고 다니며 추위를 이겨냈던 것이다.

'버펄로 빌(Buffalo Bill, 본명은 William Frederick Cody, 미국의 정찰병이자 유명한 들소 사냥꾼으로 인디언과의 싸움에 여러 차례 참가하였음-옮긴이)' 같은 유형의 인물이 아메리카들소를 멸종시킨 것은 총으로 동물을 쏘아 죽이는 것이 즐거워서가 아니라 백인이 증오하는 초원의 인디언의 생존공간을 박탈하기 위해서였다. 정확하게 19세기 말경 유럽에서도 비버는 멸종되었다. 희귀해진 모피를 구하려는 사람들 때문에 멸종된 것은 아니다. 비버의 멸종은, 우리가 호랑이 뼈를 정력제로 생각하고 야생의 호랑이를 멸종시킨 중국인을 비난하듯이 미신과 관계가 있다. 150년 전쯤 유럽에서는 이른바 '해리향(castoreum, 비버가 분비하는 액체로 향수의 원료로 사용-옮긴이)'을 구하려는 사람들로 넘쳐났다.

19세기 비버의 멸종은 해리향과 관련이 있다

해리향은 비버의 항문 부근 선낭腺囊에서 나오는 분비물이다. 사향과 비슷한 냄새가 나서 '남성의 성적 기능'을 강화해준다고 알려진 해리향에는 버드나무 껍질에서 나오는 아스피린과 비슷한 물질이 들어있는데, 이 버드나무 껍질은 하천 부근에 사는 비버가 겨울철에 주로 먹는 먹잇감이다. 비버는 영역표시를 할 때 해리향을 이용한다. 영역밖의 비버는 하천변에서 풍기는 해리향 냄새를 맡고 그곳에 사는 비버의 건강상태를 짐작한다. '아스피린' 성분과 수컷의 성호르몬이 풍부하다는 것은 아직 많이 소비되지 않아 매우 건강하다는 신호이다. 무리의 우두머리는 해리향으로 몸이 최절정 상태에 있다는 것을 판단했다.

해리향이 인기를 끌면서 급기야 비버는 너무 귀해져서 한 마리 값이 수천 마르크에 달하기도 했다. 멸종 단계에 있었기 때문에 가격은 끝없이 치솟았다. 한때 유럽 전체에 퍼져 살던 비버는 접근이 어려운 노르웨이 동남부, 데사우와 막데부르크 사이의 엘베 강변, 론 강 하류 등 극히 제한된 지역에서만 소수가 살아남았다. 그나마 밤에 활동하며 오직 풀이 무성한 하천변의 초목만 먹고 살았기 때문에 눈에 띄지도 않았다. 당시 살아남은 비버는 100마리도 되지 않았다. 19세기 말 유럽 비버는 완전히 멸종되었다는 평가에 직면했다.

하지만 20세기 초 스웨덴에서는 인접국 노르웨이에서 비버를 들여왔는데 이 노력은 성공을 거두었다. 독일에서는 제2차 세계대전과 전후의 복구기간에 비버를 다시 들여올 생각은 엄두도 내지 못했다. 그러다가 1960년대 말 후베르트 바인치엘이 계획을 수립하고 바이에른 자연보호연맹과 협력해 엄청난 기부금을 모금한 끝에 스웨덴에서 비버를 공수해오는 사업을 시작했다. 1970년대 들어 비버를 들여오는 사업은 결실을 맺었다. 독일의 다른 주와 오스트리아에서도 뒤를 따랐고 중부와 중동부 유럽의 국가도 같은 사업을 시작했다.

겨울철 먹잇감으로 비버에게 필요한 연한 재질의 목재는 독일의 하천에 충분했다. 하천변에 싱싱한 풀이나 수중식물이 충분하지 않을 때면 비버는 나무의 연한 속껍질을 먹는다. 목재나 딱딱한 겉껍질을 먹는 것이 아니다. 비버는 순수한 채식동물이다. 이따금 물고기를 사냥한다면 낚시꾼의 눈총을 받을 텐데 그럴 일도 없다. 비버와 거의 동시에 유럽에서 멸종 상태에 이르렀던 수달은 물고기를 잡아먹는다. 수달은 물고기를 먹고 살기 때문에 다시 돌아오는 것을 반기지 않는 사람이 많았다.

독일의 자연환경에 잘 적응한 비버

버드나무나 포플러처럼 연한 목재는, 비록 비버가 쓰러뜨려서 문제를 일으켜도 사람들은 비버가 이용하는 것을 눈감아주었다. 아마 다른 나무를 쓰러뜨린다면 곱지 않은 눈길을 보내거나 심하면 쫓아냈을지도 모를 일이다. 독일에 서식하는 4만~5만 마리의 개체 수를 생각한다면 비버가 일으키는 피해는 사소한 것이다.

비버는 도대체 어떤 존재인가? 유해동물인가 아니면 물을 관리할 줄 아는 영리한 동물인가? 직접 보기 전에는 비버에 관해 막연히 억측하는 사람이 많다. 그리고 직접 본 다음에는 깜짝 놀라는 반응을 보인다. 비버는 설치류로서는 북반구 전체에서 가장 큰 동물이다. 전 세계적으로 더 큰 설치류는 '대형 기니피그'인 남아메리카의 캐피바라밖에 없다.

비버는 몸무게가 30킬로그램이 넘는 것도 있다. 노루보다 무게가 더 나간다. 하지만 땅딸막한 체형 때문에 사람들 눈에는 그다지 커 보이지 않을 뿐이다. 비버는 들쥐와 먼 친척관계인 대형 들쥐라고 할 수 있다. 하지만 쥐 같은 설치류와 비버는 '비버 꼬리'라고 불리는 옆으로 평평하게 퍼진 꼬리로 구분되며, 비버는 어릴 때부터 그런 꼬리를 갖고 있다. 그 꼬리가 어떤 쓸모가 있는지는 잠수할 때 드러난다. 비버는 꼬리를 조종해 물로 들어가며 물속에서도 꼬리로 방향을 잡는다. 그렇다고 비버의 꼬리가 그런 쓰임만을 위해 생긴 것은 아니다.

몸통에서 꼬리로 이어지는 독특한 맥락총(Plexus choroideus, 수많은 모세관으로 이루어진 뇌실의 상피성 망상 구조-옮긴이)을 보면 힘든 일을 할 때 발생하는 과열된 체온의 잉여분을 꼬리로 유도하는 것을 알 수 있다. 예를 들면 굵은 나무기둥을 모래시계 모양으로 만들어 쓰러뜨릴 때까지 오랫동안 갉아내는 일을 할 때 체온이 과열될 수 있다. 더구나 두툼한 비버 모피가 몸을 둘러싸고 있으니 비버의 체온은 꽤나 높아질 것이다. 비버 모피는 옷을 4~5겹 껴입거나 면 셔츠 위로 깃털 코트를 입은 것만큼이나 보온효과가 뛰어나다. 이때 몸이 과열되지 않게 하려면 열을 어디론가 보내야 한다. 비버의 꼬리는 점점 다목적 용도로 쓰이게 되었다. 꼬리의 뿌리에는 지방을 축적하게 되었다. 나무를 갉아 먹을 때 비버는 꼬리로 몸을 지탱한다. 앞에서 말한 대로 잠수할 때도 꼬리가 도움이 된다. 이 밖에도 꼬리로 수면을 쳐서 위험신호를 보내기도 한다.

비버는 수 미터 높이로 집을 짓는데 이때 자신이 옮길 수 있는 크기로 목재를 잘라 쓴다. 이보다 더 선호하는 것은 굴집을 지을 수 있는 하천 양쪽의 언덕이다. 비버가 둑을 쌓는 것은 하천이나 시내 수위가 너무 낮을 때뿐이다. 비버가 둑을 쌓으면 작은 호수가 형성된다. 이때 하천변의 수목구성에 영향을 줄 수가 있다. 버드나무와 포플러는 물속에서도 잘 견디지만 떡갈나무와 너도밤나무는 물에서 잘 자라지 못한다.

비버가 만든 호수에서 연한 재질의 나무는 계속 자라기 때문에 이 껍질을 겨울철 먹이로 이용할 수가 있다. 얼마나 영리한가! 비버는 대형 쥐라고 할 수 있으며 모든 쥐는 영리하다. 뇌가 큰 비버는 시냇물이나 작은 호수의 수자원을 한눈에 관리하는 능력이 있다. 안정적으로 관리하는 것을 보면 제방 전문가도 혀를 내두를 정도이다. 그것도 아무런 비용을 들이지 않고 해내기 때문이다.

왜 많은 야생동물은
환영받지 못하는가?

브루노와 악한 늑대

독일에서는 개가 사람을 물어 죽이고 해마다 개에게 물려 부상당하는
사람이 수십만 명에 달한다. 그런데도 우리 곁에 사는 개를 퇴치하자고
주장하는 사람은 없다. 개는 양도 물어 죽인다. 양 사육자에게는
국가에서 보조금을 지급하고 있지만 이런 사태에 대해 목소리를
높이는 사람은 없다. 이탈리아에는 로마 근교까지 늑대가 출몰하지만
늑대와 함께 살면서도 사람들은 전혀 소란을 일으키지 않는다. 이런
결정은 대부분 '문화'에 관련된 것이지 문명과는 전혀 상관이 없다.

　비버만 독일에서 성공적으로 정착한 것은 아니다. 그 사
이 멸종되었던 다른 포유류들도 사람들의 제지를 받지 않고 되돌아
왔다. "말코손바닥사슴이 국경지대에서 침입할 준비를 갖추고 있다"는
말도 나왔다. 그동안 말코손바닥사슴은 오데르 강을 넘어 체코 지역
에서 바이에른까지 진출했다. 개체 수가 많지 않은 곰도 슬로베니아
에서 오스트리아로 들어왔다. '브루노'는 바이에른에서 '문젯거리 곰'
으로 낙인찍히는 정치적인 운명과 마주쳐야 했으며, 브루노와 같은
배에서 태어난 곰도 스위스에서 비슷한 처지에 놓였다(브루노는 2006
년 5월 이탈리아에서 바이에른-오스트리아 접경지대로 진출한 불곰인데 여
기저기 이동하며 양을 죽이는 등 많은 피해를 일으켜 '문젯거리 곰'이라고 판

단한 당국의 결정으로 사살되었다. 이 사건으로 많은 논란이 있었다-옮긴이).
동유럽이나 서유럽의 국경 부근 숲 지대에서는 스라소니가 목격되었
고, 뒤이어 늑대도 출몰했다. 늑대를 달가워하지 않는 남부 이탈리아
와 동부 폴란드에서 온 늑대였다. 이들은 왜 이동하게 된 것일까? 멸
종된 것으로 여기던 동물 종이 독일로 돌아오는 까닭은 무엇인가?

대형 동물이 늘어난 이유는 몇 가지로 추정해볼 수 있다. 첫째, 사
냥이 전면 금지되거나 대대적으로 제한된 것을 들 수 있다. 19세기에
맹수가 멸종된 것은 직접적인 사냥에 따른 결과라기보다는 주로 독
이 든 미끼나 덫을 설치한 데 따른 결과였다. 곰과 늑대도 미끼가 달
린 덫으로 잡았다. 독이 든 먹이나 덫을 쓰는 게 엄격히 제한되자 이
들의 개체 수는 늘어나기 시작했다. 이 동물들의 마지막 피난처는 동
유럽의 거대한 삼림지대나 인가가 거의 없는 산악지대였다. 이런 배경
에서 동부와 남부, 동남부로부터 '침입' 현상이 일어난 것이다. 늑대와
곰, 스라소니가 살아남은 곳은 사람들의 형편이 어려워서 자연환경에
신경을 쓸 수 없는 곳이었다. 이것은 세계적인 현상이다.

농업생산량이 늘어난 것도 대형 동물이 증가한 원인

둘째, 제2차 세계대전 직후 농업생산량이 비약적으로 증가하자 지
속적으로 과잉 상태가 빚어진 것을 들 수 있다. 이 과잉 생산물을 두
고 '산처럼 쌓인 밀'이니 '산처럼 쌓인 버터' '우유바다'라는 표현이 나
왔다. 뒤이어 수퍼마켓에서 싼값에 구입할 수 있는 '저가상품'이 출현
했다. 생산 부족이 아니라 '과잉' 생산이 문제가 된 지는 오래되었다.
야생동물은 이런 풍요의 일부를 같이 누리며 생존에 유리한 시대를
연 것이다. 수백만 마리씩 사살하는데도 노루의 개체 수는 늘어났고
가격도 최고치를 경신했다.

사슴도 붉은사슴 지정구역으로 할당된 곳을 뛰쳐나오는 실정이다.

본래부터 스스로 먹이를 구할 수밖에 없던 멧돼지는 돼지사료용으로 재배하는 옥수수를 먹기 시작했다. 그 결과 앞에서 지적한 대로 개체 수가 엄청나게 늘어났다. 늑대와 곰, 스라소니의 먹잇감은 이미 충분했다. 사냥꾼들은 총을 쏘는 과거의 관행에서 벗어났고 야생동물과 경쟁하기를 원치 않았으며 차라리 야생동물로 인한 피해를 감수하려고 했다. 어쨌든 두 번째 원인은 분명하다고 할 수 있을 것이다.

셋째 원인은 전후관계가 분명하지 않다. 여기서는 『빨간 모자 소녀와 늑대』와 같은 옛날이야기가 영향을 미친다. 야생동물에 유난히 불안을 느끼는 사람들이 있는 것은 분명하다. "숲에는 스라소니가 있으니까 나는 안 들어갈 거야. 우리 집 아이들은 물론이고"라는 반응도 있고 "숲에는 여우가 있어서 안 가는 게 좋아. 피를 빠는 진드기는 말할 것도 없고"라든가 또는 "늑대는 절대 안 돼!" 하는 식이다. 이렇게 불안해 하는 사람들은 여기저기서 소문을 듣고 자신의 지식이 확실하다고 믿지만 그 생각의 근거가 무엇인지는 모른다. 이들과 달리 곰이나 늑대, 스라소니 등 야생동물에게 유난히 우호적인 사람들도 있다. 지나치게 야생동물을 좋아하는 이들은, 불곰을 미련한 애완동물 정도로 보면서 브루노라는 이름까지 지어주고 사살한 데 대해 보복을 다짐했으며, 이것은 어느 정도 성과를 거두기도 했다.

동물을 싫어하는 것은 사람들의 관점, 문화의 차이일 뿐

독일에서는 개가 사람을 물어 죽이고 해마다 개에게 물려 부상당하는 사람이 수십만 명이다. 그런데도 개를 퇴치하자고 주장하는 사람은 없다. 개는 양도 물어 죽인다. 양 사육자에게는 국가에서 보조금을 지급하고 있지만 이런 사태에 대해 목소리를 높이는 사람은 없다. 이탈리아에는 로마 근교까지 늑대가 출몰하지만 늑대와 함께 살면서도 사람들은 전혀 소란을 일으키지 않는다. 또 가축의 기준에서 특별히 취급되는 늑대를 죽여도 아무 법석을 떨지 않는다.

　루마니아의 어떤 지역에서는 곰이 쓰레기통을 뒤지며 맛난 냄새를 찾아다니는데, 지역 주민들이 곰을 위해 쓰레기통을 준비해 놓을 정도이다(이 지역 주민들은 정기적으로 쓰레기통을 갈아주기까지 한다. 곰을 보면 반기면서 사진을 찍는 관광객들의 주머니에서 나오는 수입이 짭짤하기 때문이다).

　이 모든 것은 '문명'과는 아무 관련이 없다. 문제는 사람들의 관점이다. 독일에서는 집 밖 쥐구멍 앞에 앉아 있는 고양이는 '떠돌이' 고양이로 간주하고 수십만 마리씩 사살하고 있다. 야생화의 가능성이 있다고 판단해 사살하는 개도 많다. 늑대는 유럽연합 전역에서 보호종으로 취급하고 있지만 주민들이 늑대를 사살하는 것을 막기는 쉽지 않다. 실정이 이러한데도 구 동독지역에서 소수의 늑대 무리에게 생존을 허용하는 것은 놀랄 만한 일이다. 이런 결정은 대부분 '문화'에 관련된 것이지 문명과는 전혀 상관이 없음이 분명하다.

왜 우리는 자연을
꾸미고 싶어 하는가?

꽃이 만발한 유채밭과 탑 속의 매

사람들은 자연을 야생 상태로 방치하는 것을 원치 않는다. 자연도 관리라고 부르는 인류의 질서를 원한다고 생각한다. 질서를 부여하는 손이 없으면 황폐해진다고 믿는다. 인류가 적절하게 휴식을 취할 수 있도록 공간을 정리하지 않으면 똑같이 황폐해진다고 생각한다. 이런 껍데기 질서는 어쩌면 우리 내면의 무질서를 반영하는 것이 아닐까?

숲이나 초원에 나가서 걷다 보면 그곳의 모습을 우리 마음에 들게 바꾸고 싶다고 생각할 때가 있다. 사람들은 '자연풍경 사진'을 위해서 한눈에 꿰뚫어볼 수 있게끔 정리된 자연의 인상을 보고 싶어 한다. 그에 따르면 노루는 도로변의 고층건물이 아니라 꽃이 핀 야생자두 덤불 앞에 서 있어야 한다. 아름다운 풍경을 보여주는 광고사진을 위해서 민들레는 지평선 끝까지 노란색을 반짝이며 만발하게 피어 있어야 한다. 민들레보다 더 흔해진 유채꽃도 넓은 밭에서 활짝 핀 풍경이 어울린다. 이유는 단지 지평선까지 전망이 활짝 열려야 하고, 주제가 황금빛으로 가득 채워져야 한다는 생각 때문에 그렇다.

사람은 우리가 보고 싶은 대로 자연을 꾸미고 싶어해

자연과 관련해서 우리는 지나치게 단순화한 선입관에 빠져 있다. 자연은 우리가 보는 대로의 형태, 우리가 '공연'하고 연출하는 모습으로 있어야 한다고 생각하는 것이다.

자연보호는 이렇게 확고하게 뿌리내린 생각을 이용해서 목표를 설정하고 논리를 전개한다. 동식물이 다른 상태에 놓이고 이런 기준에서 벗어난다면, 다시 말해 스스로 생존의 길을 찾아 발전하는 모습을 보여도 사람이 처음 세운 기준을 고치려고 하지 않는다. 오히려 이에 반발하며 그것은 '본질적인 자연'이 아니라든가 '인류의 개입으로 왜곡된 표면'에 지나지 않는다는 식의 반응을 보인다.

매가 아무리 야생의 '순수한' 자연 속에서보다 열병합 발전 시스템을 갖춘 도시의 탑에서 더 안전하게 부화하고 새끼를 키울 수 있다고 해도, 매는 외딴 산골짜기의 가파른 절벽에 둥지를 짓고 살아야 한다고 말한다. 인공호수가 유럽연합 자연보호구역으로 지정될 만큼 희귀종의 물새에게 풍족한 생존 환경을 제공해준다고 해도, 또 휴식처와 겨울 서식지로서 중요한 구실을 한다고 해도 자연 상태에서 흐르는 하천보다는 못하다고 생각한다.

이렇게 생각하는 사람의 그림에는 댐이 보여서는 안 되지만, 자연의 흐름을 따르는 강이 엄청난 화강암 조각으로 공사를 한 양쪽 둑의 속박 사이로 흐르는 것은 괜찮다. 그들은 둑이 자연 현상이 아니라는 생각은 하지 못한다. 유럽에서 희귀해진 종으로 엄격하게 보호받는 마도요가 공항에서 부화하고 비행기 이착륙장 옆에서 수많은 종다리가 지저귄다고 해도, 공항은 공항일 뿐이며 서식지가 아니라고 생각한다. 이런 조류를 그곳에서 보는 것은 확고하게 각인된 자연의 모습에 방해가 된다. 새는 들판이나 초원에서 살아야 한다고 틀에 박힌 생각을 한다. 하지만 그곳의 자연은 이미 집중적인 농업화가 이루어져서 새가 살 공간이 되지 못하는 데도 말이다.

특수하게 각인된 자연 풍경에 너무도 오랫동안 익숙해진 나머지 이런 환경에서는 생물 종이 아무리 빈약해져도 우리 눈에는 들어오지 않는다. 또 이런 풍경은 '야생 상태의 자연'이라는 도식에 기여한다. 그러한 자연으로 들어가려고 해도 도로는 농업이나 임업 목적 외에는 차단되어 있으므로 농촌에서 풍기는 독특한 거름 냄새를 맡으며 걸어 들어가는 수밖에 없다.

그러나 도시의 공원에서 나무 한 그루를 쓰러뜨리거나 전체를 베어내는 것은 자연의 훼손이 아닌가! 풍경이 마음에 들지 않는다고 인위적으로 정리하고 질서를 부여하려는 행태는 오늘날 그 어느 누구도 신경 쓰지 않으면서, 자연을 야생 상태로 방치하는 것은 원치 않으니 참으로 이상한 일이다. 왜 우리는 자연도 관리라고 부르는 인류의 질서를 원한다고 생각하는 것일까. 질서를 부여하는 손이 없으면 황폐해진다고 믿는 이유는 무엇일까. 인류가 적절하게 휴식을 취할 수 있도록 공간을 정리하지 않으면 인류 역시 똑같이 황폐해진다고 생각하는 이유는 무엇일까. 이런 껍데기 질서는 어쩌면 우리 내면의 무질서를 반영하는 것은 아닐까? 마치 모든 것이 잘 정돈되어 있는 것처럼 보이게 하려고 말이다.

{ **4장**
스스로 변화하는 자연 }

생태학이란 무엇인가?

나비 유충이 사는 양배추에 관하여

연구의 측면에서 '생태계'라고 불리는 자연의 한 조각은 독립된 생존의
지위를 부여받았다. 이에 따르면 생태계는 파괴되어서는 안 되고,
더 이상 방해받아서도 안 되며, 가능하다면 어떠한 침해도 받아서는
안 된다. 이때 전면에 내세운 가치가 바로 위기에 처한 희귀종의 새나
개구리, 딱정벌레, 벼룩, 나아가 자연 그대로의 하천을 보호하자는
주장이다. 자연을 마치 어린아이 대하듯 조심스럽게 다루어야 한다는
것이었다.

생태에너지, 생태의류, 생태휴가, 생태요구르트, 생태세
제, 심지어 생태자동차 등 생태학과 관련한 것이면 논리적으로는 무
엇이든 생태라는 이름을 붙일 수 있다. 어머니로서의 지구는 자신의
몸에 생태학적인 족적을 남기는 못된 아들 때문에 몸살을 앓고 있다.
환경운동가들은 십자가까지는 아니더라도, 공장 굴뚝이나 기차선로
에 몸을 묶고 시위를 한다. 도대체 생태에 관한 학문은 무엇인가? 생
태학은 학문이 맞는가?

학문으로서의 생태학은 비록 일반적으로 생태라는 이름으로 극심
한 소란을 피우기는 하지만 분명히 존재한다. '생태' 문제는 생태학에
만 들어 있는 것이 아니라 경제학에도 있다. 이런 점에서 생태학은

1866년 독일의 생물학자 에른스트 헤켈Ernst Häckel이 개념을 정립한 '자연이라는 살림살이에 관한 새로운 학문'이라고 불러야 할지도 모른다.

경제학은 당시 생태 문제에 관해서는 이미 쓸모없다는 것이 드러났다. 그 때문에 헤켈은 동물학과 식물학에 의존해 연구생활을 했는데, 그 자신이 비중 있는 동물학자로서 생태학에서 또 다른 가능성을 엿본 것이다. 그가 말하는 새로운 학문의 핵심은 가정 관리의 형태였다. 그러나 헤켈 시대의 이해 방식으로 문제에 접근하려고 한 것은 근본적으로 잘못된 생각이다. 가정 경제는 크든 작든 구석구석 한 집의 모든 문제를 규제하는 가장이 있다. 모든 경제가 그렇듯이 살림살이를 잘하려면 가계부의 지출이 수입을 넘어서면 안 된다. 정상적인 관리를 하려면 불가피하게 물질과 에너지가 필요하다. 또 살림을 하다 보면 버려야 할 쓰레기가 나오기 마련이다. 훌륭한 가정관리는 이 모든 것이 서로 알맞게 맞물려서 보완 기능을 하는 것을 전제로 한다

자연은 규칙적인 삶을 영위하는 '집'과는 다른 복잡한 존재

에른스트 헤켈은 한 집안의 가장이 모든 것을 파악하고 국가는 최고 통치권을 행사하는 강력한 사회 구조 속에서 살았던 인물이다. 게다가 헤켈은 인상적인 미학자였고 자연에 충실한 그림을 그리는 화가이기도 했다. 그가 아름답고 건강한 자연이라는 낭만주의적 사고에 영향을 받은 것은 의심할 여지가 없으며, 그와 반대되는 그림은 공장과 기업의 쓰레기나 재앙으로 묘사한 것이 사실이다. 헤켈은 자연을 규칙적인 삶을 영위하는 집으로 봄으로써 훨씬 다양한 활동분야, 예컨대 찰스 다윈의 진화론과 갈등을 빚었다는 사실을 그 자신 스스로 분명히 깨닫지 못했다.

헤켈의 생태학에는 이미 산업화 초기부터 실용화한 경제학과 똑같

은 규칙이 자리 잡고 있다. 노동분업과 실적에 대한 압박, 적응과 경쟁에서부터 다윈식의 '적자생존(환경에 가장 잘 적응하고 유능한 자)'에 이르기까지 실용적인 규칙 일색이다. 모든 생명체는 자연의 집 속에서—'생태Öko'라는 말은 집을 뜻하는 그리스어 '오이코스oikos'에서 온 말이다—자신에게 적합한 자리가 있다. 생명체는 이 집 속에서 자신의 과제(기능)를 완수해야 하며, 독단적인 행동을 막기 위해 필요한 모든 통제를 받는다. 헤켈 이후 세대로서 생태학자라고 불린 연구자들은 생생한 자연을 연구하기 위해 헤켈의 개념을 이용했다. 생태학자들은 헤켈의 개념을 물리학을 응용한 기술처럼 믿고 의지하면서 실용적으로 적용하는 것을 분명한 목표로 삼았다.

그럼에도 학문으로서의 생태학은 약 100년 동안 두드러진 발전을 보여주지 못했다. 자연이 너무 복잡했기 때문이다. 자연은 너무 복잡해서 물리학이 낳은 예측과 법칙을 벗어나기가 일쑤였다. 20세기 들어서도 생태학은 자연과학이라기보다는 자연 묘사에 비유될 정도였다. 19세기 말경에는 향토보호 차원에서 자연보호를 목표로 협동하는 단체가 생겨났다. 생태학이나 자연보호에도 이때부터 낭만주의의 감성적인 방식이 자리잡기 시작했다.

먹이사슬과 같은 단순 기능론의 대두

다만 예외적인 분야가 있긴 하다. 하천관리와 관계된 생태학의 일부는 급속하게 학문적 발전을 이루었던 것이다. 하천의 급속한 오염이 계기가 되어 해결 방법을 찾아내야 했기 때문이다. 이것이 제2차 세계대전 이후 생태학을 변화시키고 새로운 연구기술을 갖추게 함으로써 생태학을 자연과학의 수준으로 끌어올린 사고체계였다. 이 연구방법은 실용적인 이유에서 선호에 따라 연구에 제한을 두었고, 연구가 가능한 자연의 단면을 내용이 아니라 그 단면이 '작동하는' 방식을 기준으로 파악했다. 그리고 그 작동방식을 확정하기 위해 물질과 에너지를 투입한 이후 생산과 쓰레기, 에너지 손실에서 무엇이 발생하는지를 측정했다. 이러한 진행 방식은 원칙적으로 웅덩이 물을 측정해서 호수의 기능을 파악하려는 것과 같았으며, 밭 한 귀퉁이를 조사해서 숲이나 초원의 기능을, 화분으로 도시의 기능을 측정하는 것과 같았다.

이처럼 극단적으로 단순한 방식에서 나온 실상을 바탕으로 환경보호에 관한 원칙과 관련 가치를 세워 나갔다. 물질대사에 관련한 생명체를 파악할 때도 다시 실용적인 이유에서 '기능적인 단일성'과 연관시켰다. 식물을 (1차적인)생산자로 전제한 다음, 이 식물을 먹는 동물을 1단계의 소비자로, 그리고 이 동물을 먹고 사는 동물을 다시 제2, 제3, 제4의 소비자로 구분하여 등급을 매겼다.

여기서 각 단계별로 집단이 차지한 피라미드 구조의 먹이사슬이 만들어졌다. 낮은 단계로 내려갈수록 먹잇감이 되는 집단의 폭은 넓어진다. 최고 소비자가 꼭대기를 차지한 가운데, 식물이 형성하는 최초의 먹이구조는 사슬이 길수록 더 넓은 토대가 필요하다.

풀을 먹고 살며 이 풀을 고기와 우유로 바꿔주는 소가, 물고기를 먹고 사는 물수리보다 훨씬 효율적인 '작업'을 한다. 물수리의 먹잇감이 되는 물고기는 다시 작은 물고기를 먹고, 이 작은 물고기는 더 작은 물고기를 먹으며, 이 물고기는 물벼룩을 먹고, 물벼룩은 미세한 부유식물을 먹고 산다. 이렇게 먹이사슬이 긴 상태에서 물수리는 자연히 개체 수가 적을 수밖에 없다. 몇 킬로그램에 지나지 않는 물수리의 생체중은, 직접 1차적인 토대를 먹고 사는 소의 무게가 물수리의 100배 이상 나가는 것에 비하면 무의미할 정도로 적다. 이런 상황에서 인류가 유용동물의 고기 1킬로그램을 생산하려면 밀 1킬로그램의 생산에 들어가는 경작지와 비교했을 때 100배 이상의 풀밭이 필요하다. 이런 계산대로 한다면 인류는 대부분 식물을 먹고 살아야만 생존이 가능하다.

생태학은 이런 방법으로 본격적인 자연과학이 되었다. 그러면서 동시에 생태학은 여전히 동맹 관계에 있던 과거의 자연보호와 한 묶음으로 취급되었으며, 자연보호는 다시, 더 나은 세계를 동경하는 18세기 후반기와 19세기 전반기의 낭만주의적 사고방식과 합쳐졌다.

곤충 살충제인 디디티가 전 세계로 확산되고, 그 부작용이 나타나면서 파급되기 시작한 새로운 환경 위기는 현대적인 (의심할 바 없이 필수적인) 자연보호 현상만을 낳은 것은 아니다. 환경 위기는 자연보호에도 새로운 자극제가 되었다. 자연보호는 생태학의 연구 성과에 힘입어 강력한 입지를 구축했다. 그러면서 새로운 전환점이 찾아왔다. 실태조사 이상의 성과를 보여주지 못하는 측정과 묘사의 자연과학에서 실태를 목표 설정과 소망에 따라 평가하는 흐름으로 바꾼 것이다.

생태학과 자연보호의 당위성

오늘날 새로운 생태학은 강령이 되었다. 생태학은 정치적 당파의 강령으로 흘러들어 갔고 일종의 구원론으로 대중 속으로 전파되었다. 지금은 모든 것이 '생태'와 관련되어 있다.

자연은 독점적으로 이데올로기화한 생태학을 발판으로 신에 버금가는 상위 가치로 올라섰다. 연구의 측면에서 '생태계'라고 불리는 자연의 한 조각은 독립된 생존의 지위를 부여받았다. 이 조각은 변화가 예측되는 곳이라면 어디에서나 마치 급속도로 퍼져 나간다. 생태계는 파괴되어서도 안 되고, 더 이상 방해받아서도 안 되며, 가능하다면 어떤 침해도 받아서는 안 되기 때문이다.

이때 필요에 따라 전면에 내세운 가치가 바로 위기에 처한 희귀종의 새나 개구리, 딱정벌레, 벼룩, 나아가 자연 그대로의 하천을 보호하자는 주장이다. 자연을 마치 어린아이 대하듯 조심스럽게 다루어야 한다는 것이다. 하지만 실제로 방해를 받아야 할 것은 새로운 생태학이 심어놓은 발상이다. 이 잣대는 자연의 관리 자체와는 무관하기 때문이다. 이 잣대로는 낡은 과학에 의존하면서 새로운 이데올로기가 된 생태학도, 자연보호도 시작할 수가 없다. 새로운 생태학은, 자연히 변화할 기미가 보이기만 해도 그 변화를 저지하고 현상 유지를 위해 개입하기 때문이다.

'안정된' 농촌에서보다 황량한 도시에서 훨씬 더 풍요로운 생물 종이 서식한다는 사실이 알려지면서 사람들의 불쾌감은 커졌다. 자연 자체는 새로운 생태학의 생각대로 움직이지 않았다. 그럴수록 생태학은 종교적 특징을 지닌 생활 양식으로 변해갔다. 생태학과 자연보호는 사회적으로 매우 효과가 높은 현상이 되었다. 순수한 이상이 보기 드물어질 때 사회는 외관상의 이데올로기를 필요로 하는 법이다. 이렇게 사회정치적인 구조에서라면 학문은 오류에서 자유로울 수 없다. 생태학은 독점적인 이데올로기에 맞서서 과학으로서의 지위를 수호하기 위해 결코 먼저 나서서 필요한 노력을 기울이지 않았다. 많은 생태학자는 중요하면서도 자극적인 연구 결과를 해석하고 처리한다. 하지만 또 다른 많은 생태학자는 연구 수단이 절대적으로 부족한 실정에서 시대 정신에 영합하고, 실질적인 환경 문제가 제기한 가능성에 눈을 돌리도록 강요받고 있다.

숲의 고사와 기후변화는 서로의 장점을 살려 공생관계, 즉 상호 보완적인 협동이 필요하다는 모범적인 예라고 할 것이다. 그러므로 생태학과 생태주의는 앞으로도 '생태'라는 하나의 테두리에서 계속 결합할 것이다. 중요한 것은 생태학이나 생태주의가 만든 '자연(과학)이라는 집'에서 사람들이 어떤 방으로 들어가는지 지켜보는 일이다.

인류만이 쓰레기를
만드는 것일까?

파래와 생명의 불꽃

산소는 10억 년간 남조류의 쓰레기였다. 그러다가 산소를 이용할 줄
아는 생명체가 출현했다. 인류는 이 남조류의 쓰레기를 이용하는
존재이다. 동물을 비롯한 무수한 생명체는 당분과 산소에서 에너지를
얻는다. 또한 석탄과 석유는 무엇이 장기적인 쓰레기이며, 자연의
힘이 이 쓰레기를 어떻게 활용하는지를 가르쳐준다.

쓰레기를 남기는 것은 인류뿐이라고 말한다. 그것도 너
무 많아 쓰레기가 산을 이룰 정도이다. 산골짜기마다 쓰레기가 넘쳐
나고 바다에는 비닐봉지를 비롯해 온갖 잡동사니가 떠다니고 있으며,
쓰레기 소각장과 정화 시설에는 더 이상 감당할 수 없을 만큼 많은
쓰레기가 밀려온다.

이와는 달리 자연은 쓰레기를 배출하지 않는다고 사람들은 주장한
다. 자연은 모든 생명체의 찌꺼기를 재활용한다는 것이다. 자연은 포
괄적인 순환관리 체계를 발전시켰다고 주장한다. 이런 주장에 대해
현실은 전혀 다르다고 말하면 어떻게 받아들일까. 우리 인류가 바라
는 순환은 큰 범위에서 이루어지지만 아주 오랜 시간이 걸린다. 작은

범위에서 볼 때 순환현상은 드물거나 올바른 방향으로 진행되는 경우가 거의 없다.

끝없이 강에서 바다로 흘러가는 물은 곧바로 돌아오지 않는다. 이와 전혀 다른 물은 북대서양에서 증발했다가 비와 눈의 형태로 유럽에 내린다. 이때 형성되는 습기의 일부는 바람을 타고 아시아까지 전해진다. 바람은 동시에 우리가 배출하는 폐기가스를 실어 나른다. 폐기가스는 러시아의 타이가 지역 어딘가에서 피해를 유발하기도 하고, 농업에서 과다하게 쓰이는 거름은 지하수로 흘러들거나 북해나 발트해로 이어지는 강물로 옮겨간다. 또는 도나우 강의 물줄기를 타고 흑해로 흘러든다. 많은 거름이 흑해로 흘러든 지는 오래 되어서 흑해의 해저에는 유독성 황화수소가 형성되었다. 이 황화수소는 선박의 철판에 닿으면 색깔을 검게 만드는데 '흑해'라는 이름도 이 변색 현상과 관계가 있다. 농업용 폐수가 도나우 강을 따라 전달되기 오래 전부터 이미 유독성 황화수소가 있었다는 사실을 알 수 있다. 이런 현상은 특별한 예가 아니다. 우리는 '녹색'의 잣대로 모든 것을 보는 색안경을 벗어버리고 정확하게 자연을 들여다볼 필요가 있다. 지구는 이미 쓰레기로 뒤덮였다. 다만 쓰레기를 그 자체로 보지 않을 뿐이다.

알프스 산맥은 해양동물의 쓰레기로 형성된 것

중생대의 바다에는 미세한 석회질 껍데기로 둘러싸인 산호초와 미생물들이 수백만 년 동안 살았다. 이것들은 죽으면서 바닥으로 가라앉았는데 이 사체가 층층이 쌓이면서 점점 솟아올라 수 킬로미터에 달하는 무게로 지표면을 압박했다. 해마다 밀리미터 단위로 위치가 바뀌는 대륙은 이 퇴적물을 압착했고 시간이 지나면서 높은 산맥이 형성되었다. 알프스 산맥도 해양동물의 쓰레기로 형성된 것이다. 석회 암층이 있는 곳이면 흔히 이런 퇴적물이 화석으로 발견된다.

식물 쓰레기에서는 훨씬 큰 범위로 석탄과 석유가 형성되었다. 현재 에너지와 열 생산을 위해 석유를 연소하는 것은 지구 역사의 관점에서 볼 때 무분별한 낭비가 아니라 일종의 재활용이다. 수억 년 동안 형성된 물질을 다시 순환의 흐름으로 되돌려놓는 것이다. 이런 일이 현재나 가까운 미래의 우리 생존에 좋은 역할을 할 것인지 여부는 다른 문제이다. 여기서 중요한 것은 자연의 관리에서 높은 평가를 받아야 할 순환현상이다.

우리가 숨 쉬는 공기는, 정확하게 말해 우리의 생존에 필요한 산소는 거대한 순환의 재앙으로 발생한 것이다. 수십억 년 전, 해조류海藻類를 닮은 미생물은 물질대사의 찌꺼기로 형성된 박테리아에 속하는 것으로 산소를 지니고 있었다. 남조류(藍藻類, 시아노박테리아, 1500여 종으로 이루어진 원시 광합성 생물-옮긴이)는 수많은 하천이나 나무껍질 또는 담장, 암벽 등 습기 찬 곳이면 언제 어디에서나 존재한다. 이 남조류가 산소를 발산하는 화학반응을 집중적으로 일으킬 때 물은 산소를 받아들이지 못하며 산소는 바다를 떠나 대지와 공기를 오염시킨다. 당시에는 산소 없이 생존하는 다른 박테리아가 있었기 때문에 '오염'이라고 표현하는 것이 맞다. 이 박테리아는 현재도 있으며 예컨대 우리 인류의 장腸 속에도 수백만 마리가 살고 있다. 이것들은 산소가 없는 환경에서만 살고 번식할 수 있다. 산소가 프로밀(퍼밀. 천분율을 나타내는 단위. 기호는 ‰-옮긴이) 단위로 1~2프로밀만 집중해도 이들은 생존하지 못한다. 산소는 이것들을 규칙적으로 연소한다.

파래라고 불리는 남조류도 이런 조건에서 끝없이 활동한다. 지구가 '산화酸化'한 것은 강철 같은 금속과 칼슘이 산소와 결합했기 때문이다. 이후 10억 년이 지난 다음 지구의 대기에는 오늘날보다 훨씬 많은 산소가 있었다. 이런 상태는 석탄이 형성되는 시대까지 지속되었다. 석탄이 형성된 것은 그 사이에 미세한 남조류가 식물세포 속에서 보조작용을 하는 이른바 엽록체로 변했기 때문이다. 남조류의 활동은 광합성의 작용과 다를 바가 없다.

동물을 비롯한 무수한 생명체는 당분과 산소에서 에너지를 얻는다. 10억 년간 산소는 쓰레기였을 것이다. 그러다가 연소되지 않고도 산소를 이용할 줄 아는 생명체, 인류가 출현했다. 인류는 이 남조류의 쓰레기를 이용하는 존재이다.

우리가 호흡하는 산소는 남조류의 쓰레기

이런 식으로 존재하는 쓰레기 중 최대의 것은 바다 속에서 생존하는 환상적인 형성물로서 오스트레일리아의 동북 해안에 있는 그레이트 배리어 리프(Great Barrier Reef, 오스트레일리아 북동 해안에서 16~160킬로미터 떨어져 2000킬로미터 이상의 길이로 펼쳐져 있는 대보초大堡礁-옮긴이)이다. 이 대보초는 우주정거장에서 보면 만리장성이나 그 외의 인류 건축물과는 다른 형태로 지표면 위로 솟아나 있다. 대보초는 산호충과 다른 해양동물이 석회질과 분리되면서 형성된 것이다. 자체의 찌꺼기를 토대로 크게 번성한 것이라고 볼 수 있다.

부식토도 쓰레기이다. 본질적인 부분을 차지하는 것은 지렁이의 배설물이다. 땅에서 수확한 것을 먹고 사는 인류의 관점에서 보면 물론 쓰레기가 아니라 좋은 토질이다. 쓰레기냐 아니냐의 문제는 관점의 차이일 뿐이다.

인류의 생존 방식이 변한 것은 아니다. 인류는 스스로 쓰레기를 만들어내는 방식을 언제든 개선할 능력을 갖추고 있다. 생명체에서 나온 이 쓰레기를 다시 이용할 수 있는 한, 쓰레기는 핵폐기물처럼 근본적인 문젯거리가 아니다. 석탄과 석유는 무엇이 장기적인 쓰레기이며, 자연의 힘이 이 쓰레기를 어떻게 활용하고 있는지 우리에게 가르쳐준다.

강자가 이긴다는 말은
왜 맞지 않는가?

물닭과 흑고니

강자가 살아남는다는 생각이 수정된 지는 이미 오래이다. 다윈 자신이
말한 적자생존도 흔히 해석되는 것과는 다른 의미였다. 실제로
경쟁에서 누가 이길 것인지는, 힘보다는 행동방식에 의해 결정된다.
사람과 맹수의 관계에 적용해보면 인류의 발전이 맹수에 영향을 받은
적은 없지만 반대로 인류는 맹수가 먹고 살 수 있는 먹잇감을 많이
빼앗으며 생존해왔다는 것을 알 수 있다.

생태학에서 발전이란 어떤 의미인가? 우리는 안정적
인 자연의 관리를 믿을 수 있는가? 찰스 다윈이 허버트 스펜서Herbert
Spencer에게 빌려온 '적자생존'이라는 개념은 살아 있는 자연의 현상을
올바로 평가한 것인가?

앞에서 설명했듯이 찰스 다윈과 그의 진화론 덕분에 생태학의 최
대 약점이 드러났다. 진화는 변화이다. 안정된 불변의 세계라면 진화
는 발생하지 않을 것이다. 하지만 진화는 일어났고 지금도 계속되고
있다. 지속적으로 안정된 것은 아무것도 없기 때문이다.

'자연이라는 집'의 에른스트 헤켈의 개념은 모든 측면에서 개방적
으로 생각해야 할 것이다. 역동성과 예측 불가능성 속에서 생성과 소

멸을 거듭하는 자연처럼 모든 것을 터놓고 살펴보자. 자연은 삶의 유희가 펼쳐지고 시간의 강물 속에서 진화가 발생하는 무대에 비유할 수 있다. 그 속에는 올바른 상태나 평균의 기준, 나아가야 할 목표도 존재하지 않는다. 이러한 흐름은 새로운 종의 생성과 낡은 종의 소멸을 배경으로 세력 관계에 가담한 생물의 상호작용에서 발생한다. 자신과 가족을 유지하기 위해 시간의 흐름에 전력을 다해 저항하는 존재가 바로 인류이다. 아무도 시간을 정지할 수 없으며 노화를 막거나 변화를 예측하고 저지할 수도 없다. 이런 현상은 견고하게 쌓아올린 집과 화합할 수 없다.

자연은 끝없이 변화하고 진화한다

모든 존재는 덧없는 것이다. 하지만 생태학은 마치 현상이 계속될 것처럼 행동한다. 생태학이 연구하는 자연이 충분히 지속적인 현상을 지닌 것처럼 보이기 때문이다. 하지만 이런 현상을 인류의 시간에 적용해서는 안 된다. 지구가 특정 상태에서 지속될 것이라는 생각은 몇 가지 점에서 모순된다. 첫째는 본질에 있어 지속적인 것은 아무것도 없기 때문이며, 둘째는 인류가 끝없는 오만 속에서 최선의 상태로 자연을 관리할 수 있다는 믿음은 착각이기 때문이다.

이 때문에 자연이라는 집의 관리에서 균형은 전혀 찾아볼 수 없다. 이런 현상은 현실에서 드러난다. 사냥꾼은 자연보호가와는 전혀 다르게 자연을 이해한다. 사냥꾼은 가능하면 많은 야생동물을 잡으려고 한다. 맹수를 잡지 않는 것이 최선이라는 사냥꾼은 소수에 지나지 않는다. 낚시꾼과 어부는 가마우지를 보며 하천 관리의 미세한 변화를 느낀다. 이들의 관점에서는 잡아야 할 어류는 늘고 물고기를 잡는 가마우지는 포기한 쪽으로 하천 관리의 방향이 잡힌 것으로 보인다. 19세기에 멸종된 이후 유럽의 많은 지역에서는 가마우지를 찾아볼

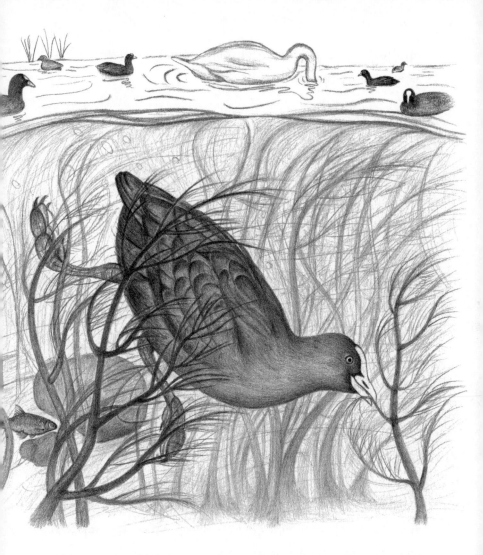

수생식물을 먹이로 이용하는 능력에서 작은 물닭은 커다란 흑고니를 능가한다

수 없다. 농부는 가능하면 많은 비료를 사용해 수확량을 최대로 올리는 것을 자연관리라고 생각하지만, 도시민은 농촌에 다채로운 꽃이 자라고 새가 지저귀기만 하면 자연이 잘 관리된다고 생각한다. 이런

예를 들자면 끝이 없다. 어떤 것이 올바른 자연의 균형인지는 생각하는 방향에 따라 너무나 다양하다.

힘의 차이가 아니라 행동방식의 차이가 승자를 결정한다

생태학의 또 다른 개념은 탄탄한 토대를 기반으로 한다. 자연 속에서의 경쟁 관계가 그중 하나이다. 다양한 종이 서로 피해 가며 넓은 지역을 적당히 나누어쓸 수 있기 때문에 서로 공존하는 것이 가능하다고 보는 생각은 기본적으로 옳다. '생태적인 틈새'라는 개념이 헤켈식 사고에서 유래한 것이긴 하지만 처음부터 특정한 장소와 공간, 특정한 방으로 고정된 것은 아니었다. 종의 상태가 자연 속에서 빠르고도 지속적으로 변할 수 있다는 것 역시 간과할 수 없었다. 그럼에도 재래종은 우리 것이고 외지에서 들어온 종은 우리 것이 아니라는 생각은 집요하게 이어졌다. 쉽사리 드러나는 이데올로기적 배경을 제외하면 이와 같은 생각은 자연의 역동성과 화합할 수 없는 전형적인 정적靜的 사고방식이다.

이와 명백히 반대되는 증거는 도시에서 서식하는 동식물이 보여주었다. 특정 생존조건에 특별히 얽매이지 않는 종이 많으므로 이들은 도시에서 생존하는 것이다. 비록 개념적으로는 맞지 않지만 학문적인 생태학은 생명체의 선택을 존중해야 한다는 것을 배워야 한다. 강자가 살아남는다—또는 적자생존—는 생각이 수정된 지는 이미 오래이다. 찰스 다윈 자신이 말한 적자생존도 흔히 해석되는 것과는 다른 의미였다. 실제로 경쟁에서 누가 이길지는, 힘보다는 행동방식에 의해 결정될 때가 더 많다.

간단한 예만 들어도 이런 판단이 옳다는 것은 분명하게 드러난다. 무게가 20킬로그램까지 나가는 커다란 혹고니는 몸무게로 볼 때 1킬로그램밖에 되지 않는 이마가 유난히 흰 검은 물닭을 훨씬 능가한다.

하지만 늦가을과 겨울에 호수나 저수지에서 이 두 조류가 수중식물을 뜯어먹을 때 보면 몸집이 큰 고니는 능력이 떨어진다. 물속 깊이 잠수할 때 무거운 몸이 장애가 되기 때문이다. 고니의 목은 수중 1미터밖에 잠기지 못한다. 수중식물이 더 깊은 곳에 자란다면 고니는 아예 접근하지 못한다. 이에 비해 몸집이 훨씬 작은 물닭은 작은 몸을 이용해 3미터 깊이까지 잠수하는 능력을 보인다.

여기서 작은 물닭과 큰 흑고니가 생존 공간을 나누어 차지하면 된다는 결론을 단순하게 내릴 수도 있을 것이다. 고니는 1미터 깊이까지 얕은 곳을, 물닭은 잠수가 가능한 깊은 곳을 서로 나누어 이용한다는 말이다. 이런 판단은 이론적으로는 완벽할지 모르지만 실제로 이들은 그렇게 하지 못한다. 물닭은 적은 노력으로도 먹을 수 있는 얕은 곳의 식물을 먼저 차지함으로써 고니가 접근할 수 있는 먹이의 상당 부분을 빼앗는다. 또 작은 물닭은 날렵하기 때문에 큰 고니가 부리로 쪼는 공격을 쉽게 피할 수 있다. 결국 '강한' 고니는 물닭보다 훨씬 적은 먹이에 만족할 수밖에 없다. 물론 물닭은 몸집이 큰 하얀 경쟁자가 나타날 때 피해를 보긴 하지만, 큰 흑고니가 손실을 입는 것에 비하면 그것은 얼마 되지 않는다. 누가 살아남을 것인지, 이듬해 봄에 몇 마리나 되는 고니가 부화할 수 있을 것인지는 먹이가 부족한 겨울 동안에 결정되므로 작은 물닭이 큰 고니의 개체 수를 조절한다고 볼 수도 있다.

이런 사례를 사람과 맹수의 관계에 적용해보자. 인류의 발전은 맹수에 영향을 받은 적이 거의 없다. 하지만 인류는 맹수가 먹고 살 수 있는 먹잇감을 많이 빼앗으며 살아오지 않았는가. 그리고 인류가 끝없이 일으키는 전쟁보다는 병원체를 옮기는 미생물로 인해 더 많은 사람이 죽었다는 것을 기억해야 한다.

숲은 어떤 상태에 있는가?

밤비와 멧돼지

야생동물은 소화작용을 위해서 어린 나무의 생섬유질을 흡수해야
한다. 노루와 사슴이 나무의 봉오리와 줄기를 뜯어먹으면 어린 나무는
생명이 끝난다. 살아남는다 해도 훌륭한 목재를 제공하기 위해 필요한
모양으로 예쁘게 자라지 못한다. 비료의 과다 사용으로 인해 농작물이
증가하고 이로 인해 야생동물의 개체수가 늘어나면서 숲은 이와 같은
이유로 훼손되고 있다.

숲이 고사枯死하고 산림이 훼손된 원인으로 우제류(소,
양, 사슴, 멧돼지 등 발굽이 둘로 갈라진 동물-옮긴이) 동물을 주범으로 지
목하는 사람이 많다. 사실이 어쨌든 숲은 아무런 말이 없다. 가을에
짝짓기 계절을 맞아 사슴이 우는 소리를 빼면 숲은 언제나 조용하다.
숲에서 어떤 일이 벌어지는지 이해하는 사람은 거의 없다. 바이에른
주정부에서는 '야생동물보다 숲!'이라는 더 이상 간결할 수 없는 구호
를 내걸었다. 이 구호로 생태학적인 통찰력이 관철된 것일까?
　이 물음에는 정치적으로 너무나 폭발력이 강한 문제가 숨어 있기
때문에 답변을 시도해봤자 적만 만들 뿐이다. 모든 관계자가 모든 문
제를 자신의 처지에서 주장하기 때문에 순수한 중립은 있을 수 없다.

야생동물이 대도시의 빽빽한 숲에 사는 것은 간단해졌다. 특히 여기에 주로 해당하는 우제류 동물은 훨씬 쉽게 적응을 한다.

'우제류 동물'에는 노루와 다양한 종의 사슴이 포함된다. '사슴과' 동물은 우제류 동물이라는 점에서는 멧돼지와 같다. 또 이들 모두는 인류와 마찬가지로 포유류이다.

우제류 동물은 숲과 들을 훼손한다. 상식적으로 볼 때 숲과 야생동물은 한 묶음으로 볼 수 있지만 경작지와 야생동물을 같은 소속으로 보기는 어렵다. 우제류 동물은 숲을 갉아먹기 때문에(멧돼지라면 숲을 파헤치고) 이런 동물을 사냥하는 것은 오히려 숲의 훼손을 막아준다고 볼 수 있다.

노루와 사슴 입장에서는 자신이 유해동물로 분류된다는 걸 안다면 무척 흥미로워할 것이다. 우제류 하면 '밤비(Bambi, 월트 디즈니의 만화영화에 나오는 어린 사슴-옮긴이)'를 연상하는 사람들도 있을 것이다. 하지만 밤비는 귀여운 생김새가 어린 노루 같기는 하지만, 결코 노루가 아니며 흔히 독일에서 사슴을 부르는 명칭인 붉은사슴도 아니다. 사냥꾼들은 사슴을 붉은사슴으로 부르면서 우리를 혼란하게 한다. 사냥꾼들은 또 가지진 뿔Geweih과 노루 뿔Gehörn을 구분해서 혼란스럽게 만들기도 한다. 가지진 뿔은 붉은사슴이 달고 있는 것이고, 노루 뿔은 수컷 노루가 달고 있는 것이다. 노루는 뿔을 달고 있는 소와 양, 염소와는 관계가 없으므로 머리에 가지가 달려 있다.

반추동물의 소화작용은 미생물의 활동과 비슷하다

밤비는 월트 디즈니가 만들어낸 동물이다. 실제 모델은 아메리카의 흰꼬리사슴이다. 사냥이 시작되면 북아메리카에서는 즉시 흰꼬리사슴이 주택의 앞뜰이나 도시 근교에서 피난처를 찾는 사회 분위기가 만들어진다. 사냥의 물결이 지나간 다음, 흰꼬리사슴은 다시 숲과 들로 돌아가지 않는다. 알래스카의 말코손바닥사슴도 비슷하다. 알래스카에서는 커다란 말코손바닥사슴이 갑자기 창문 밖에 나타나 거실로 들어올지 밖에서 머물지 고민하는 듯 서성이는 모습을 자주 목격할 수 있다.

독일의 멧돼지는 도시의 도로교통을 학습한 뒤 놀랄 정도로 빨리 적응하고 있다. 스칸디나비아에서는 말코손바닥사슴을 대상으로 한 전용 교통표지판이 있으며 자동차 주행 테스트(말코손바닥사슴이 갑자기 길에 나타나는 상황에 대비하는 테스트-옮긴이)도 있다. 물론 누구나 쉽게 통과할 수 있는 수준은 아니다. 뜨거운 논란을 불러일으킬 주제만이 좋은 것은 아니다. 숲과 야생동물의 싸움이라는 틀을 유지하려면 이런 전제가 필요하다.

우제류 동물을 포함해서 동물의 소화기능을 살펴보면 필요한 기초 지식을 얻을 수 있다. 노루와 사슴은 반추동물이다. 이것은 소도 마찬가지이다. 반추의 특징은 씹는 행위가 아니라 위胃에 있다. 정확하게 말하면 반추동물에게 있는 여러 개의 위가 그들의 특징이다. 반추동물의 위에는 여러 개의 방이 있는데, 식도 밑에 가장 큰 방이 제 1위이다. 이 위 속에는 건초와 나무껍질 등 별로 영양가가 많지 않은 최초의 먹이를 가치가 많은 먹이로 만들어주는 미생물이 살고 있다. 여기서 이루어지는 발효는 몹시 더럽기는 하지만 대신 효과는 뛰어나다. 더럽다는 것은 발효 과정에서 발생하는 냄새의 일부에서 악취가 난다는 뜻이다. 우리가 맡지 못하는 더 지독한 악취는 여기서 나오는 메탄가스이다. 메탄가스는 이산화탄소보다 20배 이상 강력한 효과를 일으키며 지구온난화를 유발하는 3대 원인 중의 하나이다. 여기서 생성되는 굳은 액체 성분은 내용물이 풍부해서 암컷 반추동물이 새끼에게 먹일 수 있는 것보다 더 많은 우유를 만들어낸다.

야생동물은 생섬유질 섭취를 위해 숲의 어린 나무를 갉아먹어

황소와 숫염소, 수사슴 등 수컷은 이 액체성분에서 매혹적인 전투력을 얻는다. 아득히 먼 옛날 농사를 짓던 창의력이 풍부한 동물사육자는 수컷의 힘을 이용해 마차를 끌거나 다른 농기구를 활용했다. 그러기 위해서 그들은 먼저 동물을 거세했다. 그렇게 하면 중성화한 수컷은 넘쳐나는 힘을 일하는 데 쓸 수 있기 때문이다. 잘 알려진 대로 수사슴이 하는 행동은 예외적으로 보인다. 수사슴은 짝짓기 철이 되면 서로 격렬하게 싸운다. 이 부분은 다음 장에서 다룰 것이다. 다만 여기서 필요한 자료는 집중포화를 퍼부을 만큼 충분히 모았다고 할 수 있다. 우제류 동물로서의 멧돼지는 결론을 내릴 때까지 잠시 남겨두기로 하자.

우선 짚고 넘어갈 것은 반추동물이 엄청난 식물성 먹이를 필요로 하며, 이것을 다시 철저하게 소화하기 위해서는 충분한 휴식이 필요하다는 점이다. 그런 다음 반추동물은 미생물이 뒤섞인 죽을 소화한다. 처음 먹은 먹이, 특히 겨울에 건초가 된 풀에는 식물성 물질인 질소가 부족하다. 미생물은 본래의 활동 기능으로 단백질과 아미노산에서 질소 성분을 공급한다. 이러면서 미생물은 불충분한 먹이를 마치 고기 수프를 첨가한 국수처럼 영양분이 풍부한 먹이로 바꿔준다.

반추동물의 이 같은 체내작용을 보면, 흙 속에 살면서 죽은 식물성 물질을 부수고 해체하여 비옥한 부식토로 만드는 미생물의 활동과 아주 비슷하다. 이렇게 보면 미생물은 초원과 사바나 같은 목초지의 땅 밑에서 태생적으로 부식토 형성과정에 참여하는 것이다.

이런 환경에서 반추동물은 큰 집단을 이루고 산다. 반추동물은 풍요롭고 지속적인 초원 경제의 모범으로 간주할 수 있을 것이다(또 마땅히 그렇게 보아야 한다). 숲은 (자연스러운) 목초지가 아니다. 숲은 목재를 생산하는 기능 때문에 상대적으로 초원이 적다. 나무의 어린 새싹의 기준에서 보면 초원이 없는 것이 가장 좋다. 나무는 2~3년에 한 번씩 따로 묘목을 심지 않아도 많은 새싹을 퍼뜨리기 때문이다. 어린 나무가 많아야 야생동물이 뜯어먹어도 살아남는 것이 있다. 바로 여기에 숲과 야생동물을 둘러싼 문제의 핵심이 있다. 야생동물이 나무의 새싹을 뜯어먹는 이유는 숲 바닥에는 풀이나 잡초가 많지 않은데 배가 고프거나 제 1위의 활동을 위해 이른바 생섬유질을 섭취하려면 나무껍질이 필요하기 때문이다. 나무의 생섬유질은 장의 활동을 자극하고 기능 퇴화를 막아준다.

야생동물이 늘어난 것은 비료의 과다 사용으로 먹이가 풍부해진 탓

노루와 사슴은 확 트이고 빛을 받는 숲이나 들을 이용한다. 그런 곳에서는 먹음직한 식물을 찾을 수 있다. 다년생 풀은 먹어도 별 영양가가 없다. 다년생 풀은 땅속에서 보호받는 뿌리에서 계속 자라는 것이다. 뿌리에는 땅 위로 파랗게 자라는 줄기보다 살아 있는 식물성 물질이 훨씬 많이 들어 있다. 일년생 풀은 뿌리가 약하고 주줄기를 뜯어먹으면 다시 대체할 수 있는 줄기가 매우 적기 때문에 특히 야생동물에게는 취약하다. 가장 열악한 경우는 어린 나무이다. 어린 나무의 생장점은 줄기 끝이나 바로 밑에 (휴면중인) 봉오리의 형태로 위쪽에 자리 잡고 있기 때문이다. 노루와 사슴이 이 봉오리와 줄기를 뜯어먹으면 어린 나무는 생명이 끝난다. 살아남는다 해도 '베어낼 만큼 자란' 나이가 되었을 때 훌륭한 목재를 제공하기 위해 필요한 모양으로 예쁘게 자라지 못한다.

노루(오른쪽)는 암사슴의 새끼가 아니다.
노루와 사슴은 숲을 황폐화 시키는 주범으로 꼽힌다

이런 점에서 보면 노루와 사슴은 숲이 아니라 들로 내보내야 마땅하다. 하지만 들에서는 농부들이 우제류 동물로 인한 피해를 달가워하지 않는다. 어쩌면 농부들은 숲에 불을 질러 짐승을 태워 죽인 18~19세기의 조상들처럼 보복하려 들 것이다.

이런 사태를 사람들은 오랜 세월 긴밀하게 결합해있던 숲과 들의 분리라고 불렀다. 현대적인(당시로서는) 산림관리를 위해 숲과 들의 분리를 강요한 결과 숲은 무성해졌다. 야생동물을 숲에서 쫓아내면 분명한 효과는 있을 것이다. 한때 소와 염소가 그랬듯이 노루와 사슴도 숲을 갉아먹고 있으며 특히 최근 수십 년간 전례 없이 이런 현상이 심해졌기 때문이다.

야생동물이 부쩍 늘어난 것은 농업에 그 원인이 있다. 사냥금지 구역도 일정한 역할을 한 것은 사실이지만 무엇보다 결정적인 원인은 식물에 지나친 비료를 주어 동물의 먹이가 풍성해진 데 있다. 예전에는 들과 숲이 메말랐다면 이제 숲과 들은 비옥해졌다. 게다가 비료사용을 위해 자동차 도로를 이용하고, 현대적인 난방시설이 가동되면서 숲뿐만 아니라 전국의 토지에는 연간 헥타르당 30~60킬로그램의 질소가 스며들고 있다. 이 정도 양이면 20세기 초만 해도 농부가 밭에 뿌리는 질소의 양에 해당한다.

그 결과 농작물의 수확량만 늘어난 것이 아니라 야생동물의 개체수도 늘어났다. 이제는 우제류 동물이 야간에 잠시 들판을 어슬렁거리기만 해도 먹음직한 먹이를 쉽게 찾을 수 있는 환경이 되었다. 노루 사냥이 집중적으로 이루어지는 곳에서는 쌍둥이를 출산하는 노루의 수가 급증하고 있다. 어미가 최고의 조건에서 살고 있기 때문이다. 어미는 힘들이지 않고 쌍둥이 새끼를 뱃속에서 키울 뿐 아니라 충분한 우유를 공급할 수 있는 환경에서 살고 있다.

야생동물의 증가는 숲의 훼손으로 이어져

사냥이 빈번해짐과 동시에 야생동물의 야성도 많이 줄어들었다. 그들은 가능하면 노출되지 않는 어둠을 틈 타 안전한 은신처에서 나오려고 하기 때문에 우리 눈에는 잘 띄지 않는다. 야생동물을 보기 어려우므로 실제로 개체 수가 얼마나 되는지는 확인할 길이 없다. 독일에서는 해마다 100만 마리 이상의 노루를 사살하고 있지만 개체 수는 줄지 않고 있다. 아니, 오히려 늘고 있다. 빈번한 사냥의 결과, 살아남은 노루는 다른 동물과 경쟁하지 않아도 훨씬 풍족한 생존 환경에서 살 수 있기 때문이다.

사슴은 어디에 있을까? 붉은사슴의 개체 수에도 같은 원리가 적용된다. 다만 그들은 농촌 대부분의 지역으로 제한되고 폐쇄된 '붉은사슴 보호구역'에 서식하고 있다. 이곳은 거의 예외 없이 광대한 숲 지대를 끼고 있기 때문에 토착 야생동물에게 관심 있는 도시민들은 노루보다 사슴 보기가 더 어렵다. 사슴은 숲을 산책하거나 버섯을 채취하는 사람, 조깅하는 사람을 보면 민감한 반응을 보이며 겁을 내고 침엽수림으로 숨는다.

그 결과 산림 관리 측면에서는 늘어난 야생동물이 숲을 갉아먹어 훼손하는 일이 늘어났고, 사냥꾼은 동물을 발견할 수 없으니 공식적으로 허가받은 수렵기간을 채우기 어려워졌으며, 자연을 사랑하는 사람은 멋진 토착 야생동물을 볼 기회가 줄어들었다. 이런 상황에서 사슴은 산림주가 볼 때 숲을 훼손하는 커다란 쥐와 다를 바가 없고, 사냥꾼은 그렇지 않아도 신경이 예민한 동물을 죽이는 잔인한 살인범처럼 취급되며, 자기 나름대로 '풍요로운' 숲을 만끽하며 자연 속에서 운동하는 사람은 모두에게 위험한 난동자로 간주된다. 수천 년간 묶인 고르디우스의 매듭(고르디우스가 묶은 매듭을 풀면 왕이 된다는 신탁을 듣고 알렉산드로스 대왕이 한칼에 끊은 고사에서 유래-옮긴이)을 누가 풀 것인가?

우리 모두는 이 땅의 숲과 들에서 모든 생명체가 함께 살 수 있도록 간섭할 권리가 있다. 농부와 산림 관리자, 자연을 좋아하는 사람 또 여유 있게 행복한 체험을 하며 자신의 일에 몰두하거나 야생동물을 보고 싶어 하는 모두가 이에 해당한다. '야생동물보다 숲!'이라는 구호는 분명히 일반 대중의 생각은 아니다. 올바른 구호는 '숲과 야생동물과 인류!'가 되어야 한다. 이렇게 해야 한 생명이 다른 생명체에게 '사살'되는 현상은 사라질 것이다.

사슴은 과시용으로
뿔을 달고 있는가?

자연 속에서 가장 아름다운 뿔

뿔을 '과시용'으로 단 것이라면 진작 수사슴은 사라졌을 것이다.
천적이 이런 약점을 이용할 수 있는 시간이 너무나 오래 흘렀기
때문이다. 수사슴의 뿔은 "나는 이런 것을 가지고 있고 오랜 시간
살아남았으며 건강하다"라는 신호이다. 메가케로스도 빙하기의 먹이를
찾는 환경에서 최적의 생존을 위해, 그리고 늑대의 공격을 막는
강력한 무기로서 뿔을 지니게 된 것이다.

숲속에 사는 동물이 머리에 샹들리에를 달고 다닌다면
터무니없는 일이라고 말할 것이다. 그런 장식은 생존에 방해가 될 것
이기 때문이다. 그렇다면 자연은 어떻게 수사슴의 뿔을 만들었을까?
찰스 다윈은 이런 현상을 '성선택'이라고 불렀다. 정확하게 표현하면
'암컷의 선택'이다. 여기서 '성선택'이란 암사슴이 더 큰 뿔을 달고 다
니는 수사슴을 선호한다는 것을 의미한다. 수사슴은 이 유전인자를
새끼들에게 물려준다. 뿔이 점점 커지고 육중해지면 불가피하게 방해
하는 일이 일어나지 않을까? 큰 뿔로 인해 나뭇가지에 걸리고 늑대에
게 잡아먹히는 일이 일어날 수도 있다. 암컷의 선택은 결국 수사슴을
막다른 길로 내모는 것이 아닌가?

만약 수사슴이 '과시용'으로 뿔을 단 것이라면 진작 이들은 사라졌을 것이다. 천적이 이런 약점을 이용할 수 있는 시간이 오래 흘렀기 때문이다. 수사슴은 수천 년도 아니고 수십만 년 전부터 살았다. 수사슴이 살아남았다는 사실 하나만으로도 뿔이 그들 삶에 그렇게 방해되지 않는다는 사실이 충분히 입증된다. 남자들이 거추장스러운 장식을 싫어한다고 해서 꼭 나쁘게 볼 필요는 없다. 이런 장식은 인류에게만 어울리지 않을 뿐이다. 물론 사람은 생존을 위해 이런 장식을 하지 않아도 된다. 대신 인류는 과시하고 싶을 때 치장을 할 수 있지 않은가. 오늘날에는 빠르고 비싼 자동차가 이것을 대신하기도 한다.

생존은 우리 인류의 뜻에 맞추어져 있지 않다. 우리는 인류의 관점에서가 아니라 다른 생명의 생존과 어울리는 이치를 깨달을 필요가 있다. 뿔을 달고 있는 수사슴이 바로 그런 예이다. 뿔은 사슴의 지위를 상징하며 암컷의 선택에서 나온 것이다.

뿔이 자랄 동안은 수사슴끼리 평화를 유지해

선택의 주체인 암컷을 '암사슴'이라고 부르는 것은 인류의 불충분한 언어 선택이며, 암컷의 지적능력을 낮추어보는 편견이 담겨 있다. 수년간 사슴 떼를 이끄는 것은 커다란 뿔을 지닌 수사슴의 힘이 아니라 노련한 암사슴의 경험이다. 수사슴은 짝짓기 철에만 동종의 암컷에게 관심을 보이는데 암컷은 인류의 시각으로 봤을 때 이성적으로 보이는 특징에 따라 선택을 한다.

한 해 동안 수컷의 생활을 간단히 살펴보면 뿔을 이해하는 데 필요한 근거를 찾을 수 있다. 늦겨울에 낡은 뿔이 빠지고 나면 이내 새 뿔이 나기 시작해 크게 자라면서 나이에 따라 독특한 모양을 갖춘다. 어린 사슴은 '가지 없는 뿔을 단 수사슴'으로서의 삶을 시작한다. 다 자란 수사슴에게는 양쪽 가지 끝에 여러 개의 뾰족한 뿔이 달린 왕관 모양의 뿔이 생긴다. 생후 9~13년이 되면 수사슴은 체력의 전성기를 맞는다. 이 나이에 뿔은 가장 크게 자라며 (꼭 인류적인 시각이 아니더라도) 가장 인상적인 모습을 한다.

더 나이를 먹으면 수사슴은, 전보다 뿔이 작아진다. 뿔은 다시 단순한 모양으로 돌아가고 크기도 작고 무게도 가벼워진다. 체력이 전성기에 달한 붉은사슴의 뿔은 지역에 따라 무게가 10~20킬로그램 정도 나간다. 말코손바닥사슴의 뿔은—말코손바닥사슴도 사슴이다—30킬로그램 이상 자라기도 한다. 우리가 아는 가장 큰 뿔은 빙하시대 메가케로스(홍적세의 빙하시대에 북반구에 널리 살던 사슴-옮긴이)의 뿔로 무게가 50킬로그램에 달했다.

사슴의 뿔은 혈색이 아주 좋은 피부의 전두골 융기부에서 나오는데, 벨벳처럼 고운 이 피부를 사냥꾼들은 '벨벳' 대신 '연한 모피'라고 부른다. 한여름이 끝날 무렵 이 '연한 모피'의 기능이 정지되면 뿔도 죽은 조직이 된다. 수사슴은 '청소'를 통해 죽어버린 피부조직을 비우는 동안, 마치 적수와 싸울 때처럼 덤불이나 어린 나무에 대고 쉴 새 없이 뿔을 '들이받으며' 독립 생활로 들어간다. 재미있는 것은 뿔이 자라는 동안에는 뿔이 달린 수컷들은 서로 평화를 유지한다는 점이다. 그러다 가을이 시작되면서 체력이 절정에 오르면 수컷들은 서로 적이 되어 피 튀기는 싸움을 한다.

이 싸움에서 뿔은 무기로 사용되며 싸움의 목적은 무리의 암컷들에게 선택받기 위한 것이다. 뾰족한 가지 뿔의 갈라진 부분, 무엇보다 끝 부분이 '왕관' 모양으로 갈라져서 심각한 상처를 입지 않고도 공정한 싸움을 할 수 있다.

싸움을 하기 전이나 종종 오래 끄는 싸움을 할 동안, 아니면 싸움이 끝난 후에까지 가장 강한 사슴과 도전자는 승자의 면모를 과시하며 상대에게 단호한 의지를 보이려고 크게 울부짖는다. 바로 짝짓기

철에 수컷이 내는 울음소리이다. 수사슴은 짝짓기 장소에서 수일 또는 수주간 걸리는 싸움을 하며 기꺼이 체력을 소모한다. 암컷 무리에게 선택받는 것이 목적이기 때문이다. 승자는 이듬해 이 무리의 거의 모든 새끼의 아비가 될 것이다.

수사슴의 뿔은 암사슴에게 선택받기 위한 것

뿔이 단지 '전시용'이 아니라 나름대로 의미를 지녔다는 것을 굳이 확인할 필요는 없다. 좀 더 어린 수사슴은 누가 큰 목소리를 내고 (짝짓기의 울음소리) 고통스럽고 집요한 공격을 할 것인지 어렵지 않게 알아차린다. 도전자가 엇비슷한 크기의 뿔을 지녔다고 할 때, 그 차이가 싸움을 시작해도 될 만큼 작은지 큰지를 확인할 수는 없다. 스스로의 뿔을 평가할 거울이 없기 때문이다.

평가는 암사슴의 몫이다. 도전자는 크게 울음소리를 내며 싸울 뜻을 전달한다. 목소리의 음조가 낮을수록 가슴이 크게 부풀어 오른다. 대개는 매우 낮은 저음이 단호한 의지를 드러낸다. 결정적인 것은 바로 의지이며 뿔이 직접 영향을 주는 것은 아니다.

당연히 암사슴은 이 소리를 들으며 누가 승자가 되어 자신에게 접근할 것인지 지켜본다. 승자를 받아들이고 승자 곁에 머무는 결정을 내리는 것은 암사슴의 몫이다. 암사슴이 곁에 있으려고 하지 않을 때는 아무리 힘센 수사슴이라 해도 20~30마리나 되는 암컷 모두를 통솔할 수는 없을 것이다. 수사슴은 자신의 매력을 이용해 자신의 소유가 된 암사슴을 곁에 잡아두어야 한다. 승인을 받기 전에 먼저 납득시켜야 하는 것이다. 가장 큰 설득은 적수와의 싸움에서 이기는 것이지 아름다운 뿔이 아니다. 아름다움은 이미 전제된 것이며 변할 수도 있다.

성숙한 수사슴의 뿔은 같은 모양이 거의 없다. 사냥꾼은 뿔마다 개별적인 차이를 잘 안다. 사냥꾼은 무게나 뾰족한 가지의 수('18가닥' 또는 '20가닥의 뿔을 가진 사슴' 하는 식으로), 뿔 사이의 폭이나 대칭 정도를 나타내는 형태에 따라 최고의 품질을 판단한다. 사냥꾼이 포획량을 나누고 평가할 때는 암사슴보다 더 꼼꼼하게 선별한다. 성선택을 그대로 따르는 것이 결코 아니다. 그러면 성선택은 효과가 있는가? 분명히 있다. 다만 사람이 생각하는 것과 기준이 다를 뿐이다.

암사슴은 수사슴의 뿔에 난 뾰족한 가지의 수를 센다. 암사슴에게는 수사슴의 나이와 건강 상태가 더 중요하다. 수사슴이 얼마나 오래 살고 건강을 유지할 것인지 결정하는 것은 나이이다. 현재 중요한 건강은 힘을 보면 알 수 있다. 하지만 건강의 척도로 본다면 뿔은 불필요하다고 할 수 있다. 일반적으로 뿔이 없어도 얼마든지 나이를 먹을 수 있고 건강도 유지할 수 있다.

바로 여기에 뿔의 해석을 둘러싸고 조심해야 할 결정적인 이유가 담겨 있다. 사냥꾼들이 멋진 사슴뿔을 장식용으로(흔히 벽에) 이용한다고 해서 이 뿔이 반드시 암사슴의 선택을 반영하는 것은 아니다. 암사슴과는 무관하게 멋진 뿔은 있을 수 있다. 만약 멋진 뿔이 암사슴의 기호에만 맞춘 것이라면 작은 뿔이 점점 커짐에 따라 나선형으로 말려 올라갈 수도 있을 것이다. 방해가 될 때까지는 이런 모양이 더 선택에 적합할 수 있기 때문이다.

수사슴은 영양분을 뿔에 투자해

수사슴의 뿔에 얽힌 비밀을 풀기 위해서는 다른 측면을 고려할 필요가 있다. 뿔은 뼈를 구성하는 물질과(콜라겐이라고 부르는 교원질膠原質과 인산칼슘으로 이루어진) 같은 성분으로 이루어져 있다. 암사슴의 뱃속에서 새끼가 자라고 태어나자마자 곧 일어설 수 있도록 골격이 형성되는 동안 수사슴의 뿔도 자란다. 이 뿔의 무게는 새끼가 태어나서 어미젖을 먹으며 자랄 때의 뼈의 무게와 비슷하다.

더 간단히 말해서 암사슴이 새끼에게 영양을 투자한다면 수사슴은 뿔에 투자하는 것이다. 새끼가 태어나면서 어미 몸과 분리되듯이 수사슴의 뿔도 몸에서 떨어져 나간다. 시간 차이만 있을 뿐이다. 젖을 먹는 시간까지 계산한다고 해도 그리 큰 차이가 없다. 암사슴이 임신하고 새끼를 돌보는 기간과 수사슴의 뿔이 빠진 다음 새로 나서 자라고 짝짓기 철을 대비해 키우는 기간이 거의 정확하게 일치한다.

하지만 암사슴은 새끼를 위해 투자하는 것이 인산칼슘과 교원질만이 아니다. 새끼는 어미 뱃속에서 자라는 동안 연체조직 같은 몸을 형성하는 모든 물질을 어미에게 공급받는다. 이 몫을 수사슴은 해마다 자신의 몸을 단련하는 데 사용하는 것이다. 수사슴은 정확히 새끼가 태어난 이후 젖을 뗄 때의 몸무게만큼 체중이 불어난다. 이런 식으로 수사슴의 몸이 점점 무거워지는 반면 암사슴은 첫 번째 새끼가 태어난 이후 똑같은 체중을 유지한다.

결과가 어떤 형태로 이어질지는 굳이 따져보지 않아도 분명하게 드러난다. 몇 년 지나지 않아 수사슴은 암사슴보다 눈에 띄게 몸이 커진다. 그러다가 일정한 시간이 되면 몸은 더 이상 불어나지 않는다. 이때가 되면 점점 빈번해지고 점점 길어지는 수사슴 끼리의 싸움으로 체중 증가는 멈추게 되는데 때로는 수개월간 줄어들기도 한다.

짝짓기 철에 수사슴은 몸 상태가 정상을 벗어날 정도로 체력 소모가 심하다. 그리고 새로 나는 뿔은 더 이상 커지지 않는다. 뿔은 사치품이 아니다. 그리고 뿔이 방해가 된다면 수사슴은 사냥꾼에게 노출되어 겁을 집어먹고 쫓길 때 하필 우거진 숲으로 도망가지도 않을 것이다.

북대서양의 많은 섬에 사는 수사슴은 나무라고는 전혀 없는 곳에서 최고의 생존을 누린다. 사슴과 먼 혈통관계에 있는 유라시아의 순록과 북아메리카의 순록도 마찬가지이다. 툰드라 지대에 사는 이 동물은 암컷에게도 뿔이 달려 있다. 순록의 뿔은 전혀 다른 목적으로 유용하게 쓰인다. 앞쪽으로 튀어나온 가지 모양으로 독특한 형태를 띤 순록의 뿔은, 사냥꾼의 말로 맨 아랫가지라고 불리는 두 개의 가지 부분인데 눈길을 헤치는 데 적합하다.

또한 이 뿔은 일반적으로 측면에서 공격하는 적을 막는 데 도움이 된다. 옆으로 돌출한 뿔은 늑대가 덤빌 때 훌륭한 측면방어 무기가 된다. 아마 측면방어 능력에서는 빙하시대의 메가케로스가 가장 뛰어났을 것이다. 사슴이 늑대와 부딪칠 일이 없는 시대에 생존했다면 뿔은 무의미할 정도로 방어기능이 약화되었을 것이라고 사냥꾼들은 평가한다.

수사슴의 뿔은 생존을 위한 무기

힘이 강력하고 승자가 될 만큼 뛰어난 수사슴은 많지 않은 데 비해 곳곳에 암사슴의 무리가 흔하게 보인 지는 오래이다. 붉은사슴은 독일 야생동물재단에서 관리하는 브로머 베르게Brohmer Berge 같은 야생동물 보호구역이나 군사제한구역에서만 자연의 상태를 유지하고 있다. 그곳에 가면 왕관사슴(중간 가지 위로 두 개 이상의 뾰족한 뿔을 가진 사슴-옮긴이)이나 짝짓기를 하는 작은 무리, 새로 자라나는 많은 어린 사슴을 볼 수 있다. 자연환경 속에서 왕관사슴이 살아남았다는 것은 암사슴에게는 희망의 신호가 된다. 많은 가지가 달린 뿔이 머리 끝에 나는 것은 과시가 목적이 아니라 "나는 이런 것을 가지고 있고 오랜 시간 살아남았으며 건강하다"라는 신호를 보내는 것이다.

메가케로스도 빙하기의 먹이를 찾는 환경에서 최적의 생존을 위해, 그리고 늑대의 공격을 막는 강력한 무기로서 뿔을 지니게 된 것이라고 볼 수 있다. 이 거대한 뿔로 당시 유럽과 북아시아에 서식하던 사자의 공격도 막았을 것이다. 메가케로스가 멸종한 것은 목초지로 이용하던 매머드 스텝(빙하기 툰드라 지대의 대초원을 말함-옮긴이) 지대가 사라졌기 때문이다. 빙하기의 동굴에 그려진 그림 중에 메가케로스도 있는 것을 보면 빙하기에 사냥하던 인류가 멸종에 한몫을 담당했던 것으로 보인다.

진화는 얼마나 빨리
진행되는가?

한 사람과 다섯 마리의 개, 열 그루의 나무

진화는 거의 느낄 수 없을 정도로 아주 느린 속도로 진행된다. 새로운
종은 아주 오랜 시간의 간격이 지난 다음 비로소 모습을 드러낸다.
수백만 년에 걸친 생명의 변화과정을 증명해주는 화석은 흔히
진화론의 적대자들이 '잃어버린 고리Missing Links'라고 강조하는
연결고리를 잘 간직하고 있다.

진화론에 적대적인 사람들은 동물과 식물의 큰 집단 사
이에 왜 중간 단계가 없느냐고 묻는다. 진화를 거친 작은 집단이 존
재하려면 주변 환경에 적응하는 기간이 있어야 하는데 중간 단계가
없으므로 생명체의 기본 특징은 창조가 아니면 설명할 수 없다는 것
이다. 이러한 주장은 인류에게 특별한 지위를 부여한 신의 천지창조
라는 신앙을 보호하기 위한 엄호용 작전인가? 아니면 실제로 진화론
의 약점이나 빈틈을 지적하는 비판에서 나온 주장인가?

찰스 다윈은 1859년에 나온 『자연선택에 따른 종의 기원에 관하
여』라는 저서에서 진화는 거의 느낄 수 없을 정도로 아주 느린 속도
로 진행한다는 논지를 전개했다. 새로운 종은 오랜 시간의 간격이 지

난 다음 비로소 모습을 드러낸다는 것이다. 이에 따르면 현재의 자연이든 화석으로 남은 동식물의 세계든 어디에서나 반드시 중간 단계가 모습을 보여야 하는 것은 아니다.

이런 추론은 어떤 점에서 보더라도 옳다고 할 수 있다. 생명체는 천편일률적인 표준상품이 아니라 다양하게 변형된 모습으로 존재하는 것이기 때문이다. 생물학에서는 이것을 변이라고 부른다. 우리 인류만 봐도 알 수 있다. 똑같은 사람은 없지 않은가. 단지 일란성 쌍둥이만 구분이 어려울 뿐이다. 쌍둥이를 구분하는 것이 불가능한 것도 아니다. 그리고 성장과정에서 작은 변이가 나타날 수도 있다. 사람은 평생 이런 변이의 조건을 달고 산다.

인류를 비롯한 모든 동식물은 진화의 속도가 다르다

나무도 동종 중에서 똑같은 것이 없다. 동물사육자는 개를 기르면서 원하는 모습에서 두드러지게 벗어날 때는 '표준' 혈통을 유지하기 위해 끊임없이 변종을 솎아낸다. 자연 속에서 변이의 경향은 사라지지 않는다. 우리 인류는 이제 유전공학의 발달로 변이의 원인을 알게 되었다.

모든 생명체가 변하기 쉬운 까닭은 게놈이라는 유전인자 때문이다. 그리고 이른바 진화압력Selektionsdruck이 일정한 방향을 제시하거나 새로운 생존 가능성이 새로운 발전 가능성을 열어줄 때면 스스로 변할 수도 있다. 변이는 진화론을 이해하는 데 결정적인 요인의 하나이다.

또 하나의 요인은 시간이다. 시간을 파악하는 데는 진화론에 관계된 모든 것보다 더 많은 이해가 필요하다. 우리는 인류적인 시간의 척도에 따라 살아간다. 시간이 인류적인 척도보다 더 빨리 흐를 때는 겨우 따라가는 데 그칠 뿐이며 생존하는 동안 우리는 이것을 변화로 느낀다.

우리가 기르는 모든 가축의 시간은 인류의 시간보다 본질적으로 빨리 흐른다. 개는 연속적으로 다섯 세대가 지나야 사람의 평균 생존 1회와 맞먹는다. 하지만 정상적인 나무의 생존과 비교하면 사람은 10 ~20세대가 지나야 한다. 이 때문에 우리에게 숲은 지속적(안정적)인 것처럼 보이고 개의 생존은 덧없는 것으로 보이기도 한다. 우리가 기억을 거슬러 올라갈 수 있는 과거의 시간은 기껏해야 증조부모의 시대이다. '고조'를 기억한다는 것은 극단적인 예외에 속한다.

인류는 진화의 수많은 가능성의 하나일 뿐

자연이 변화했다고 하면 몇 가지 문제가 발생한다. 자연은 처음에는 어떤 모습이었으며 누가 어떻게 시작했는가? 변화는 목적이 있는가? 변화로 달성된 상태는 더 좋은가 아니면 더 나쁜가?

현재 우리가 처한 상황이 과거의 목표였다면 핵무기나 다수의 피압박 민족, 굶주리거나 영양실조에 걸린 수십억의 인류, 종교분쟁과 정치체제, 수없는 논란을 불러일으키면서도 분명한 성과를 보여주는 진보, 우주개발, 현대의 기계의학, 컴퓨터와 인터넷, 인권과 자유의 문제 등 이 모든 것을 그 목표 설정의 결과로 받아들일 수밖에 없다. 그리고 이런 결과가 나오도록 동기를 부여한 존재에게 책임을 물어야 할 것이다.

진화생물학은 우주론의 관점에서 이런 현상을 전혀 다르게 이해한다. 발전의 토대가 되는 자연의 법칙은 자유와 역량의 발휘를 허용하고 미래는 열려 있다. 과거부터 지금까지 인류는 진화의 목표가 아니다. 인류는 수많은 가능성의 하나일 뿐이다. 6500만 년 전까지 공룡이 하나의 가능성이던 것과 같은 이치이다. 그리고 공룡 이전에는 다른 생명체가 존재하다가 멸종되었다. 이런 가능성의 존재 사이에는 빈 간격이 없다.

문제는 시간에 대한 우리의 이해에서 나온다. 수백만 년의 시간은 우리의 이해 범위를 벗어난다. 이렇게 긴 시간은, 예를 들면 긴 선이나 나선형 구조로 생각하고 이런 흐름의 끝에 마침표나 콤마를 찍은 상태를 현재로 보는 식이다. 우리는 시간을 기껏해야 수량적인 계산으로만 이해할 뿐이다. 찰스 다윈은 진화의 시간 폭을 알지는 못했고 종종 공상가로 치부되기는 하지만 그의 생각은 전적으로 옳다. 변화가 클수록 더 많은 시간이 필요하다. 게다가 만물이 늘 똑같은 속도로 진행하는 것도 아니다. 엄청난 변화와 파국적인 결과를 몰고 온 단계도 있었다. 그런 다음 진화는 훨씬 빠르게 진행되었다. 그러다가 '진화의 맥박'이 평온하게 뛰는 더 안정된 단계가 찾아오기도 했다.

마지막 대변화는 약 1만 5000년 전에 찾아왔다. 당시는 빙하기가 끝날 무렵이었다. 북해 전체와 유럽 서북부 일대를 뒤덮고 있던 빙상(氷床, 주변 영토를 5만 제곱킬로미터 이상 덮은 빙하 얼음 덩어리-옮긴이)이 빠른 시간에 수축하면서 녹기 시작했고 알프스 서부 일대와 주변 기슭을 뒤덮고 있던 빙하도 마찬가지였다. 빙하기가 온난기로 바뀌면서 기온은 오늘날보다 훨씬 따뜻해졌다. 살아 있는 모든 자연에 엄청난 결과가 뒤따랐고 인류도 예외가 아니었다. 대변화의 시기에 그리고 변화에 따른 재앙이 끝나고 새로운 시작이 가능한 지역에서 생명체는 평온한 시기보다 훨씬 빠른 속도로 변해갔다.

진화의 중간 단계를 입증하는 자료는 계속 발견돼

이제 유전질에 관한 인류의 지식은 한층 깊어졌다. 유전질 속에는 많은 유전자가 들어 있다. 머리카락의 색깔이나 우유나 유제품을 소화할 수 있는 능력 같은 특징은 유전자가 결정한다. 또 다른 유전자는 발달의 과정을 조절한다. 해당 유기체가 방해받지 않고 온전히 발달하는가의 여부는 이 과정에 좌우된다.

이 조절 유전자 속에서 일어나는 변화는 더 큰 변화를 몰고 온다. 유전자 속의 변화가 신체의 비율이나 신체 내의 여러 상태에 영향을 미치기 때문이다. 이때의 변화는 미세한 것이 아니라 훨씬 강도가 높은 것이다. 이후의 생존에 방해가 되는 변화도 많다. 변화의 원인은 사라지기도 하고, 또 어떤 원인은 처음에는 눈에 띄지 않고 잠복해 있다가 어느 날 갑자기 새로운 모습을 만들어낸다. 동물을 사육하다 보면 이런 사례는 얼마든지 찾을 수 있다. 장점을 유발하는 변화도 있고 이런 변화로 다른 개체보다 우수한 번식능력이 생기기도 한다.

1930년대 이래 진화의 과정에 새로운 유전자가 갑자기 나타나서 퍼져 나가다가 자리를 잡고 매우 느리게 발달하는 긴 과정으로 들어선다는 사실이 알려졌다. 종의 소멸도 마찬가지로 대부분 빨리 나타난다. 수백만 년에 걸친 생명의 변화과정을 증명해주는 화석은 흔히 진화론의 적대자들이 '잃어버린 고리(Missing Links, 진화의 중간 단계, 예컨대 파충류에서 조류, 원숭이에서 인류로 진화했을 때 중간 단계의 생명체가 없다는 주장-옮긴이)'라고 강조하는 연결고리를 잘 간직하고 있다. 진화의 과정을 밝혀주는 증거는 다양한 형태로 존재한다. 물론 이런 화석이 절대적으로 완벽한 것은 아니다. 250년 전 자신의 조상무덤을 완벽한 중간 단계를 보여주며 설명할 수 있는 사람이 어디 있겠는가? 성서의 천지창조 설화를 그대로 믿고 아담과 이브를 조상으로 생각하는 사람은 자신도 예외 없이 그 후손이라는 증거를 제시해야 할 것이다.

'잃어버린 고리'는 사고의 오류이지 자연의 오류가 아니다. 중간 단계를 입증하는 새로운 증거는 속속 발견되고 있다. 바이에른의 졸렌호펜에서 발견된 약 1억 5000만 년 전 중생대의 '시조새'는 예외가 아니라 매우 인상적이며 신빙성이 있는 화석이다. 중국에서는 조류의 진화를 밝혀줄 화석이 많이 발견되고 있다. 이 화석으로 조류만 깃털이 달린 것이 아니라 조류와 가까운 공룡도 깃털이 있었음이 입증되었다.

끝으로 진화론의 적대자들에게 한마디 덧붙이면 지구와 지구 안에 사는 생명체의 현재 상태를 천지창조의 직접적인 결과로 보는 사람은 현재 상태에 담겨 있는 온갖 오류와 결핍도 창조의 결과로 봐야 할 것이다. 끊임없는 화산폭발과 지진, 쓰나미와 폭풍으로 모든 것을 삼켜버리는 지구의 불확실성도 천지창조가 불러온 결과일 것이다. 천지창조는 처음부터 모든 발전의 가능성을 담고 있었고, 창조주가 모든 피조물에게 자유를 부여했다면 이것이야말로 어디에도 비할 바 없이 엄청난 상상일 것이다. 천지창조를 믿는 사람은 창조주가 전체를 포함하는 대 창조를 한 것인지, 아름다운 부분만을 포함하는 소 창조를 한 것인지도 물론 선택해야 할 것이다.

자연은 왜 이런 선택을 했을까

1판 1쇄 발행 2012년 1월 30일
1판 7쇄 발행 2021년 9월 30일

지은이   요제프 H. 라이히홀프
옮긴이   박병화

펴낸이   이영희
펴낸곳   도서출판 이랑
주소   경기도 파주시 교하로 1007-29
전화   02-326-5535
팩스   02-326-5536
이메일   yirang55@naver.com
블로그   http://blog.naver.com/yirang55
등록   2009년 8월 4일 제313-2010-354호

ISBN 978-89-965371-4-4   03400

「이 도서의 국립중앙도서관 출판예정도서목록(CIP)은 서지정보유통지원시스템 홈페이지
(http://seoji.nl.go.kr)와 국가자료공동목록시스템(http://www.nl.go.kr/kolisnet)에서
이용하실 수 있습니다. (CIP제어번호: CIP2013026884)」